Dr. Sharad P. Paul

Die Wunderwelt der Gene

Ihre DNA als Schlüssel zur Gesundheit

Aus dem amerikanischen Englisch
von Elisabeth Liebl

SCORPIO

Die US-amerikanische Ausgabe dieses Buches erschien 2018 unter dem
Originaltitel *The Genetics of Health – Understand Your Genes for Better Health*
bei Atria Paperback, New York, NY/Beyond Words, Hillsboro, Oregon.
© 2017 Sharad P. Paul, MD
© der deutschsprachigen Ausgabe: 2018 Scorpio Verlag GmbH & Co. KG, München

Umschlaggestaltung: FAVORITBUERO, München
Umschlagmotiv: © Jezper/Shutterstock
Layout und Satz: BuchHaus Robert Gigler, München
Druck und Bindung: GGP Media GmbH, Pößneck
ISBN 978-3-95803-137-1

Alle Rechte vorbehalten.
www.scorpio-verlag.de

Für Natascha

Inhalt

Einführung
Ein wissenschaftlicher Walkabout zum Wohlbefinden   8

1. Die Ich- und die Wir-Gene: Das Persönliche
   an der Evolution   16
2. Die Trägheits-Gene: Bewegung dem Gehirn
   zuliebe   43
3. Die Stress-Gene: Von Säbelzahntigern
   und Angsthasen   90
4. Die Fett-Gene: Dicker Bauch, dünnes Gehirn   152
5. Die Pigment-Gene: Der Mythos von den Rassen   204
6. Die Ernährungs-Gene: Dem Gentyp
   entsprechend essen   248

Zu guter Letzt
Eat, move, live   309

Danksagung   321
Anmerkungen   323

Einführung

Ein wissenschaftlicher Walkabout zum Wohlbefinden

Wenn das der Fall war, wenn die Wüste das »Zuhause« war, wenn unsere Instinkte in der Wüste geformt wurden, geformt, damit wir die strengen Bedingungen der Wüste überlebten – dann ist es leichter zu verstehen, warum grüne Wiesen uns langweilen, warum Besitz uns ermüdet und warum Pascals imaginärer Mensch seine angenehme Wohnstätte als Gefängnis empfand.
Bruce Chatwin, Traumpfade

Die Entwicklung unserer Spezies ist noch immer buchstäblich in Arbeit. Für Menschen, die im Hier und Heute leben, ja, für alle Geschöpfe, erscheint die Gegenwart wie eine Fotografie und die eigene Art für alle Ewigkeit zu existieren – eine gefährliche Illusion, verlieren wir doch damit die unsichtbare Fotografin, die wir »Zeit« nennen, aus dem Blick. Sie hält die Geschichte unserer Evolution in Schwarz-Weiß fest, damit sie zu einem späteren Zeitpunkt als ein Zeugnis unseres biologischen Zeitalters weitergegeben werden kann.

Als grundsätzlich eitle Wesen haben wir Menschen ein Faible dafür entwickelt, ein Bild von uns selbst zu schaffen. Man fragt

SCORPIO

sich jedoch, ob unser evolutionäres fotografisches Selbstporträt unbeabsichtigt symbolisch ist: Auf diesem Bild steht der Mensch ganz oben an der Spitze und erhebt sich über viele andere Geschöpfe. Niemand scheint sich zu bewegen, was Sinn ergibt, da es sich ja um ein Foto handelt.

Evolutionsbiologie zu studieren bedeutet im Grunde genommen, über einem alten Selfie zu brüten, auf dem der Hintergrund kaum eine Rolle spielt und die Umwelt letztlich als reine Requisite für den Einzelnen dient. Vom Aussterben betroffen sind scheinbar immer nur die anderen Tiere, doch gerade deshalb sind unsere Vorfahren und andere Arten, seien sie noch vorhanden oder bereits ausgestorben, so wichtig. Wir müssen sie in Erinnerung behalten, denn die Lektionen, die wir von ihnen lernen – oder missachten –, entscheiden vielleicht über das Überleben oder den Untergang unserer Art.

Eine meiner vielen akademischen Verpflichtungen führt mich regelmäßig an die medizinische Fakultät der University of Queensland in Australien. In Australien gibt es den Ausdruck »going walkabout«. Er bezeichnet einen Übergangsritus der Aborigines, die sich hierfür eine gewisse Zeit in die Einsamkeit zurückziehen und die »Songlines« ihrer Ahnen aufsuchen. Dahinter steht die Idee, die Vergangenheit nachzuvollziehen und auf diese Weise neue Energie zu schöpfen, mit der man nach der Rückkehr der Zukunft entgegenblickt.

Das traditionelle Weltbild der Aborigines beinhaltet eine »Schöpfungszeit« und »Schöpferahnen« – wenn man darüber nachdenkt, dann beschreiben diese Konzepte sehr gut die frühe Entwicklung des Lebens beziehungsweise die späteren Wanderungen der Menschen, in deren Verlauf sie die ganze Welt besiedelten. In Bezug auf unsere Verbreitung führten in der Vergangenheit die tiefsitzenden Vorurteile – und nicht wissenschaftliche Skepsis – von manchen Forschern dazu, dass man versuchte, andere Erklärungen für unsere Herkunft zu finden. Denn es konnte ja wohl sicher nicht sein, dass die Europäer aus *Schwarzafrika* stammen – obwohl die Forschung zeigt, dass sich der Homo erectus, der erste aufrecht gehende Mensch, eben dort vor etwa 1,9 Millionen Jahren entwickelte. Ihm folgten der Homo neanderthalensis (der Neandertaler) und der Homo sapiens (der moderne Mensch), die Menschenart, der wir alle angehören.

»Wenn ich die Sterne betrachte«, sagte Vincent van Gogh, »fange ich zu träumen an, so einfach wie mich die schwarzen Punkte für die Dörfer und Städte auf einer Landkarte zum Träumen bringen.« Allerdings, so sinnierte er weiter, zu Städten könne man mit dem Zug reisen, aber um einen Stern zu erreichen, müsse man sterben. Das Leben sollte jedoch gelebt, geliebt und genossen und nicht einfach nur absolviert werden. Geburt und Tod sind natürlich und unvermeidbar – wir haben jedoch Einfluss darauf, was dazwischen passiert. Da es jedoch keine Landkarte gibt, die das menschliche Verhalten in seiner ganzen Unbeständigkeit abbilden könnte, sind die Songlines so wichtig: Denn unsere Geschichte prägt uns mehr, als wir die Geschichte prägen.

Eine der bekanntesten Songlines in Australien ist der Mythos der Sieben Schwestern. Er ist im Sternbild Stier angesiedelt und erzählt die Geschichte der »sieben Sternenschwestern«, die dort zu dem von uns heute »Plejaden« genannten Sternenhaufen gehören.[1] Bei den verschiedenen Stämmen und in letzter Zeit auch in den Kunstgalerien in ganz Australien wird die Geschichte leicht unterschiedlich erzählt, das Thema ist jedoch immer gleich: Sieben Schwestern fliehen vor einem Jampijinpa-Mann, der sie verfolgt und eine der Schwestern zu seiner Frau machen will. Die Schwestern fliehen über den gesamten Kontinent. Am Ende erklettern sie einen hohen Berg und springen mitten in den Himmel hinein, wo sie zu Sternen werden. Seitdem springen die sieben Schwestern jeden Abend an den Nachthimmel, verfolgt vom Jampijinpa-Mann, der hinter ihnen her ist.

Es faszinierte mich, diese spezielle Songline der Aborigines zu studieren, insbesondere den Teil, in dem die sieben Schwestern zu Sternen werden. Es gibt nämlich auch eine europäische Sieben-Schwestern-Songline in der Evolutionsbiologie: Diese erzählt von der mitochondrialen DNA (mtDNA), die zu sieben Frauen zurückverfolgt werden kann.

Mitochondrien sind die Kraftwerke unserer Zellen. Wir wissen, dass sie einst wahrscheinlich als unabhängige Organismen existierten, die irgendwie lernten, Energie herzustellen, und dann in einem frühen Kapitel der Geschichte des Lebens von gefräßigen Einzellern verschlungen wurden. Männer haben auch mitochondriale DNA, doch diese wird nicht weitergegeben. Daher erbt jeder von uns seine mitochondriale DNA von seiner Mutter, die sie wiederum von ihrer Mutter geerbt hat und so weiter. Tatsächlich können alle Frauen auf eine Urahnin zurückgeführt werden, die sprichwörtliche Eva.

Jedoch treten einmal in etwa tausend Generationen Punktmutationen in der mtDNA auf, und dies führte letztendlich dazu, dass sich alle modernen Bevölkerungsgruppen mit europäischem Ursprung auf der Basis ihres mitochondrialen Erbes in sieben verschiedene genetische Gruppen einteilen lassen. In seinem Buch *Die sieben Töchter Evas* erläutert Bryan Sykes, dass die jeweiligen »Urmütter« zwar mehrere Jahrtausende zeitlich voneinander getrennt lebten, sie jedoch alle eine gemeinsame Vorfahrin hatten: die mitochondriale Eva.[2] Es gibt also tatsächlich sieben mitochondriale Schwestern. Wie so oft imitiert auch hier das Leben die Kunst.

Wenn also die meisten Sterne und Gene bereits kartiert sind, was bedeutet das für uns? Dass wir uns einfach unserem astrologischen oder unserem genetischen Schicksal ergeben müssen?

Aber auch Menschen, die an Schicksal oder Vorsehung glauben, müssen nach rechts und links gucken, bevor sie die Straße überqueren. Tatsächlich spielt nämlich die Umwelt eine entscheidende Rolle. So wie unsere Gene beeinflussen, was wir mit unserer Umgebung anstellen, so verändert diese im Gegenzug auch unsere Gene. Genetik und Evolutionsbiologie erzählen als Songlines, was uns menschlich und gesund macht.

Medizin und Gesundheit sind zwei grundsätzlich unterschiedliche Konzepte. Die moderne westliche Medizin geht nach dem Krankheitsprinzip vor: Man hat eine Erkrankung, die geheilt werden muss, entweder mit Chemie oder durch eine Operation. Wir wissen aber, dass manchmal auch Placebos wirken, und zwar dann, wenn wir davon überzeugt sind, dass wir ein echtes Medikament verabreicht bekommen. Dies gilt insbesondere für die Symptomkontrolle. Meist unterschätzen wir aber die Kraft unseres Geistes, die Auswirkungen von Stressreaktionen oder auch den großen Einfluss von Essen und Trinken auf unsere allgemeine Gesundheit – wir alle werden von unserem ganz persönlichen Jampijinpa-Mann quer über den Himmel verfolgt.

Gesundheit setzt eine gewisse Selbstdisziplin voraus. Denn es würde auf Kosten unserer Gesundheit gehen, wenn wir uns vollkommen auf die Medizin verlassen. Gesundheit erlangt man nicht durch Medikamente, ob sie nun synthetisch hergestellt sind oder der Natur entstammen. Medikamente sollen nicht zur Grundversorgung gehören, sondern bestimmte Erkrankungen heilen oder Symptome lindern. Und nicht zuletzt werden selbst in der Gesundheitsbranche wissenschaftlich unhaltbare Produkte vertrieben. Es ist unsere Aufgabe, unsere Gesundheit zu verstehen – und zu diesem Zweck müssen wir in unsere kollektive Vergangenheit zurückblicken, unsere individuellen genetischen Unterschiede erkennen und die Verbindung zwischen geistiger und körperlicher Fitness verstehen. Manchmal muss man sich umschauen, bevor man weitergehen kann.

Vergangenes Jahr las ich Schulkindern aus dem Roman *Walkabout* von James Vance Marshall vor, einem australischen Klassiker. Darin finden sich unter anderem diese Zeilen:

Es gab die Zeit, entwöhnt zu werden, und die Zeit, im Arm getragen zu werden; die Zeit, mit dem Stamm zu gehen, die Zeit, sich alleine aufzumachen; die Zeit, seine Männlichkeit zu beweisen; und eine Zeit, die Schlingen auszulegen ... all diese Dinge wurden der Reihe nach erledigt.[3]

Ich begriff, dass ich mich auf meinen eigenen Walkabout zum Wohlbefinden begeben musste. Und so nahm ich mir die Zeit, die Wälder der Wissenschaft zu durchstreifen und dabei zu versuchen, den Wald vor lauter Bäumen nicht zu übersehen. Als meine Neugierde auf die Evolutionsbiologie unserer Vergangenheit mit der Zeit immer größer wurde, veränderte sich auch meine Perspektive: Mich interessierte nicht mehr nur, wo unsere Vorfahren jagten und was sie verspeisten – sondern auch, wie diese Dinge unsere Gene beeinflussten. Dieses Buch ist die dazugehörige Songline, die Geschichte unserer einzigen menschlichen Art, die mit der individuellen und der Familiengeschichte eines jeden von uns kommuniziert. Und die wiederum stellt letztendlich die Blaupause für unsere persönliche, jeweils individuelle Gesundheit dar. Ich nenne sie die (R)Evolutionäre Straße zur Gesundheit.

In diesem Buch beschäftigt sich jedes Kapitel mit einer ganz bestimmten Gruppe von Genen, mit der Rolle, die sie jeweils in unserem Körper spielen – in Hinsicht auf Bewegung, Stressreaktion, Gewicht, Hautpigmentierung und Verdauung –, und mit ihrer Entwicklung. Zudem bieten sie alle praktische Ratschläge, wie man in der heutigen Welt nach Gesundheit streben kann. Ich persönlich habe in meinen 28 Jahren als Arzt nie auch nur einen Tag wegen Krankheit gefehlt. Anfangs hielt ich das für völlig normal – im Gegensatz zu meinen Mitmenschen, die meinen engen Terminplan kennen, meine stressige Arbeit als Chirurg und die wissen, wie viele Auslandsreisen ich absolviere. Das soll nicht heißen, dass ich nicht morgen einem Unfall oder einer Krankheit zum Opfer fallen könnte. Körperlich und psychisch gesund zu sein bedeutet vielmehr, dass man sein Leben voll auskosten kann. Die Zeitschrift *Hum* (Om) setzte mich sogar einmal auf ihr Titelblatt unter der Schlagzeile: *Sharad Paul – das Leben auskosten*. Ich war überrascht, als ich das las, denn was ich mache, erfüllt mich schlicht mit Leidenschaft, und das schenkt mir Energie. Oder wie Oprah Winfrey meiner Meinung nach ganz richtig sagt: »Leidenschaft ist Energie.«[4]

Mit diesem Buch möchte ich zugleich lehren und lernen, sowohl die Botschaft als auch der Bote sein. Auf den folgenden Seiten werden Sie viele Ideen, Quellen und Ratschläge finden. Grundsätzlich geht es jedoch *um Sie* – um Ihre Vergangenheit und wie diese Sie zu einer besseren Gesundheit führen kann, welche Ernährung zu Ihrem Genotyp passt, welcher Sport und welche Strategien, um mit Stress umzugehen. Aber dann sind Sie an der Reihe mit Ihrem ganz persönlichen Walkabout zum Wohlbefinden. Denn gesund sein heißt nicht nur, dass Sie keine Medikamente brauchen. Gesundheit ist das Leben selbst.

Als Autor, der sowohl Sachbücher wie auch Romane geschrieben hat, werde ich bei Lesungen häufig gefragt, wie ich beim Schreiben vorgehe. Jeder Autor hat in seinen Büchern eine Lieblingszeile. In meinem letzten Roman *The Kite Flyers* schrieb ich: »Alte Freundschaften sind wie Tunnel in die Vergangenheit. In einem Tunnel sollte jedoch niemand Fragen stellen. Denn in Tunnels schallen zu starke Echos zurück.« Auf meinem Walkabout zum Wohlbefinden stieß ich auf viele Tunnels und erkannte, dass ich viele Fragen stellen musste, selbst wenn mich die Antworten als Wissenschaftler überraschten. Aber die Biologie kennt keine engstirnige Bigotterie: Sie heißt die Zweifler in ihren Reihen ebenso willkommen wie die Gläubigen. Als Arzt und Wissenschaftler musste ich aufmerksam zuhören und sicherstellen, dass ich die evolutionären Echos korrekt in Worte übertrug. In diesem Buch habe ich sie für Sie zusammengetragen: Worte über Essen und Bewegung, Hunger und Gesundheit, Geist und Materie – lauter Dinge, die wesentlich sind, wenn wir die Schönheit des Lebens in vollen Zügen genießen wollen. Und wer will das nicht?

1
Die Ich- und die Wir-Gene: Das Persönliche an der Evolution

Das Individuum musste seit jeher Kämpfe ausfechten, um sich gegen den Stamm zu behaupten. Wenn Sie dies tun, dann werden Sie oft alleine sein und manchmal Ängste auszustehen haben. Doch kein Preis ist zu hoch für das Privileg, man selbst sein zu dürfen.
Rudyard Kipling

So wie es Kipling ausdrückte, stehen sich Art und Individuum in einem evolutionären Kampf gegenüber. Ein ähnlicher Kampf, wenn auch in kleinerem Maßstab, findet Tag für Tag in unseren Zellen statt. Unsere Gene sind in unseren Chromosomen angesiedelt, die unser Erbgut codieren – sie mögen manche Geheimnisse bewahren, aber grundsätzlich sind sie nicht hinterlistig. Wenn man also denkt, Gene könnten »böse« sein, dann unterstellt man ihnen eine gewisse Form der Menschlichkeit, die sie nicht besitzen. Gene machen, was Gene eben machen: Proteine. Und durch ihre Protein-«Machenschaften« erstellen sie einen Entwurf Ihrer Lebensgeschichte – Umfeld, Charakter und Konfliktlösung –, aber Sie überlassen es Ihnen, wie Sie als Autor die Handlung oder Ihr Schicksal gestalten. Genau wie Lebewesen existieren auch Gene in verschiedenen Formen, aufgrund von Mutationen (abweichenden Versionen eines genetischen Codes), Polymorphismus (das Auftreten von mehreren Variationen eines Gens, die durch Mutationen entstehen und sich unterschiedlich ausdrücken und in Erscheinung treten können) und Allelen (verschiedene Ausprägungsformen eines Gens, die für bestimmte Merkmale verantwortlich sind, zum Beispiel Augen- oder Haarfarbe).

Bestimmte Gene dienen dem Wohl der gesamten Art, während sich andere von Individuum zu Individuum unterschiedlich ausdrücken. Ursprünglich wurden die Menschen frei geboren und lebten in Gemeinschaften zusammen, die weder Staatsgrenzen noch individuelle Leistungsmessungen kannten. Als die Gesellschaften immer enger zusammenwuchsen, schlugen Mensch und Gene jedoch grundsätzlich unterschiedliche Richtungen ein. Gene haben sich in mancher Hinsicht für freie Populationen entwickelt – und tatsächlich fällt es doch auf, dass wir Menschen uns freiwillig hinter Zäunen und in abgesperrten Häusern verschanzen, während die anderen Angehörigen des Tierreichs durchdrehen, wenn man sie einpfercht. Und noch ein Unterschied ist augenfällig: Alle anderen Tiere versuchen Bevölkerungskontrolle zu betreiben, um ihre Umwelt zu ihrem eigenen langfristigen Nutzen zu schützen. Krokodile zum Beispiel können sogar das Geschlecht ihrer Nachkommen festlegen, indem sie die Bruttemperatur bestimmen (also ihre Eier mehr oder weniger tief vergraben). In der Natur sind weibliche Babys die Wahl und Männer eher entbehrliche Geschöpfe. Nur bei den Menschen dominieren die Männer – und leider werden in vielen Ländern Asiens noch immer weibliche Föten abgetrieben und neugeborene Mädchen getötet.

Heute leben wir in einer globalisierten, von Männern dominierten Welt, in der unsere Gene nicht mehr wissen, was unser existenzieller Sinn und Zweck ist, und daher vielleicht versuchen, uns zu ganz anderen Wesen zu machen. Im heutigen Zeitalter des Reisens und des Internets können wir unsere Geschlechtspartner aus verschiedensten geografischen Regionen wählen, doch ganz unabhängig davon, wen wir uns aussuchen: Unsere Gene und die unserer Nachkommen werden immer unterschiedlichen Nahrungsspektren und Umwelteinflüssen ausgesetzt sein, die auf sie einwirken. Jeder Mensch ist ein einzigartiges, noch nie dagewesenes Individuum – und er kann die genetischen Karten, die ihm die Natur zugespielt hat, verändern, indem ihm eine einfache Nahrungsumstellung ermöglicht, ein gesundheitlich gefährliches Erbe auszuschlagen. Selbst brutale Gene resultieren nicht zwangsläufig in brutalen Menschen. Zur Evolution mögen zwar auch Gewalt und sogar die Ausrottung bestimmter Arten gehören, dennoch ist niemand ein Sklave seiner Gene. Menschen, die sowohl an Gott und die Gene glauben, stellen sich den Schöpfungsprozess wie einen Vorgang vor, bei dem jemand das Leben mit bloßen Händen modelliert. Aber Evolution bedeutet vor allem Wandel und Fantasie. Vielleicht sollten wir sie uns eher wie ein Kunstwerk vorstellen, dessen wahre Schönheit im Auge des Betrachters – oder des Biologen – liegt.

In der Medizin wissen wir, dass einige Dinge, die gut für die Art sind, für den einzelnen Menschen nicht unbedingt funktionieren müssen. Stillen zum Beispiel ist die beste Methode, um die Fruchtbarkeit innerhalb einer Population zu verringern, weil hormonelle Veränderungen während der Laktation die Reproduktionsfähigkeit der Mutter drosseln – für die Einzelne ist das jedoch keine narrensichere Verhütungsmethode. Die Biologie hat keine Lieblinge, die Menschen schon. Darüber hinaus zieht unsere genetische Konstitution nach sich, dass manche Menschen anders auf Medikamente reagieren. Dies gilt sogar für Scheinmedikamente.

Die Evolution und das »Ich«-Gen

Vor einigen Jahren engagierte ich einen Klempner, der in unserem Haus eine neue Toilette einbauen sollte. Eines Abends vergaß er, das Loch zu verstopfen, das er für die Abflussrohre in die Mauer getrieben hatte. Unser Haus stand nah am Meer auf einem Grundstück mit einem Bach und reichlich Buschland. Und so kam es, dass uns eine Ratte in unserem neuen Raum einen Besuch abstattete. Damals hatten wir noch nicht unseren Schwedischen Vallhund namens Zack; die Hunderasse wird in Schweden als Herdenhund und Rattenfänger eingesetzt. Als wir die Rattenköttel und andere Hinterlassenschaften unseres unwillkommenen Gasts entdeckten, befürchteten wir, dass die Ratte möglicherweise ihre ganze Nagerfamilie auf der Suche nach einem wärmeren Heim mitgebracht habe. Ich rief deshalb einen Kammerjäger, der rund um das Haus Rattenköder auslegte. Dabei fragte er mich, ob wir einen Hund hätten.

»Nein«, antwortete ich. »Warum?«

»Nun, wenn ein Hund den Köder frisst, müssen Sie Vitamin K parat haben.«

Das geben wir doch Patienten mit einer Überdosis Warfarin, dachte ich.

Nachdem die Ratte verschwunden war, öffnete ich einen der Köder, die der Mann rund um das Haus ausgelegt hatte, und fand darin einige Warfarin-Tabletten, die nicht einmal mit einem Zuckerüberzug oder Ähnlichem schmackhafter gemacht worden waren. Ratten sind nicht heikel. Offensichtlich stand dahinter die Idee, den Tieren eine Überdosis Gerinnungshemmer zu verpassen, damit sie innerlich verbluteten.

Warfarin ist weltweit einer der gängigsten Wirkstoffe zur Blutverdünnung. Ja, genau, dieses Rattengift wird tatsächlich Menschen verschrieben, um ihr Blut zu verdünnen, damit sich keine Gerinnsel bilden. Wenn wir in meiner Hautarztpraxis vor einer Operation die nötigen Untersuchungen durchführen, fällt mir immer wieder auf, wie vielen älteren Menschen es verschrieben wird – hauptsächlich, um Blutgerinnsel zu vermeiden, die sich durch Herzrhythmusstörungen bilden. Der Anteil der Bevölkerung, der mit Warfarin behandelt wird, ist von 1993 bis 2008 dramatisch von 0,63 Prozent auf 2,28 Prozent gestiegen.[5] Und da Hautkrebs meist bei älteren Menschen auftritt, laufen mir in meiner Praxis viele Warfarin-Patienten über den Weg.

In früheren Zeiten setzten Ärzte Blutegel an, um das Blut zu verdünnen. Dann entdeckte vor rund hundert Jahren der Medizinstudent Jay McLean an der Johns-Hopkins-Universität in Baltimore das Heparin, das er aus Tierlebern extrahierte. Später entdeckte man das Cumarin. Der Pflanzenstoff kommt natürlich in Steinklee vor, der häufig als Tierfutter dient. Wird der Klee jedoch von einem Pilz befallen, dann wird aus dem Cumarin der natürliche Gerinnungshemmer Dicumarol, der dem Vitamin K entgegenwirkt und so Blutungen verursachen kann. Von Kühen wusste man schon, dass sie innerlich verbluteten, nachdem sie verschimmelten Steinklee gefressen hatten. Diese Erkenntnis führte zur synthetischen Herstellung von Warfarin – die Substanz wurde an der Universität von Wisconsin entdeckt und deshalb nach ihr, genauer gesagt nach ihrer Stiftungs-Forschungseinrichtung benannt: Wisconsin Alumni Research Foundation oder WARF. Die Endung »arin« zeigt, dass es sich dabei um ein Cumarinderivat handelt.

Blutverdünnende Medikamente zur Verhinderung von Embolien (teilweiser oder vollständiger Verschluss eines Blutgefäßes) sind insofern problematisch, als die Patienten ganz unterschiedlich darauf ansprechen und es deshalb nicht selten zu unvorhergesehenen und ernsthaften Komplikationen kommt. Ich habe mich mit den Gerinnungshemmern Clopidogrel (das man üblicherweise bei koronarer Herzkrankung nach dem Einsetzen von Stents oder Operationen gibt, um Blutgerinnsel zu verhindern) und Warfarin beschäftigt, weil diese Wirkstoffe eine »geringe therapeutische Breite« haben – im Medizinerjargon bedeutet dies, dass bei einem Arzneimittel der Unterschied zwischen einer gefährlichen und einer therapeutisch wirksamen Dosis sehr klein ist und seine Gabe deshalb engmaschig überwacht werden muss. Und da Patienten darüber hinaus unterschiedlich reagieren, sind Gerinnungshemmer prädestiniert für eine individuell abgestimmte medikamentöse Therapie – in anderen Worten, für eine auf den jeweiligen Gentypus abgestimmte Wirkstoffdosierung.

Die unterschiedliche Giftigkeit von Warfarin ergibt sich durch vererbbare Unterschiede im Gen CYP2C9, das mit der Enzymsuperfamilie Cytochrom P450 verbunden ist. Desgleichen ergab sich in Studien, dass Clopidogrel bei Menschen mit einer bestimmten Allelvariante weniger stark der Zusammenlagerung von Blutplättchen entgegenwirkte – also bei Menschen, die andere Merkmale auf einem bestimmten Chromosom aufwiesen, und zwar in diesem Fall der Loss-of-function-Variante im Gen CYP2C19 (CYP2C19*2), das ebenfalls zur Cytochrom-P450-Familie gehört. In der Folge erlitten sie häufiger kardiale Ereignisse (das Herz betreffende Komplikationen) und insbesondere Thrombosen (wenn ein Blutgerinnsel ein Gefäß vollständig verschließt).

Nachdem Gentests inzwischen deutlich billiger geworden sind, wird die Verschreibung von Medikamenten meiner Ansicht nach in Zukunft immer mehr auf den jeweiligen Gentyp abgestimmt werden. So empfahl die US-Arzneimittelüberwachungsbehörde FDA schon 2007 Gentests für Patienten, um deren Reaktion auf Warfarin vorherzusehen. Solche individuell zugeschnittenen Dosierungen werden für mehr Medikamente zum

Standard werden, sobald es in der Schulmedizin üblicher wird, diese auf der Basis von individuellen Genvariationen zu bestimmen.

Die Generation der sogenannten Millennials wird häufig als die »Ich«-Generation bezeichnet – mehr mit sich selbst beschäftigt, weniger ihrer selbst bewusst. Vielleicht müssen die Gene ja einfach ihrem Beispiel folgen und ihre Träger nachahmen, indem sie an die heutige Generation nach eigenem Ermessen zelluläre Befehle ausgeben – an eine Generation, deren Angehörige nicht mehr in festen Verbänden oder gemeinschaftlich miteinander verbunden sind, sondern von einer Technologie abhängen, über die sich immer wieder neue Gruppen lose zusammenfinden. Als die Menschen in den letzten 50 000 Jahren im Zuge ihrer Wanderungen ihre Ernährung immer wieder änderten, bewirkten genau diese neuen Gewohnheiten in einigen Populationen neue Genexpressionen. Bisweilen wurden nicht nur Individuen zu Genschöpfern, sondern ganze Gesellschaften. Dies erklärt, weshalb in bestimmten Bevölkerungsgruppen kollektive genetische Variationen auftreten.

Die Evolution und der DD-Effekt

Die letzten 50 000 Jahre waren für uns eine besonders rapide Evolutionsphase. Verglichen mit anderen Primaten hat sich die Genregulation der Menschen sehr schnell verändert. Der Grund dafür sind Demografie und Diaspora – ich nenne es den »DD-Effekt«.

Zum einen hat das gewaltige Anwachsen der Bevölkerung so viele genetische Mutanten erzeugt, dass die natürliche Selektion gleichsam abgehängt wurde. Zum anderen haben sich die Menschen von ihren Ursprungsregionen immer weiter entfernt und zudem ihre Ernährungs- und Verhaltensweisen in großem

Maß angeglichen. Durch die Globalisierung können wir heute überall in der Welt Pizza, Paella und Phat Thai bekommen. Aber das entspricht nicht unserer Entwicklungsgeschichte. Unsere Gene sind mikroskopisch kleine Codierungsroboter, die uns für eine ganz bestimmte vorhergesagte Zukunft rüsten – die aber nicht notwendigerweise dann auch so erfolgt.

Dass Gentypen stark beeinflussen können, wie Einzelne auf Medikamente reagieren, habe ich schon beschrieben. Als sich die Menschen auf der Erde verbreiteten, entwickelten sie unterschiedliche Hautfarben, um sich an die Sonneneinstrahlung in den verschiedenen Weltgegenden anzupassen (dazu später mehr), sowie das Konzept der Nationalität, das im Endeffekt ihre Bewegungsfreiheit einschränkte und zu mehr Inzucht führte. Daher treten in bestimmten Bevölkerungsgruppen auch bestimmte Arzneimittelempfindlichkeiten auf.

Wir haben bereits über Blutverdünner und die Genvariante CYP2C19*2 gesprochen. CYP2C19 ist eines der wichtigsten Enzyme, durch die der Blutverdünner Clopidogrel durch die Leber außer Kraft gesetzt wird. Allerdings tritt diese abweichende Variante bei nur zwei Prozent der Menschen weißer Hautfarbe auf, unter Afroamerikanern liegt der Anteil mit vier Prozent doppelt so hoch. Weit übertroffen werden diese Zahlen jedoch von den Chinesen, unter denen 14 Prozent diese Genvariante aufweisen.

Entwicklungsbiologie ist für das Verständnis von verschiedenen Krankheiten so wichtig, weil wir trotz steten Fortschreitens der Evolution nach wie vor ein großes Erbe aus evolutionär konservierten alten Genen mit uns tragen – wir können zwar unseren Lebensstil und unsere Umwelt verändern, aber unserer Vergangenheit können wir nicht entkommen. Viele unserer Gene wurden durch die Ernährung und den Lebensstil unserer Vorfahren geprägt. Doch gerade die Gene, die an grundlegenden biochemischen und anatomischen Veränderungen beteiligt sind, haben sich in den letzten 70 000 Jahren weitgehend unverändert erhalten, selbst wenn sie sich vielleicht anders exprimieren. Für jemanden, der auf dem Gebiet der Genetik oder Entwicklungsbiologie forscht, bietet diese Tatsache einen hinreichenden, triftigen Grund, unsere Vergangenheit zu untersuchen.

Gene sind nämlich, wie es der renommierte Wissenschaftler Richard Dawkins formuliert hat, grundsätzlich egoistisch. Für ein Gen bedeutet »Survival of the fittest« – das Überleben des am besten Angepassten – grundsätzlich, *das eigene* Überleben und nicht unbedingt die Zukunftsfähigkeit ihres Trägers zu sichern.[6] Es gibt Millionen von Genen, und häufig sind ihre Namen nur die Abkürzungen der Funktionen der Proteine, für die sie codieren. In jeder Zelle bewahren Gene Erinnerungen von vergangenen Populationen, die nur darauf warten, aus ihrem Dornröschenschlaf geweckt zu werden. Das bedeutet, dass Verhalten häufig vorgegeben ist: Mein Hund dreht sich vor dem Schlafenlegen immer noch im Kreis und kratzt wie wild an seiner Decke, als müsse er wie einst seine Vorfahren zuerst Pflanzen niedertrampeln oder sich im Schnee eine Höhle graben. Unsere Gene bestimmen unser Verhalten, aber gleichzeitig beeinflusst unser Verhalten auch unsere Gene – dem wunderschönen wissenschaftlichen Konzept »Anlage oder Umwelt« unterliegt unterschwellig ein genetischer Einfluss. Unsere innere und äußere Umgebung bietet uns eine Möglichkeit, unsere Gene genau anzupassen, um zum Beispiel eine Laktosetoleranz oder die Kampf-oder-Flucht-Reaktion zu entwickeln. Aber ohne die wissenschaftlichen Fachkenntnisse über unsere Vergangenheit sind wir letztlich ein Baum ohne starke Wurzeln.

Auf dem Dalkey Book Festival in Dublin lernte ich den berühmten irischen Schriftsteller John Banville kennen, der für seinen Roman *Die See* mehrfach ausgezeichnet wurde. Ein Satz darin beeindruckte mich besonders: »In mir pocht die Vergangenheit gleich einem zweiten Herzen.« Seien wir also unseren Herzen treu.

Egoistische Gene, hilfsbereite Menschen

In der Genwelt passiert nicht viel, außer dass Proteine hergestellt werden und sich daraus biochemische Veränderungen ergeben. All dies geschieht in den winzigen Dimensionen im Inneren einer Zelle und ist doch großes Theater – ein Theater mit wenig Eingängen, aber vielen Ausgängen. Wenn man sich genügend anstrengt, kann man allem entkommen, selbst seiner Abstammung oder furchterregenden Jampijinpa-Männern.

In seinem Buch *Der erweiterte Phänotyp* geht Richard Dawkins davon aus, dass Gene lediglich die Herstellung von Proteinen steuern. Die Auswirkung eines Gens wird damit auch durch das Verhalten des Organismus beeinflusst. In gewisser Weise ist das sehr sinnvoll: Selbst wenn man Gene besitzt, die ein bestimmtes Krankheitsrisiko anzeigen, so können doch Verhalten und Lebensstil beeinflussen, wie erfolgreich sich die Aktivierung dieser Gene gestaltet.

»Das Verhalten eines Tieres tendiert dahin, das Überleben der Gene ›für‹ dieses Verhalten zu maximieren«,[7] erläutert Dawkins, der zudem vom »egoistischen Gen« spricht:

Lasst uns versuchen, Großzügigkeit und Selbstlosigkeit zu lehren, denn wir sind egoistisch geboren. Lasst uns verstehen lernen, was unsere eigenen egoistischen Gene vorhaben, denn dann haben wir vielleicht die Chance, ihre Pläne zu durchkreuzen – etwas, das keine andere Art bisher jemals angestrebt hat.[8]

Im Wesentlichen sind Gene nur in der Proteinfertigung tätig – nicht mehr und nicht weniger. Was die Gene anbetrifft, ist jede Verbesserung oder Verschlechterung der Gesundheit purer Zufall. Aber wenn Gene grundsätzlich egoistisch sind, ist deshalb auch der Mensch grundsätzlich nicht großzügig? Kurz gesagt: Nein.

2004 traf ein gewaltiger Tsunami Thailand – die gigantische Welle hinterließ in 14 Ländern eine Spur der Zerstörung und tötete über 200 000 Menschen. Das tschechische Supermodel Petra Nemcová war damals mit ihrem Verlobten, dem Fotografen Simon Atlee, auf Urlaub in Thailand. Petra kann sich nur noch daran erinnern, das Simon »Petra, Petra!« schrie – es war das letzte Mal, dass sie ihren Freund sehen sollte. Petra erlitt Knochenbrüche, hatte ein zertrümmertes Becken und Blutergüsse an den Nieren. Zunächst sah es so aus, als würde sie gelähmt bleiben, doch tatsächlich wurde sie mit der Zeit wieder gesund.

Und sie kehrte nach Thailand zurück, weil sie den von der Naturkatastrophe betroffenen Kindern helfen wollte, ihr Leben wiederaufzubauen. Ihr war klar, dass sie schon bald nach der ersten Katastrophenhilfe in Vergessenheit geraten würden. So wie ein Klinikarzt die Bedürfnisse eines Patienten vergisst, sobald dieser aus dem Krankenhaus entlassen ist. Warum aber zog es Petra nach Thailand zurück? Schließlich geht man doch davon aus, dass Supermodels in der Regel im exklusiven Dunstkreis diamantenglitzernder Prominenz arbeiten – und eingebildet und arrogant sind, oder? Aber Petras Großmut hat das Leben Tausender Menschen verändert. Sie nutzte ihre Bekanntheit, um Geld zu sammeln und dringend nötige Hilfe zu ermöglichen.

Dacher Keltner, der Gründer des Greater Good Science Center und Professor für Psychologie an der University of California in Berkeley, erforscht den Zusammenhang zwischen Großzügigkeit und Genetik. Weil unser Nachwuchs so verletzlich und gefährdet ist, geht er davon aus, dass es für das menschliche Überleben und die Genreplikation grundsätzlich erforderlich ist, sich um andere zu kümmern.[9] In seinem Buch *Born to Be Good: The Science of a Meaningful Life* führt Keltner an, dass Darwin in *Die Abstammung des Menschen* sage und schreibe 99-mal »Güte« erwähnt, und verweist auf diese Schlüsselpassage:

Denn erstens führen die sozialen Instincte ein Thier dazu, Vergnügen an der Gesellschaft seiner Genossen zu empfinden, einen gewissen Grad von Sympathie mit ihnen zu fühlen und verschiedene Dienste für sie zu verrichten [...] Derartige Handlungen, wie die ebengenannten, scheinen das einfache Resultat davon zu sein, dass die socialen oder mütterlichen Instincte stärker sind als irgendwelche anderen Instincte oder Motive; denn um Folge einer Ueberlegung oder eines Gefühls von Freude oder Schmerz sein zu können, werden sie zu augenblicklich ausgeübt, wennschon die Nichtausübung ein Unbehagen veranlassen würde.[10]

Ganz offensichtlich war Darwin der Meinung, dass unsere Neigung zu Mitgefühl sowohl instinktmäßig als auch erworben ist – und tatsächlich stärker als unser Selbsterhaltungstrieb. Eben das hat Petra Nemcová zurück nach Thailand geführt, noch bevor die Katastrophe ganz überwunden war.

Wissenschaftliche Forschungen zeigen zunehmend, dass der Homo sapiens sich eben deshalb über den ganzen Planeten verbreitete, weil er die Fähigkeit besitzt, nicht nur für sich selbst, sondern auch für andere zu sorgen. Und so wie das bei vielen anderen menschlichen Eigenschaften der Fall ist, hat vielleicht auch unser Altruismus letztlich eine genetische Grundlage.

Professor Jordan Grafman von den National Institutes of Health in den USA leitete eine von zwei Studien, die in der Mitte der Nullerjahre untersuchten, wo im Gehirn der Impuls zur Großzügigkeit angesiedelt ist und warum es sich so gut anfühlt, anderen zu helfen.[11] In beiden Studien bat man die Probanden, einer Wohltätigkeitsorganisation zu spenden, und untersuchte die dadurch ausgelöste Gehirnaktivität mithilfe der funktionalen Magnetresonanztomografie (fMRT). Dieses bildgebende Verfahren macht die Gehirnaktivität sichtbar, indem es physische Veränderungen, beispielsweise der Durchblutung, darstellt, die auf die Aktivität von Neuronen zurückgehen.

Als die freiwilligen Teilnehmer fremde Interessen über ihre eigenen stellten, aktivierte ihre Großzügigkeit einen entwicklungsgeschichtlich alten Teil des Gehirns, der normalerweise als Reaktion auf Essen oder Sex aufleuchtet: den präfrontalen Kortex. Die Spende löste aus, dass beide Belohnungssysteme des Gehirns zusammenarbeiteten: die *Area tegmentalis ventralis*, die von Nahrung, Sex, Drogen und Geld stimuliert wird, und das Brodmann-Areal 25, das reagiert, wenn Menschen Babys oder ihren Liebespartner erblicken. Für uns ist dies nur zum Besten, bedeutet es doch zum einen, dass wir anderen helfen, und zum anderen sind die gesundheitlichen Risiken weitaus geringer, wenn man nach Großzügigkeit süchtig ist statt nach Alkohol oder Sex – jedenfalls habe ich in meiner ganzen Zeit als Arzt noch nie erlebt, dass jemand ins Krankenhaus eingeliefert wurde, weil er unter akuter Großzügigkeit litt!

Darwins Evolutionstheorie bezieht sich auf die Anpassungsstärke von Populationen und nicht auf körperliche Stärke. Gemeint ist die Fähigkeit einer Population, ihre Art zu vermehren – also bis zum fortpflanzungsfähigen Alter zu überleben, einen Partner zu finden und Nachkommen zu zeugen. Und wie Darwin so richtig bemerkte, ist Großzügigkeit ein enormer Vorteil für das Überleben einer Population.

Dem »Paradox der Großzügigkeit« gingen die beiden Soziologen Christian Smith und Hilary Davidson im Rahmen der Science of Generosity Initiative der Universität Notre Dame in den USA nach.[12] Für ihre Studie beobachteten sie 2000 Menschen über einen Zeitraum von fünf Jahren, befragten 40 Familien aus verschiedenen Schichten und mit unterschiedlichen ethnischen Hintergründen aus zwölf US-Bundesstaaten und vollzogen deren »Geber«-Verhalten und Lebensstile nach. Menschen, die sich selbst als »sehr glücklich« beschrieben, leisteten im Durchschnitt 5,8 Stunden pro Monat ehrenamtliche Arbeit. Menschen, die sich als »unglücklich« betrachteten, halfen hingegen nur 0,6 Stunden pro Monat anderen. Und fast die Hälfte der Großzügigen erfreute sich bester Gesundheit (48 Prozent) im Vergleich zu nur einem knappen Drittel (31 Prozent) der »nicht Großzügigen«. In anderen Worten: Es gibt einen Grund, dass Geben und Großzügigkeit für das menschliche Überleben entscheidend sind, und unsere Gene tun dienstfertig das ihrige dazu.

Und wir wissen auch, dass Menschen, die bestimmte Varianten des Gens AVPR1a besitzen, im Durchschnitt fast 50 Prozent mehr spendeten als Menschen, die diese Varianten nicht haben. Für unser persönliches Wohlergehen lässt sich daraus schließen, dass die Lösung für Geiz nicht heißt, sich in sein Schicksal zu ergeben, sondern freigiebig zu sein. Denn wie wir gerade erörtert haben: Knickrigkeit führt nur dazu, dass man geknickt ist.

Genetischer Individualismus

Die wissenschaftliche Erforschung unserer Gene und der unserer Vorfahren hilft uns nicht nur, die Entwicklung der Menschheit über die Jahrtausende besser zu verstehen. Sie zeigt uns auch, wie einzigartig unser Erbgut ist und wie es unser Leben beeinflusst. Heute kann man seine Gene auf viele Ernährungs-

und körperliche Marker testen lassen. Ich vereinbare solche Tests routinemäßig für meine Patienten, wenn sie daran interessiert sind, und ganz sicher werden sie in Zukunft alltäglicher werden. Ich würde das begrüßen, denn unsere Gene machen uns zum Beispiel schnell deutlich, warum wir eine ausgewogene und vielfältige Ernährung brauchen. Auf den Einzelnen abgestimmte Gesundheitsfürsorge, die auf dem jeweiligen genetischen Fingerabdruck beruht, ist schon in Aussicht – nicht nur zur Prävention gegen Krankheiten wie hoher Blutdruck oder Diabetes, sondern auch zur individuell angepassten Krebstherapie. Letzteres wird schon zunehmend üblich in der Onkologie, da viele Krebstherapien auf genetischen Markern basieren.

Gibt es vielleicht sogar ein Gen für berufliche Veranlagung? So sehen ja die einen den Beruf des Arztes als Berufung und die anderen als einen Job zum Broterwerb. Ich jedenfalls war von Anfang an dafür bestimmt – und reiße häufig Witze darüber, dass diese Berufung in meinen Familiengenen verankert ist. Meine Eltern, meine Großeltern mütterlicherseits sowie mehrere Onkel und Tanten waren Ärzte – Chirurgen, praktische Ärzte, Hautärzte, Augenärzte und Psychiater. Meine Großmutter leistete Pionierarbeit und studierte Medizin zu einer Zeit, als Frauen zwar dieselbe Ausbildung wie die Männer absolvierten, doch nur Männer sich nach dem Studium »Arzt« nennen durften. Frauen wie meine Großmutter hingegen wurden »geprüfte medizinische Fachkraft« genannt.

Als meine Großmutter Medizin studierte, gab es noch keine Medikamente gegen hohen Blutdruck. Bis ins 20. Jahrhundert hinein wurde der arterielle Blutdruck nicht einmal klinisch gemessen. Als meine Großmutter hohen Blutdruck entwickelte, wusste sie genau, dass sie ernsthaft erkrankt war, und sie war sich vor allem darüber bewusst, dass sich die Komplikationen nicht behandeln ließen.

Meine Großmutter hatte die Karriereleiter bis zur Bezirksamtsärztin in Britisch-Indien erklommen. Das war für sie nicht einfach: Sie wurde ständig versetzt, und dass sie sich traute, Korruption anzuprangern, wenn Angestellte im Gesundheitsdienst Medikamente stahlen und auf eigene Rechnung verkauften, machte ihr das Leben sicher auch nicht leichter. Möglicherweise bereitete ihr dies viel Stress, der zu ihrer Krankheit beitrug, aber sie war ein leuchtendes Vorbild für viele Menschen, nicht nur in meiner Familie. Denn wir bestreiten zwar unseren Lebensunterhalt mit dem, was wir erwerben, aber am Ende zählt doch, was wir gegeben haben.

Der frühe Tod meiner Großmutter hätte wohl verhindert werden können, wäre da nicht dieses sture medizinische Desinteresse gewesen. Bis in die 1960er-Jahre hinein glaubten viele Ärzte, dass Bluthochdruck durch Arterienerkrankungen verursacht wird – und nicht umgekehrt Arterienerkrankungen eine Folge von Bluthochdruck sind. Infolgedessen behandelten sie die Krankheit nicht, und es zirkulierten Scherze wie: »Wen soll ich denn da behandeln? Das Messgerät vielleicht?«[13] Unter Medizinern braucht es wie in anderen Zünften oftmals sehr viel Zeit, bis sich Veränderungen durchsetzen, und bis heute ereignen sich bis dahin bisweilen vermeidbare Tragödien.

Der Zusammenhang zwischen Bluthochdruck und Salzkonsum wurde bereits 1904 in Paris von zwei Medizinstudenten entdeckt. Dabei dachten Leo Ambard und Eugène Beaujard anfangs noch, es sei das Chlor im Kochsalz (Natriumchlorid), das für die negativen Effekte verantwortlich sei, nicht das Natrium. Die Entdeckung führte jedenfalls in den 1940er-Jahren dazu, dass Diuretika (Mittel, die die Wasser- und Salzausscheidung fördern) als Prüfarzneimittel gegen Bluthochdruck entwickelt wurden. Meine Großmutter litt unter maligner Hypertonie (gefährlichem Bluthochdruck, der zu schweren Organschäden führt). Diese Medikamente hätten meiner Großmutter das Leben retten können, hätte die Medizinergemeinde den Zusammenhang eher hergestellt und endlich Bluthochdruck behandelt. Doch erst 1947 wurde die maligne Hypertonie behandelt, zunächst mit Pentaquin, einem Arzneistoff gegen Malaria aus dem Zweiten Weltkrieg. Später entwickelte man wirksamere Medikamente, doch bis diese den weiten Weg bis ins südliche Indien fanden und von Hausärzten routinemäßig verschrieben wurden, war es für meine Großmutter schon zu spät.

Die Evolution und die »Wir«-Gene

Manchmal werden Gene in bestimmten Weltregionen aufgrund der dortigen Umweltbedingungen exprimiert. Bei der Krankheit Thalassämie zum Beispiel wird nicht genug Hämoglobin gebildet, das heißt, es kommt zu einer Anämie, einer Blutarmut. Allerdings schützt die milde Form der Thalassämie vor Malaria. Thalassämie ist weit verbreitet in Ländern, in denen Malaria auftritt, zum Beispiel in Südasien und Afrika.

In einer groß angelegten Studie untersuchten Wissenschaftler aus Oxford und Kenia, welche Auswirkungen die sogenannte Alpha-Thalassämie auf Kinder hat, die an Malaria und Durchfall erkrankt sind. Beide Krankheiten fordern unter afrikanischen Kindern Jahr für Jahr Tausende Todesopfer.[14] Sie fanden heraus, dass Kinder mit einer Alpha-Thalassämie, bei der nur eines oder zwei von den Alpha-Globin-Genen ausfällt, wesentlich seltener wegen Malaria ins Krankenhaus eingewiesen wurden. Dies ist wichtig für die Entwicklung von zukünftigen Malaria-Impfstoffen.

Obwohl es mittlerweile zahlreiche Belege dafür gibt, dass Salzkonsum und Bluthochdruck in Zusammenhang stehen, erzählen einem Leute immer noch zum Beispiel: »Ach, mein

Onkel hat kiloweise Salz gegessen und hatte nie hohen Blutdruck.« Und vielleicht kennen Sie auch den häufig zitierten Spruch: »Französinnen werden nicht dick«? Mein Vater zum Beispiel verzehrt viel Salz. Wenn wir zusammen essen, nennen wir ihn den »Salzmann«, weil er großzügig Salz über alles und jedes streut, was er zu verspeisen gedenkt. Sein Blutdruck war jedoch immer normal, und er ist jetzt schon über 80 Jahre alt. Da es in unserer Familie also ganz unterschiedliche Reaktionen auf Salz gibt, wollte ich mich und meine Tochter auf unsere verwandtschaftlichen Salzgene hin testen lassen. Wir wollten wissen, ob sie die Veranlagung ihrer Urgroßmutter zum Bluthochdruck geerbt hatte oder den Salzschutz ihres Großvaters.

Das für die Regulation des Salzhaushalts zuständige ACE-Gen ist nach dem Angiotensin-konvertierenden Enzym (englisch: Angiotensin-converting enzyme) benannt. ACE-Hemmer sind gängige Medikamente zur Blutdrucksenkung und gegen arterielle Verschlusskrankheit. Das ACE-Gen befiehlt dem Körper, das Angiotensin-konvertierende Enzym herzustellen. Wir kennen auch die Risiko-Varianten dieses Gens: GA und AA. Menschen mit GA- oder AA-Varianten des ACE-Gens haben ein höheres Risiko, Bluthochdruck zu entwickeln, wenn sie viel Salz verzehren. Menschen mit der GG-Variante des Gens weisen kein gesteigertes Risiko auf.

Es stellte sich heraus, dass ich die AA-Variante habe, also meinen Salzkonsum niedrig halten sollte (mehr über den Salzgehalt von Lebensmitteln in Kapitel 6). Meine Tochter hingegen hat die GA-Variante, also ebenfalls eine Hochrisiko-Variante. Als Papas Töchterchen konnte sie in diesem Fall ihrem genetischen Schicksal nicht entgehen.

Es stellte sich außerdem heraus, dass ich eine normale Variante des CYP1A2-Gens besitze, das die Koffeinverträglichkeit steuert. Meine Tochter hingegen hat eine abweichende

Variante. Dies bedeutet für sie, dass sie weniger Kaffee trinken sollte, weil sie sonst irgendwann eine Herzerkrankung entwickeln könnte. Gene wie diese Kaffee-Gene entstehen durch Veränderungen in der menschlichen Ernährung und durch Experimentieren – sie sind also »Wir«-Gene.

Der genetische Bauplan unserer Spezies hat sich herausgebildet, als ein Teil der Menschheit Afrika verließ und sich auf seine entwicklungsgeschichtlichen Walkabouts machte. Diese Menschen eroberten neue Kontinente, fanden dort neue Nahrungsmittel vor, und natürlich wussten sie nicht, dass sich mit dem Wandel von Aufenthaltsort und Ernährung auch ihre Gene veränderten. Wie wir in den späteren Kapiteln noch sehen werden, tragen wir durch das neue Leben am und vom Meer, die Einführung der Landwirtschaft sowie durch andere Veränderungen in der Lebensweise im Lauf der Jahrtausende ein jeweils unterschiedliches genetisches Gepäck.

Doch geht es im Leben nicht stets um neue Entdeckungen und Errungenschaften, von Freundschaften und neuen Ländern über Tiere und Pflanzen zu technischen Fortschritten und schöner Kunst in all ihren Formen? Unsere Gene reagieren sowohl auf unsere Ortswechsel als auch auf unsere Ernährung. Dass jedoch die Evolution in den letzten 50 000 Jahren schneller voranschritt als je zuvor, liegt eben an Veränderungen in unserer Lebensweise.

Dean Ornish, Professor an der medizinischen Fakultät der University of California in San Francisco, ist fest davon überzeugt, dass wir durch unseren Lebensstil unsere Gene beeinflussen können. In einem Interview erklärte er:

J. Craig Venter hat uns eine Art gezeigt, wie man seine Gene verändern kann, indem man nämlich neue erzeugt. Dagegen stellen wir fest, dass man seine Genexpression auch auf andere

Art verändern kann, indem man einfach seinen Lebensstil verändert ... Wir haben herausgefunden, dass ein anderer Lebensstil die Genexpression tatsächlich verändert. Nach nur drei Monaten wurden schon mehr als 500 Gene entweder höher oder niedriger reguliert – oder einfach ausgedrückt: Man kann Gene einschalten, die vielen chronischen Krankheiten vorbeugen, und andere ausschalten, Gene, die zu koronaren Herzerkrankungen führen, Onkogene, die mit Brust- oder Prostatakrebs in Verbindung stehen, Gene, die Entzündungen und oxidativen Stress begünstigen, und so weiter.[15]

Ornish und Venter haben also entdeckt, dass wir durch eine Veränderung im Lebensstil gute Gene ein- und unerwünschte ausschalten können. Wir können der Wandel sein, den wir in unserem genetischen Fingerabdruck verwirklicht sehen möchten. Und ganz sicher schulden wir es der uns nachfolgenden Generation, diese Veränderungen umzusetzen.

Evolution und Arzneimittelwirksamkeit

Das Streben nach Wohlbefinden hat Ärzte in West und Ost seit Jahrtausenden zu immer neuen Fortschritten inspiriert. In jüngster Zeit allerdings lässt uns unser schnelles Leben nach chemischen Abkürzungen suchen. Aber wäre es nicht besser, wenn man schon wüsste, wie man wahrscheinlich auf ein Medikament reagiert, bevor man die Pillen einwirft?

Wie oben beschrieben, sprechen Menschen aufgrund ihrer genetischen Besonderheiten auf blutverdünnende Medikamente unterschiedlich an. Es ist besonders wichtig, dies zu verstehen und die Arzneimittelgaben individuell anzupassen, weil bei manchen Menschen ihre besonderen Erbanlagen dafür sorgen können, dass bestimmte Medikamente bei ihnen nicht wirken. Und mehr noch: Selbst unsere Reaktion auf Scheinmedikamente wird von den Genen beeinflusst.

Wirksame Placebos sind keine neue Erfindung, und sie wurden auch bereits eingehend studiert. An der medizinischen Fakultät der Universität Harvard konzentriert sich Professor Ted Kaptchuk in seiner Forschung darauf, den Placeboeffekt zu verstehen. In einer Studie teilte er Migränepatienten in drei Gruppen ein: Eine Gruppe erhielt ein Migränemittel, die andere Akupunktur und die dritte ein Placebo. Wie erwartet besserten sich die Beschwerden bei den Patienten mit dem Migränemittel und bei den Akupunktierten, bei den Placebo-Patienten jedoch nicht. Doch Kaptchuks Team hatte die Probanden bewusst getäuscht: Die Gruppe mit dem Migränemedikament hatte das Placebo bekommen und umgekehrt, während die Akupunkturnadeln falsch waren und nicht einmal in die Haut eindrangen. Und trotzdem ging es den Patienten besser!

Neuere Studien zeigen, dass die psychische Fähigkeit zu einer Heilung durch bloßen Glauben offenbar genetisch bedingt ist. Kaptchuks Team hat mittlerweile mehrere Gene identifiziert, die für die Placebo-Antwort verantwortlich sind, und dachte sich sogar für die weitere Erforschung dieses Gebiets einen neuen Begriff aus: *Placebome*, eine Kombination aus *Placebo* und *Genome*.

Der erste Placebo-Biomarker ist das COMT-Gen, das nach dem Enzym Catechol-O-Methyltransferase benannt ist. Es bestimmt das Ausmaß der Placebo-Antwort eines Menschen – also wie wahrscheinlich er auf nichtmedikamentöse oder alternative Therapien reagiert. Menschen mit zwei Allelen einer bestimmten Variante des COMT-Gens weisen mehr Dopamin im präfrontalen Kortex des Gehirns auf. Wie wir in späteren Kapiteln noch sehen werden, beeinflusst das COMT-Gen den Spiegel dieses Neurotransmitters im Gehirn.

Passenderweise schrieb der Wissenschaftsjournalist David Derbyshire in der britischen Zeitung *The Guardian* über Akupunktur:

> *Trotz mehr als 3000 wissenschaftlichen Untersuchungen zum Thema »Akupunktur« seit den 1970er-Jahren gibt es keinen Beweis dafür, dass es eine dem Qi ähnelnde Kraft überhaupt gibt oder dass sie entlang unsichtbarer Energiebahnen fließt. Das Konzept basiert auf einem mehr als 2000 Jahre alten Missverständnis in Bezug auf den Körper und einer Kultur, die keine medizinischen Sektionen ausführte [...] Doch nur, weil das Qi in der Medizinwissenschaft keine Bedeutung hat, heißt das noch lange nicht, dass die Akupunktur nicht wirkt.*[16]

Im selben Artikel wird Mark Bovey, der Präsident des British Acupuncture Council, zitiert: »Einige Patienten profitieren mehr davon, andere weniger. Daher ist es sinnvoller, sich die Menschen genauer anzusehen, denen sie außerordentlich guttut.«[17]

Charlotte Paterson, Professorin für die Erforschung von gesundheitlichen Dienstleistungen an der britischen Universität Exeter, hat sich mit der Wirkung von Akupunktur auf jene Menschen beschäftigt, die regelmäßig Arztpraxen mit Symptomen und Schmerzen aufsuchten, die von westlichen Ärzten nicht diagnostiziert werden konnten.[18] Sie fand heraus, dass die Patienten sich nach einer Akupunkturbehandlung sehr viel besser fühlten und diese Wirkung zwölf Monate nach der Behandlung anhielt. Darüber hinaus hat die britische Gesundheitsbehörde National Health Service ermittelt, dass durch Akupunktur die Kosten für Krankenhauseinweisungen zurückgehen – und deshalb bezahlt sie diese Behandlungsform weiter, weil sich durch sie teure Krankenhausaufenthalte abwenden lassen.

Der Placeboeffekt im Zusammenspiel mit dem COMT-Gen lässt vermuten, dass Behandlungen wie Energieheilung, Akupunktur oder Homöopathie, die in streng klinischen Studien keine Wirkung zeigten, bei bestimmten Menschen dennoch anschlagen können. Dafür braucht man sich nicht zu schämen: Menschen mit dem COMT-Allel, das für einen hohen Dopaminspiegel sorgt, können mit einem Placebo gut fahren, auch wenn man sich natürlich weiter fragen muss, ob dies nun eine angeborene oder eine erworbene Reaktion ist. Verschiedene Berichte legen nahe, dass Menschen mit dieser Genvariante auf psychosomatische Behandlungen wie Körpertherapie besser ansprechen, weil sie sich generell mehr auf ihre Umgebung einstellen oder mehr daran glauben.[19] Es liegt aber nicht allein am COMT-Gen. So zeigten beispielsweise Alkoholkranke mit einem Hoch-Dopamin-Allel an einem anderen Gen, dem DBH-Gen, weniger Verlangen nach Alkohol, wenn man sie mit einem Placebo und nicht mit dem konventionellen Anti-Craving-Mittel Naltrexon »behandelte«. Letztendlich bestimmt also die Dopamin-Dominanz eines Gens die Reaktion eines Menschen auf Placebos oder Heilung durch Glauben.

Bei vielen Medikamenten zeigen Menschen aufgrund von bestimmten Genvarianten unterschiedliche Reaktionen. Wenn Sie also regelmäßig eines oder mehrere der unten aufgeführten Medikamente einnehmen, dann könnte es sinnvoll sein, herauszufinden, ob Sie eine solche Genvariante besitzen, und zwar speziell einen Polymorphismus.[20] Von Polymorphismus spricht man, wenn innerhalb einer Population mehrere verschiedene Formen eines Gens am selben Ort im Chromosom auftreten. So hat die natürliche Selektion eine gewisse Auswahl bei der Entscheidung, welche Merkmale überleben sollen. Solche genetischen Polymorphismen können die Stoffwechselrate eines Menschen senken, was beispielsweise bei den folgenden Medikamenten dazu führt, dass sich ihre Konzentration im Blutplasma erhöht. Wenn Sie also von den unten aufgeführten Genen abweichende Varianten haben, dann beeinflusst das Ihre Fähigkeit, bestimmte Medikamente zu verstoffwechseln.

CYP2D6-Gen
Betroffene Medikamente:
Antidepressiva wie Amitriptylin, Nortriptylin, Imipramin, Clomipramin
Amphetamine
Betablocker, die zur Behandlung von hohem Blutdruck oder Herzkrankheiten verschrieben werden
Tamoxifen, ein Medikament gegen Brustkrebs

CYP3A4-Gen
Betroffene Medikamente:
Beruhigungsmittel wie Alprazolam, Triazolam
Antiepileptika wie Carbamazepin
Psychopharmaka wie Methadon, Quetiapin, Risperidon

CYP2C9-Gen
Betroffene Medikamente:
Blutverdünner wie Warfarin
Antidiabetika wie Glipizid
Antiepilektika wie Phenytoin
Entzündungshemmer wie Celecoxib oder Diclofenac

Diese Liste ist nicht umfassend, das würde den Rahmen dieses Buches sprengen. Sie vermittelt jedoch eine Vorstellung, wie Gentests in der Zukunft die Dosierung von Medikamenten beeinflussen könnten und dass es sich lohnt, auch jetzt schon mit seinem Arzt darüber zu sprechen.

Die Zukunft hat nämlich vielleicht schon begonnen: Auf die Bedeutung von auf die Erbanlagen abgestimmten Medikamenten verwies bereits 2005 die US-Arzneimittelbehörde FDA in ihrer Zulassung des Herzmittels BiDil. Das Kombinationspräparat aus einem Nitrat und einem Wirkstoff zur Gefäßerweiterung ist spezifisch für Afroamerikaner konzipiert.

Fazit

Im Gesundheitswesen stehen wir vor einem ständigen Kampf zwischen zentralisierten staatlichen Gesundheitssystemen und der individuell angepassten Gesundheitspflege. Da wir das menschliche Genom mittlerweile entschlüsselt haben und Gentests immer erschwinglicher werden, werden zukünftig sogar nationale Gesundheitsprogramme individualisierte Empfehlungen zu Ernährung und Gesundheit bieten können, die auf den jeweiligen Erbanlagen der einzelnen Menschen basieren. Doch dazu müssen wir verstehen, woher der Mensch kam und worin unsere individuellen Unterschiede bestehen.

Schließlich sind wir nur eine der Tierarten, die diesen Planeten bevölkern – und der Erde sind wir völlig egal, denn der Mensch hat zwar technisches Wissen angesammelt, doch er schert sich recht wenig um seine Umwelt. Ist es nicht unglaublich, dass wir politische Gipfeltreffen abhalten müssen, um als Art unsere eigene Umwelt zu bewahren? – Als ob wir nachts ohne Licht auf der Straße der (R)Evolution fahren und uns darüber streiten würden, wer das Lenkrad übernehmen darf.

Unser gesamtes menschliches Genom, die Gesamtheit unserer DNA-Sequenzen, ist kartiert, doch solche Landkarten sind nur nützlich, wenn man weiß, welches Ziel man ansteuern möchte. Meines ist ein Ort des Wohlbefindens und der Lebensfreude, wo uns die Verlockungen von Karriere und Küche nicht davon abhalten, uns einen gesunden Körper und einen heiteren, gelassenen Geist zu bewahren und uns um unsere Umwelt kümmern. Denn letztendlich geht es beim Thema Gesundheit darum, ein auf Fakten gestütztes Ökosystem zu schaffen, in dem sich Gemeinschaften bereitwillig zusammenfinden können.

> **Aus der Praxis: Gentests**
> Wenn Sie regelmäßig Medikamente einnehmen, wie Blutverdünner, Antidepressiva, Antiepileptika, Diabetes- oder Herzmittel, dann könnte es sinnvoll sein, Ihren Arzt zur Erstellung eines individuellen genetischen Profils zu konsultieren. Das ist einfacher beziehungsweise kostengünstiger, als Sie vielleicht denken. Ich nehme bei meinen Patienten eine Blut- oder Speichelprobe, und ein paar Wochen später haben wir die Ergebnisse. (Am Ende des Buchs finden Sie Informationen über ein von mir entwickeltes Gentestprogramm, das CYP2CP und für die Ernährung wichtige Gene umfasst.) Entscheidend sind die Gene CYP2D6, CAP3A4 und CYP2C9 – Letzteres vor allem, wenn Sie Blutverdünner einnehmen.

Kerngedanken

1. In den letzten 50 000 Jahren hat sich unsere Evolution aufgrund von Veränderungen in der Ernährung und Wanderungen massiv beschleunigt.
2. In den Erbanlagen wird ein Kompromiss geschlossen zwischen dem Wohl des Individuums und der Population.
3. Wie Menschen auf bestimmte Medikamente reagieren, kann von ihren Genen abhängen.

4. Auch wie Menschen auf nichtmedikamentöse Therapien oder Placebos reagieren, kann genetisch bedingt sein.
5. Menschen, die auf Placebos reagieren, sprechen auch auf Behandlungen wie Körpertherapie oder Akupunktur besser an.
6. Eine Veränderung im Lebensstil ändert tatsächlich die Genexpression.
7. In der Zukunft werden individualisierte Medikamentendosierungen auf der Basis von Erbanlagen die Regel sein.

2
Die Trägheits-Gene: Bewegung dem Gehirn zuliebe

Zwillingen gebührt unsere besondere Aufmerksamkeit; ihre Geschichte versetzt uns in die Lage, dass wir zwischen den Auswirkungen ihrer angeborenen Anlagen und denen der jeweiligen besonderen Umstände ihrer späteren Leben unterscheiden können.
Sir Francis Galton

Zwillinge sind seit jeher ein beliebtes Studienobjekt der Verhaltensgenetik. Denn wenn zwei Menschen genetisch identisch sind, dann muss dies doch eigentlich bedeuten, dass all ihre Verhaltensabweichungen auf Umwelteinflüsse zurückgehen.

Die klassische Zwillingsforschung vertraut auf das Studium von Zwillingen, die in ähnlichen Familienverhältnissen aufwuchsen, denn so können Wissenschaftler besser die verschiedenen vererbten Merkmale untersuchen. In einer finnischen Studie konzentrierte man sich auf eineiige Zwillinge, die in einem ähnlichen Umfeld aufgewachsen und unterschiedlich sportlich aktiv waren.[21] Untersucht wurden mehrere erwachsene Zwillingspaare, die als Kinder Sport getrieben hatten und gleich ernährt worden waren. Einen Unterschied wiesen jedoch alle Paare auf:

Ein Zwilling war auch noch als Erwachsener sportlich aktiv, ging beispielsweise zum Joggen oder trieb Ausdauersport, der andere nicht.

Die Ergebnisse entsprachen mehr oder minder den Erwartungen: Der faule Zwilling wog mehr, besaß mehr Körperfett und ein höheres Diabetes-Risiko. Noch auffälliger aber waren die Auswirkungen des Ausdauersports auf das Gehirn, vor allem jene Bereiche, die für die Koordination und motorische Steuerung verantwortlich sind. Kurz gesagt, bewirkte die jahrelange sportliche Aktivität sowohl einen Riesenunterschied in Hinblick auf die körperliche Fitness – als auch auffällige Veränderungen im Gehirn, die zu einer erhöhten geistigen Fitness in der Alltagsbewältigung führten.[22]

Eine weitere gängige Forschungsmethode ist der Vergleich von eineiigen und zweieiigen Zwillingen. Denn anders als zweieiige Zwillinge, die sich sichtbar unterscheiden, sind eineiige Zwillinge genetische Doppelgänger. Dies wiederum bedeutet, dass alle Veränderungen, die mit Unterschieden in ihrem Verhalten oder in ihrer Biologie einhergehen, nur auf die Umwelt zurückgeführt werden können.

Nevin, die Lektorin dieses Buchs, hat eine Zwillingsschwester. Ich erzählte ihr, dass es »Trägheits«-Gene gibt, die auf eine genetische Prädisposition zur Faulheit hindeuten könnten. Nevin meint nämlich, dass sie sich viel mehr anstrengen muss als ihre Zwillingsschwester, um dieselben Ziele zu erreichen, und sie deshalb sicher dieses Trägheits-Gen besäße. Dies kann ich allerdings erst bestätigen, wenn ich die beiden einigen Tests unterzogen habe.

Professor Wei Li vom Institut für Genetik und Evolutionsbiologie (IGDB) in Beijing und Professor John Speakman von der Universität Aberdeen haben sich gemeinsam auf die Suche nach diesem von mir »Trägheits-Gen« genannten Gen gemacht.[23] Bei ihren Studien an übergewichtigen Mäusen und adipösen Menschen stießen sie auf eine Mutation im Gen SLC35D3 und fanden heraus, dass diese ein Protein produziert, das als wichtiger Signalgeber im Dopaminsystem des Gehirns fungiert. Bekanntermaßen kommt es zu Bewegungserkrankungen wie der Parkinson-Krankheit, wenn Dopamin produzierende Neuronen im Gehirn defekt sind. Normale Zellen haben an ihrer Oberfläche Dopaminrezeptoren, sodass der Botenstoff bestimmte Zellen anregen kann, um eine Bewegung in Gang zu setzen. Bei Mäusen mit einem fehlerhaften SLC35D3-Gen saßen die Dopaminrezeptoren in der Zelle, und deshalb waren die Tiere regelrechte Couch-Potatoes. Dies ist nicht nur ein wichtiger Erkenntnisschritt bei der Suche nach dem Trägheits-Gen, sondern verweist auch auf eine Verbindung zwischen motorischen Störungen und den dopaminergen Systemen. Als die fetten Mäuse Medikamente erhielten, die den Dopaminspiegel erhöhen, entwickelten sie mehr Energie und verloren an Gewicht. Pharma-Unternehmen nehmen die Ergebnisse dieser Studien mittlerweile genau unter die Lupe und versuchen auf ihrer Basis, neue Medikamente gegen krankhaftes Übergewicht zu entwickeln.

Dopamin ist ein sehr alter Nervenbotenstoff, der bei fast allen Tierarten vorkommt. Es besitzt eine vergleichsweise einfache Struktur und wird aus der Aminosäure Tyrosin gebildet. Dopamin ist, was die Evolution meiner Meinung nach ein »Lust-Teilchen« nennen würde, da es sowohl mit dem Belohnungsverhalten als auch mit Opiatabhängigkeit in Verbindung steht.

Fred Previc stellt in seinem Buch *The Dopaminergic Mind in Human Evolution and History*[24] die These auf, dass sich im Laufe der Evolution der Dopaminspiegel im menschlichen Körper aus zwei Gründen erhöhte: zum einen, weil Urmenschenarten wie Homo habilis vor rund zwei Millionen Jahren ihren

Fleischkonsum steigerten, und zum anderen, weil Menschen vor etwa 80 000 Jahren damit begannen, Fischöl zu verzehren. Dieses erhöht erwiesenermaßen den Dopaminspiegel und verringert negative Gedanken und Depressionen. Previc glaubt, dass wir uns sukzessive an immer höhere Dopaminspiegel gewöhnt haben und deshalb unsere Gesellschaften manischer geworden seien – intelligenter, mit einer Vorstellung von persönlichem Schicksal, religiösen oder kosmischen Zusammenhängen und besessen davon, Ziele zu erreichen.

Die Epigenetik beschäftigt sich mit Veränderungen in der Genexpression. Anders ausgedrückt geht diese Disziplin der Frage nach, wie Gene durch bestimmte Faktoren an- und ausgeschaltet werden können, ohne dass sich dadurch der genetische Code selbst ändert. Dopamin ist ein epigenetischer Dreh- und Angelpunkt. Im Rahmen ihrer Forschungen zu psychiatrischen Erkrankungen senkte Emiliana Borrelli, Professorin für Mikrobiologie und Molekulargenetik an der University of California in Irvine, die Dopaminausschüttung bei Mäusen, indem sie die Dopaminrezeptoren im Mittelhirn ausschaltete.[25] Erstaunlicherweise beeinflusste dies fast 2000 Gene im präfrontalen Cortex.

Es sieht ganz danach aus, dass das Dopamin uns moderne Menschen antreibt. Es wirkt überall im Gehirn und beeinflusst Tausende von Genen, ob es nun um lustvolle Erregung geht oder um romantische Liebe, um manisches Verhalten oder Bewegungsfreude. Wenn uns aber nun ein mutiertes SLC35D3-Gen, eines der Trägheits-Gene, im Grunde genommen dazu bringt, dass wir uns nicht mehr bewegen, dann weist das doch eindeutig darauf hin, dass der ursprüngliche Zweck unseres Gehirns die Bewegung sein muss.

Und die Bewegung macht das Gehirn

»Ich bewege mich, also bin ich«,[26] schreibt Haruki Murakami – ohne Bewegung kein Leben. Ein dösendes Faultier würde dem nicht ganz zustimmen, deshalb sollte man dazu besser eine Seescheide fragen. Am Beispiel dieses faszinierenden Geschöpfes stellt der englische Neurowissenschaftler Daniel Wolpert stets dar, warum sich das Gehirn in erster Linie für die Bewegung entwickelt hat.

Etwa 70 Prozent unseres Planeten sind von Meerwasser bedeckt, also ist es nur logisch, dass dieser majestätische, sich ständig in Bewegung befindliche, flüssige Körper viele Geheimnisse über unsere kollektive Vergangenheit in sich trägt. Wenn wir auf anderen Planeten nach Leben suchen, halten wir zuerst nach Spuren von Wasser Ausschau. Im Ozean sind viele einzigartige und geheimnisvolle biologische Meisterwerke beheimatet, doch die Seescheide ist für mich nach wie vor einer meiner Lieblinge. Dieses Geschöpf hat nämlich zwei verschiedene Lebensformen ausgebildet: eine bewegliche und eine unbewegliche. Es beginnt sein Leben, indem es sich auf bunten, tentakelähnlichen Gebilden fortbewegt. Lässt es sich aber auf einem Felsen nieder und wird sesshaft, fängt es an, sein Gehirn zu verdauen, das es nun nicht mehr benötigt. In meinem jüngsten TEDx-Vortrag habe ich dieses Beispiel auf den Menschen übertragen: Wenn wir unseren Felsen gefunden haben und von da an unser Leben bewegungslos vor dem Fernseher verbringen, könnten wir unser Gehirn genauso gut auch gleich verspeisen.[27] Oder wie es Daniel Wolpert 2011 in seinem TEDx-Talk formulierte:

Denken wir doch nur mal an die Formen der Kommunikation: Sprache, Gesten, Schrift, Zeichensprache. Sie alle werden durch Muskelbewegungen erzeugt.

Wir sollten uns also merken, dass sinnliche, kognitive und Erinnerungsprozesse überaus wichtig sind, doch nur insofern sie künftige Bewegungen anstoßen oder unterbinden. Es hat keinen evolutionären Vorteil, wenn Sie Ihre Kindheitserinnerungen aufschreiben oder die Farbe einer Rose wahrnehmen können, wenn es keine Auswirkungen darauf hat, wie Sie sich später im Leben bewegen werden.[28]

Eigentlich logisch, denn alles, was wir tun, tun wir, weil wir uns bewegen – ich zum Beispiel schreibe dieses Buch, indem ich viele Muskeln bewege: Die Finger hämmern auf meine Computertastatur ein, die Lippenmuskeln lassen mich am Kaffee nippen, die Augenbrauen ziehen sich zusammen, während ich diesen Absatz überdenke. Leben erfordert Bewegung und folglich Gehirnaktivität. Die Haut kann Berührungen fühlen, doch ohne Bewegung können unsere Finger und Gliedmaßen sich nicht auf ein Objekt zubewegen, das wir berühren möchten. Bewegung ist alles.

Die Wissenschaft zeigt immer deutlicher, dass Bewegung für uns nicht nur lebensnotwendig ist, sondern dass sie tatsächlich unser Gehirn durch eine Art evolutionären Feedbackeffekt klüger macht. 2004 veröffentlichten die beiden Entwicklungsbiologen Daniel E. Lieberman von der Harvard University und Dennis M. Bramble von der University of Utah einen Aufsatz in dem einflussreichen Wissenschaftsmagazin *Nature*. Darin stellen sie die These auf, dass unsere zweibeinigen Vorfahren überlebten, indem sie sich zu Ausdauersportlern entwickelten, die Beutetiere verfolgen und erlegen konnten.[29] Die meisten schnellen Tiere, wie beispielsweise Geparden, können zwar sehr schnelle Spurts einlegen, aber sie können nicht lange rennen. Sie sind Sprinter, keine Ausdauerläufer.

Als der Mensch den aufrechten Gang ausbildete, entwickelte sich unser Körper so weiter, dass wir auf zwei Beinen gehend und laufend lange Distanzen zurücklegen können. Im Vergleich zu anderen Primaten hat der Mensch längere Beine, kürzere Zehen, weniger Haare und ein im Innenohr angesiedeltes Organ, das uns im Gleichgewicht hält und beim aufrechten Stehen und Laufen Standfestigkeit und Sicherheit verleiht.

Die vermehrte Bewegung aber stieß noch eine andere, fast schon an ein Wunder grenzende Entwicklung an: Unser Gehirn wurde größer. Im Verhältnis zur Körpergröße ist das menschliche Gehirn dreimal so groß wie das anderer Säugetiere. Anfänglich ging man davon aus, dass hierfür nur die Zunahme der Bewegung verantwortlich gewesen sei. Doch mehr und mehr scheint es, dass die Ausdauer hierbei eine genauso bedeutende Rolle spielte. Hunde und Ratten zum Beispiel sind ausgezeichnete Ausdauerläufer, und auch ihre Gehirne sind im Verhältnis zur Körpergröße überdurchschnittlich groß. Lieberman und sein Team beschlossen deshalb, ganz gezielt die Bedeutung der Ausdauer zu testen. Sie verglichen Mäuse, die ein Ausdauerlauftraining absolvieren mussten, mit gewöhnlichen Mäusen und entdeckten, dass die trainierten Mäuse nach wenigen Generationen neue Gene aktiviert hatten. Außerdem wiesen sie von Natur aus hohe Spiegel von Substanzen auf, die das Gewebewachstum und die Gewebegesundheit unterstützen, darunter vor allem ein Protein namens BDNF *(Brain-derived neurotrophic factor)*. Auch der Mensch besitzt dieses Protein, das die Ausdauerleistung steigert und das Gehirnwachstum antreibt. Der Ausdruck »Gehirn-Jogging« könnte somit eine buchstäblichere Bedeutung haben, als man sich gemeinhin vorstellt.

Der Lieberman-Studie folgte eine wissenschaftliche Untersuchung von David A. Raichlen, einem Anthropologen an der Universität von Arizona.[30] Er stellt sich die Verbindung zwischen

Ausdauersport, insbesondere mit Beinbewegungen, und dem Gehirn folgendermaßen vor: Wenn ein Tier Ausdauerbelastungen ausgesetzt ist, wird mehr BDNF in seinen Muskeln produziert – und zwar so viel, dass schließlich ein Teil des Proteins seinen Weg ins Gehirn findet. Der kanadisch-amerikanische Kognitionswissenschaftler Steven Pinker weist in vielen seiner Arbeiten darauf hin, dass die Evolution in der gesamten psychologischen Forschung eine verborgene Komponente darstellt. Denn das Gehirn der Menschen wuchs, weil sie Ausdauer entwickelten, um ihre Beute zu erjagen, aber auch, weil sie ihr Denkvermögen und ihre Fähigkeit verbesserten, um die Verfolgung ihrer Beute zu planen – ein evolutionäres Schachspiel, das Körper und Gehirn ernährte.

Apropos Schach: Auf einer THiNK-Konferenz für Zukunftsideen lernte ich den russischen Schachweltmeister Garri Kasparow bei einer gemeinsamen Signierstunde kennen. Garri stellte sein Buch vor, *How Life Imitates Chess,* und ich mein letztes Buch, *Skin: A Biography.* Es war die längste Signierstunde meines Lebens – ich signierte nacheinander 250 Bücher! Wir unterhielten uns über Schach und Garris Partien gegen den IBM-Supercomputer Deep Blue. Garri meinte, der Mensch werde dem Computer immer überlegen sein, obwohl diese Maschinen immer besser würden. Ich fragte ihn, ob er das eine Mal aus Unkonzentriertheit gegen den Computer verloren hatte. Garri verneinte dies. Vielmehr habe es daran gelegen, erklärte er, dass er vergessen hatte, wie ein Mensch zu spielen, nämlich impulsiv und irrational. Er habe versucht, den Computer in einer Gedächtnisschlacht zu schlagen, und wurde prompt besiegt. Nicht mehr aus dem Kopf ging mir jedoch vor allem eine seiner anderen Aussagen: »Wäre ich vor einem richtigen Schachbrett gesessen und hätte richtige Schachfiguren bewegt, hätte mich der Computer niemals besiegt.« Ich bin mir nicht sicher, ob Kasparow das so meinte, aber in meinen Augen liegt darin die Antwort. Wenn wir Schachfiguren auf einem Brett bewegen, müssen wir viele Muskeln bewegen, und dies macht auch unser Gehirn klüger. Daniel Wolpert würde mir hier sofort zustimmen. Wolpert zufolge dauert es Jahre, einem Roboter beizubringen, Wasser aus einem Glas in unterschiedlich große Becher zu schütten. Ein kleines Kind hingegen kann diese Aufgabe schnell meistern. Solange wir etwas bewegen, erledigt unser Gehirn seine Aufgaben weitaus effizienter und eleganter.

Die Evolution der Bewegung

Das Leben entwickelte sich im Wasser, und meiner Meinung nach zeigt genau diese Tatsache, wie wichtig Bewegung ist. Stellen Sie sich vor, wie sich eine Gruppe von Urtierchen in stehendem Wasser entwickelt. Wenig verlockend. Vielleicht waren das Leben und das Wasser schon immer dazu geschaffen, frei zu fließen und stets in Bewegung zu sein, wie Flüsse, Ströme, heiße Unterwasserquellen und Ozeane. Doch selbst Geschöpfe, die im Wasser oder im Weltraum scheinbar stillstehen, sind nicht wirklich bewegungslos. Die Science-Fiction-Schriftstellerin Vera Nazarian beschreibt dieses Phänomen sprachgewandt in ihrem Buch *The Perpetual Calendar of Inspiration*:

> *Während alles andere hin und her flitzt, bleiben die*
> *wichtigen Dinge an ihrem Platz. Ihr Stillstand erscheint*
> *uns aus unserer Perspektive wie eine Rückwärtsbewegung,*
> *während die Relativität unsere Bewegungssensoren*
> *zurücksetzt. Sie startet uns neu und erlaubt uns noch*
> *einmal, wahrzunehmen.*
> *Und jetzt, wo wir wirklich sehen, erkennen wir plötzlich,*
> *dass all die bewegungslosen Dinge doch nicht so*

bewegungslos sind. Sie gleiten einfach nur in ihrer ureigensten, langsamen Anmut vor dem Hintergrund des unermesslichen Universums dahin.[31]

In den ersten 1,5 Milliarden Jahren waren alle Lebewesen auf unserem Planeten Einzeller. Doch selbst sie konnten sich bewegen und entwickelten Fähigkeiten, um Nährstoffe zu finden und andere Einzeller wahrzunehmen. Bereits diese ersten einzelligen Kragengeißeltierchen (Choanoflagellaten) wiesen viele der Bausteine auf, die nötig sind, um elektrische Signale zu übermitteln und chemische Botschaften zu empfangen. Lebewesen besaßen also von Anfang an die Fähigkeit, über eine Art primitives Nervensystem mit anderen zu kommunizieren, wenn auch nicht immer zu deren Wohl. So haben zum Beispiel primitive Nesseltierchen (Geschöpfe wie Würfelquallen oder manche Seeanemonen), die zu den ältesten Mehrzellern überhaupt gehören, spezialisierte Nesselzellen, mit denen sie kleinen Beutetieren ein lähmendes Gift injizieren können. Lebewesen mussten also kämpfen und fliehen, stechen oder vermeiden, gestochen zu werden, und dazu ihre Bewegungsfähigkeit verbessern, was wiederum Muskeln notwendig machte.

2010 meldete die Zeitschrift der britischen Royal Society, dass man im Fossil eines urzeitlichen Nesseltierchens aus dem Ediacarium, der erdgeschichtlichen Periode vor rund 635 bis 541 Millionen Jahren, Muskelgewebe gefunden hatte.[32] Dies war das erste Mal, dass Muskeln in einem solchen Nesseltierchen entdeckt worden waren. Diese Organismen hatten Augen, ein Nervensystem und Rezeptoren. Dass sie nun auch Muskelgewebe besaßen, wirft eine wichtige Frage auf: Steuert das Gehirn den Muskel oder die Bewegung?

Im Medizinstudium, insbesondere als wir die einzelnen Muskeln und deren Nervenversorgung lernten, haderte ich mit der Zweckdienlichkeit des Ganzen. Mir leuchtete nicht ein, warum wir jeden einzelnen Muskel in den verschiedenen Muskellogen des Beins auswendig lernen mussten, wenn doch viele Muskelgruppen von denselben Nerven gesteuert werden und funktionell zusammenhängen. Warum konnten wir nicht einfach die Bewegung studieren? Mir schien das viel sinnvoller. Doch eine Ausbildung ist ja häufig praxisfern und darauf ausgerichtet, herauszufinden, was man noch nicht weiß, und nicht, was und wie viel man schon verstanden hat. Es gab so viele Einzelheiten, die man sich alle merken musste: Oberschenkel- oder Hüftnerv, Beuge- oder Streckmuskel, abspreizender oder heranziehender Muskel – all das landete in meinem zu guter Letzt gigantischen Gedächtnis.

Als Wissenschaftler die Muskulatur zur seitlichen Augenbewegung erforschten – den Musculus rectus lateralis und den Musculus rectus medialis, die vom Nucleus nervi oculomotorii und vom Abduzenskern gesteuert werden –, fanden sie heraus, dass das Gehirn die motorischen Einheiten beziehungsweise Antagonisten (Gegenspielermuskeln) offensichtlich nicht unabhängig voneinander steuert, sondern eher eine Art Bezugssystem schafft. Dabei agiert es im Wesentlichen wie ein lautloser Dirigent, wie ein Bewegungsorchesterüberwacher, der unseren Bewegungsapparaten nicht nur signalisiert, was sie tun sollen, sondern auch, wie. Das Gehirn steuert also die Muskeln *und* die Bewegung wie eine Art nichtdiktatorischer Choreograf unseres Lebens.

Vor rund 2,5 Millionen Jahren lebte ein Kind, dessen Überreste in einem Steinbruch bei Taung in Südafrika gefunden wurden. Das Kind von Taung gehörte zu den Australopithecinen, einer frühen Hominiden- oder Vormenschenart, die bereits alle Muskel- und Knochenstrukturen entwickelt hatte, die für den aufrechten Gang nötig waren. Es ist noch umstritten, ob sich der

Australopithecus ausschließlich auf zwei Beinen fortbewegte, und wenn nicht, könnte dies tatsächlich einer der Gründe sein, warum diese Art nicht überlebte, während der Homo sapiens, unsere Art, bis heute existiert.

Der Schädel des Kindes von Taung besitzt eine nur teilweise verschlossene »Knochennaht« zwischen den beiden Hälften des Stirnschädels, was zeigt, dass seine Gehirnentwicklung eher dem des Menschen glich. Warum aber vergrößerte sich durch das Gehen auf zwei Beinen das Gehirn? Zum einen ermöglichte der aufrechte Gang, dass die vorderen Gliedmaßen für komplexere Aufgaben der Hände benutzt werden konnten. Zum anderen sorgte er für einen besseren Überblick, weshalb sich in der Folge die für Verarbeitung visueller Eindrücke zuständigen Bereiche des Gehirns vergrößerten. Als Evan Eichler und seine Kollegen die Entwicklungsgeschichte des menschlichen SRGAP2-Gens erforschten, fanden sie heraus, dass es für die Entwicklung der Großhirnrinde zuständig ist und dass der Mensch die einzige Art darstellt, bei der dieses Gen wiederholt dupliziert wurde.[33] Die letzte größere Genduplikation fand vor zwei bis drei Millionen Jahren genau in dem Zeitraum statt, als der Mensch begann, aufrecht zu gehen. Alles deutet also darauf hin, dass der aufrechte Gang für unsere Entwicklung ganz entscheidend war.

Im weiteren Verlauf der Evolution freuten sich die Menschen immer mehr über ihr größeres Gehirn, erweiterte es doch ihre Fähigkeit, zu denken, zu tanzen und zu zeichnen. Doch natürlich verstanden diese frühen Menschen nicht den von der Natur entworfenen Masterplan, denn die Natur mag zwar die großartigsten Pläne schaffen, aber die dazugehörigen Blaupausen behält sie für sich. Die Menschen waren derweilen emsig beschäftigt, gingen auf Nahrungssuche, kämpften mit Rivalen um Liebespartner, schmückten ihre Höhlen aus und hielten nach Gespielen Ausschau. Das Gehirn wuchs dadurch beziehungsweise durch die damit verbundenen Aktivitäten immer weiter. Wenn wir darüber nachdenken, dann ermöglicht uns das Gehirn grundsätzlich drei »Universal«-Bewegungselemente: Fortbewegung (wie gehen, laufen, schwimmen); Orientierung (wie das Gleichgewicht halten oder etwas vermeiden, indem man den Kopf wegdreht) und Greifen (mit dem Mund oder den Gliedmaßen). Jede unserer Bewegungen enthält diese drei Elemente. Muskeln sind sorgfältig konstruierte, aber plumpe Vorrichtungen, und doch fallen die Bewegungen, die eine Muskelgruppe koordiniert, im Wesentlichen elegant aus. Man muss nur mal einem Roboter zusehen, um sich dessen bewusst zu werden.

Stellen Sie sich vor, Sie rennen dem Bus hinterher oder greifen nach einem Stift. (Ich weiß, schreiben ist echt harte Arbeit!) Wollte man früher die damit verbundenen Nervenverbindungen herausfinden, stimulierte man die Muskeln elektrisch. Bekanntermaßen müssen jedoch viele Muskeln und auch viele Sinne aktiviert werden, damit wir unser Ziel erreichen und Hindernissen aus dem Weg gehen können. Statt also jeden Muskel einzeln zu studieren (was ich ja schon im Studium hasste), geht man mittlerweile dazu über, das Gehirn zu kartieren. Möglich wird dies durch die Elektrokortikografie (eine Art EKG fürs Gehirn) bei der Behandlung von Epilepsiepatienten, denen man hierfür Elektroden direkt auf der Hirnrinde aufsetzt. Durch die Analyse gelang es Forschern, die Bewegungen der oberen und unteren Gliedmaßen genau zu kartieren und nachzuvollziehen. Als sie jedoch versuchten, dieses Vorgehen auf den Bereich der Sprache zu übertragen, stellte man interessanterweise fest, dass das Gehirn hier nicht so empfindlich reagierte. Das wiederum zeigt erneut: Die primäre Funktion des Gehirns ist die Bewegung und nicht nur die Muskelkontraktion.

Die Vorstellung vom Gehirn als Organ der Bewegung ist noch sehr jung. Hippokrates dachte, das Gehirn sei der Sitz der

Intelligenz, während Aristoteles diesen ins Herz verlegte. Zur Zeit des Hippokrates sahen die Griechen den Körper als heilig an und führten deshalb weder anatomische Sektionen noch Autopsien durch. Erst Galen erwarb in römischer Zeit ein fundiertes anatomisches Wissen, indem er Schafe, Affen, Hunde und andere Tiere sezierte. Dabei fiel ihm die hohe Dichte des Kleinhirns auf, und er schloss klug daraus, dass es wohl die Bewegungen steuern müsse. Die weichere Großhirnrinde hingegen sei der Teil des Gehirns, in dem die sinnlichen Eindrücke verarbeitet würden.

Natürlich mussten für die Entwicklung eines größeren Gehirns auch Nachteile in Kauf genommen werden. Für den aufrechten Gang bildete der Mensch ein schmaleres Becken aus, durch das bei der Geburt ein größerer Babykopf nur schwer hindurchpasste. Menschliche Babys haben bei der Geburt ein noch unreifes Gehirn, das nur etwa ein Drittel so groß ist wie beim Erwachsenen, weil sie ja ab irgendeinem Zeitpunkt von Frauen geboren wurden, die zum aufrechten Gang übergegangen waren und deshalb schmalere Becken hatten (was im Übrigen die Herausbildung einer ganz neuen Art zur Folge hatte: den wohlhabenden Arzt für Geburtshilfe). Im ersten Lebensjahr verdoppelt sich das Gewicht des Gehirns beinahe. Vor allem nimmt das Kleinhirn zu, das für automatisierte Bewegungen zuständig ist und die Sinneswahrnehmungen koordiniert. Entwickelt sich das Kleinhirn nicht richtig, hat das Kind eine schlaffe Muskulatur und bewegt sich ungeschickt.

Es gibt mehrere Theorien, weshalb Bewegung so wichtig ist. Durch die aufrechte Haltung wird der Kopf wärmer, und da diese Wärme abgeleitet werden muss, nahm die Blutzufuhr zum Gehirn zu. Allerding reicht eine vermehrte Blutzufuhr allein hierfür nicht aus. Das Gehirn hat auch eine Art Schrittmacher- oder Uhrwerkfunktion, durch die es die Muskeln an- und abschalten kann, um Energie zu sparen. Da diese Veränderungen

40-mal pro Sekunde stattfinden, fallen sie uns in den Muskelbewegungen weder als Unterbrechung noch als Ruckeln auf – ähnlich wie beim Film, wo wir ja auch nicht bemerken, dass man uns zahlreiche Einzelbilder hintereinander zeigt. Wenn jedoch nur der Kopf in der Höhe sein musste, damit er besser durchblutet wurde, warum übernahm der Mensch dann auch noch den aufrechten Gang? Er hätte sich schließlich einfach auf seinen zwei Beinen hinsetzen können, quasi als ein Buddha der Evolution.

Zunächst einmal hat man im Stehen einen besseren Überblick, deshalb hatten größere, aufrecht gehende Menschen einen Vorteil gegenüber anderen beim Erspähen von Raubtieren. Dies war schließlich eine höchst gefährliche Zeit, in der viele Raubtiere um ihre Beute konkurrierten. Damals war der Mensch noch ein kleines Licht auf seinem Planeten, und er musste um sein Überleben und sein Territorium kämpfen. Angst, Kampf, Flucht und letztendlich Freiheit bestimmten sein Denken und Handeln.

Die meisten Tiere stellen sich auf die Hinterbeine, wenn sie kämpfen. So erscheinen sie größer und haben mehr Schlagkraft. David Carrier von der University of Utah überprüfte diese Hypothese, indem er die jeweilige Aufschlagkraft und -energie maß, wenn Menschen in verschiedenen Haltungen auf Objekte einschlugen – stehend, kniend, sitzend, kauernd wie Affen und so weiter.[34] Die wichtigsten Angriffswaffen von Primaten sind ihr Kiefer und ihre großen Eckzähne, aber schon Darwin bemerkte scharfsinnig, dass sich die Eckzähne bei den Menschen mit Aufkommen des aufrechten Gangs zurückbildeten und im Gegenzug ihre vorderen Gliedmaßen zu ihren Angriffswaffen wurden. Carrier stellte fest, dass der aufrechte Stand auf zwei Beinen bei allen Schlagrichtungen – nach unten, nach oben, seitlich und nach vorne – die erzeugte Kraft beinahe verdoppelte. In den Slums von Mumbai gibt es ein Sprichwort: »Wenn du den

Mutterleib verlässt, musst du kämpfen lernen. Sonst krabbelst du besser zurück und verkriechst dich.« Entwicklungsgeschichtlich betrachtet ist das eine Binsenweisheit.

Francis Bacon schrieb einmal: »Geschichte macht Menschen weise, Dichtung geistreich, Mathematik scharfsinnig, Naturphilosophie tiefgründig, Moral ernst, Logik und Rhetorik fähig zum Argumentieren.«[35] Auf die Evolution der Bewegung übertragen bedeutet das: Die Natur beschloss, weder auf die Mathematik noch die Kunst zu setzen, sondern auf die Logik. Zuerst kam die zufällige Bewegung, dann die zielgerichtete Aktivität. Während der Mensch immer längere Strecken zurücklegte, wurde sein Gehirn größer und klüger, und chemische Stoffe wie das Dopamin befähigten ihn, etwas zu wagen, zu träumen, zu diskutieren und zu zeichnen. Im Grunde genommen wandte die Natur die Naturwissenschaften an, die mit ihrem Mangel an Poesie und Philosophie manchem als ein langweiliges Werkzeug erscheinen mögen, wobei sie mit der allmählichen Entwicklung der Bewegung letztendlich extrem gesunden Menschenverstand bewies.

Schwerkraft, Muskelbewegung und Muskelentwicklung

Nach dieser Darstellung, wie die Bewegung die Entwicklung des Gehirns bestimmte, ergibt sich allerdings folgende Frage: Verringert sich die Gehirnfunktion im Gegenzug, wenn man die Bewegung einschränkt? Ist Muskelbewegung immer noch wichtig, jetzt, wo wir Menschen einen überwiegend unbewegten Lebensstil pflegen? Schließlich leben wir in einer Zeit, in der wir fast den ganzen Tag sitzen. Oder wie Mark Twain einmal meinte: »Ich trage sechzig Jahre Lebenszeit auf dem Buckel ... für mich ist das genug Sport.«[36] Aber auch wenn wir sitzen, wirkt die

Schwerkraft unablässig auf uns ein. Wer auf der Erde lebt, für den ist sie eine ständige Begleiterin, die sich nicht einfach abschütteln lässt. Dazu schreibt der Biologe J. B. S. Haldane:

Die Schwerkraft, die für Christian nur eine Belästigung darstellte, war für Pope, Pagan and Despair der reine Schrecken. Für die Maus und alle noch kleineren Tiere birgt sie so gut wie keine Gefahren. Eine Maus kann man in einen tausend Meter tiefen Bergwerksschacht fallen lassen; wenn sie unten ankommt, bekommt sie einen kleinen Stoß, dann wandert sie von dannen. Eine Ratte kommt ums Leben, der Mensch bricht sich das Genick, ein Pferd wird zerschmettert.[37]

Konfuzius meinte einmal: »Die Erdenschwere ist nur die Rinde des Weisheitsbaumes, aber sie schützt ihn.«[38] Man sollte nicht vergessen, dass sich alle Geschöpfe auf der Erde gezwungenermaßen unter den Bedingungen der Schwerkraft entwickelt haben. Astronauten im Weltraum bewegen sich aufgrund des beengten Raumes und der Schwerelosigkeit deutlich weniger als auf der Erde. Das wiederum, so haben Studien ergeben, wirkt sich auf den Wachstumsfaktor BDNF aus, jenes Protein, das wie oben beschrieben für das Wachsen und Überleben von Neuronen verantwortlich ist. BDNF wird bei Belastung sowohl von Knochen- als auch von Muskelgewebe produziert, was sowohl die Bedeutung der Bewegung für das Leben bestätigt als auch die Tatsache, dass bei Inaktivität Teile des Gehirns nicht richtig ausreifen und sich entwickeln. Auch Menschen, die unter Depressionen oder der Parkinson-Krankheit leiden, weisen weniger BDNF auf. Das deutet auf gewisse Zusammenhänge mit dem Neurotransmitter Dopamin hin, der in Gehirnzellen von Parkinson-Erkrankten ebenfalls vermindert ist.

Zudem besitzen wir ein offensichtlich wichtiges Protein namens AMPK (AMP-aktivierte Proteinkinase), das durch körperliche Bewegung aktiviert wird. Die Gene für die Bildung dieser Proteinformen befähigen die Muskeln, mehr Energie aus Zuckern zu gewinnen, indem sie mehr Mitochondrien enthalten, die energieproduzierenden Kraftwerke der Zellen. Mäuse, die diese Gene nicht besitzen, haben sowohl eine geringere Anzahl von Mitochondrien als auch eine nicht funktionale Form von AMPK in den Muskeln. Daher vermutet die Wissenschaft, dass beides zusammenhängt. Gregory Steinberg von der McMaster University führte eine Studie an Mäusen durch, von denen eine Gruppe die Gene besaß, die für die AMPK-Produktion verantwortlich sind, die andere nicht. Die Tiere mit den normalen AMPK-Genen waren typische Mäuse, die viel hin und her flitzten. Die Tiere mit den defekten AMPK-Genen hingegen waren ausgesprochene Couch-Potatoes und schafften es maximal, ein paar Meter weit zu rennen.

Und hier liegt das Kernproblem begraben: Unser Lebensstil hat Auswirkungen auf unseren Körper. Wenn wir viel Zeit damit verbringen, nichts mit den Muskeln anzustellen, die wir steuern können (vor allem der Arme und Beine), dann haben wir weniger Mitochondrien in den Zellen – und kommen viel schwerer in die Gänge, denn eine verminderte Zahl von Mitochondrien geht mit einem niedrigerem AMPK-Niveau einher. Bewegungsmangel bringt also mit sich, dass wir Trägheits-Gene entwickeln. Gregory Steinberg drückt dies so aus:

Wenn Sie sich körperlich bewegen, wachsen mehr Mitochondrien in Ihren Muskeln. Wenn Sie sich nicht bewegen, nimmt die Zahl der Mitochondrien ab. Indem wir diese Gene entfernten [die das APMK steuern], haben wir entdeckt, dass das Enzym APMK der wichtigste Regulator der Mitochondrien ist ... Weil wir durch die sich entwickelnde Technik die Bewegung aus unserem Leben verbannen, geht die allgemeine Grundfitness der Bevölkerung zurück. Das heißt, dass die Menschen weniger Mitochondrien in den Muskeln haben. Und deshalb fällt es ihnen wiederum so schwer, mit körperlicher Bewegung anzufangen.[39]

Allein dieser Abschnitt sollte allen Couch-Potatoes eine strenge wissenschaftliche Warnung sein.

Bewegung ist ein wichtiges Element für alle Lebensformen, aber wann und warum haben wir Muskeln entwickelt? In der Vergangenheit gingen Wissenschaftler davon aus, dass sich die Tiere im Kambrium entwickelten, also vor rund 540 Millionen Jahren. Im vorangegangenen Ediacarium, vor circa 635 bis 541 Millionen Jahren, war die Erde dagegen hauptsächlich von Pilzen und Pflanzen bewohnt – glaubte man zumindest bis vor Kurzem. Es ist nun mal das Problem der prähistorischen Nostalgiker, dass für jeden entdeckten Dinosaurier- oder Mammutknochen sich irgendwo in einem Felsen ein Fossil versteckt und nur darauf wartet, irgendwann mal wieder eine Theorie zu widerlegen.

Genau so ein Fossil fand man 2014 in Kanada. Es stammte von einem Geschöpf, das ein Verwandter unserer heutigen Seeanemonen und Quallen war – und es enthielt Muskelgewebe. Das verursachte einen enormen Wirbel, und das Fossil erhielt ganz zu Recht einen Platz in der Ruhmeshalle der Evolution, indem man es als eine neue Gattung und Art klassifizierte: Haootia quadriformis. Diese Entdeckung zeigt, dass Tiere, sobald sie sich über reine Schwämme hinaus entwickelten, Muskeln brauchten, um sich frei bewegen, fortpflanzen und vor Gefahren fliehen zu können. Darüber hinaus musste man wegen dieses Fundes die entwicklungsgeschichtliche Zeitachse überdenken, denn offensichtlich hatte es bereits früher als bisher angenommen komplexe Lebewesen gegeben.

Wie die Verbindung zwischen Gehirn und Muskeln funktioniert, lässt sich unter anderem durch die Analyse von Metabolomen verstehen, die in diesen Körpergeweben gefunden werden – also der Gesamtheit der Zwischen- oder Abbauprodukte des Stoffwechsels, wie Calcium oder Wasser. Als Wissenschaftler des CAS-MPG Partnerinstituts für Computergestützte Biologie in Schanghai sowie des Max-Planck-Institutes die Metabolome von Menschen und Schimpansen verglichen, fanden sie heraus, dass sich das menschliche Gehirn um das Vierfache und die Muskulatur sogar um das Zehnfache entwickelt hatten.[40] Als sie dann aber die Muskelkraft der Menschen mit der der Affen verglichen, stellte sich heraus, dass die Menschen sehr viel schwächer waren. Dazu schrieben die Forscher:

Wir nehmen an, dass die Evolution der menschlichen Muskel- und Gehirn-Metabolome parallel verlaufen sein könnte. Studien, die einen Zusammenhang zwischen aerober körperlicher Aktivität und kognitiver Leistungsfähigkeit bei Menschen unterschiedlicher Altersgruppen nachweisen, deuten darauf hin, dass diese beiden Organe metabolisch miteinander verbunden sein könnten. Darüber hinaus wurde schon früher vermutet, dass eine größenmäßige Anpassung von Organen mit hohem Energieverbrauch, wie des Darms, in der menschlichen Evolution die Entwicklung eines größeren Gehirns ermöglichte.[41]

Diese Wissenschaftler und andere Evolutionsbiologen sind sich heute darüber einig, dass wir unser Gehirn auf Kosten unserer Muskulatur vergrößerten. In einer evolutionären Kosten-

Nutzen-Abwägung wurde zugunsten unseres Gehirnwachstums Muskelkraft geopfert, was wiederum die metabolische und genetische Verbindung zwischen Muskelaktivität und Gehirn erklärt. Folglich wird das Gehirn durch körperliche Aktivitäten gestärkt, die nicht auf pure Kraft abzielen, sondern Muskelbewegung und Ausdauer beinhalten. Gehirnfitness erlangt man nicht durch Gewichtestemmen, Tanzen könnte hingegen dabei helfen.

Die fabelhaften Vorteile des Tanzens

Erst vor Kurzem entdeckten Wissenschaftler das Muskelenzym SIRT3, das mit dem Fettstoffwechsel und der Energieerzeugung verbunden ist. Dieses Enzym gehört zu einer Gruppe von Proteinen, den sogenannten Sirtuinen, von denen man annimmt, dass sie für die Gesundheit und Langlebigkeit unserer Muskeln verantwortlich sind. Mittlerweile glaubt man, dass sie eine Schlüsselrolle bei der Steigerung der Langlebigkeit und dem Abnehmen von Stoffwechselkrankheiten spielen. Einige Sirtuine, wie zum Beispiel SIRT3, sind in den Mitochondrien der menschlichen Skelettmuskulatur angesiedelt. Moment mal, werden Sie jetzt sagen: Wenn sich unser Gehirn auf Kosten einer schwächeren Muskulatur vergrößerte und wir uns deshalb zu Tänzern und nicht zu Verteidigern entwickelten, kann Tanzen dann unser Leben verlängern?

Friedrich Nietzsche schrieb, er könne nur an einen Gott glauben, der zu tanzen versteht.[42] Als Philosoph maß er dem Tanzen offensichtlich eine hohe Bedeutung zu – einer vielschichtigen Bewegung, die verschiedene Interpretationen zulässt. Tanzen ist sozusagen der aerobe Ausdruck des kognitiven Verstandes.

Allerdings könnte man beim Tanzen für die Hirngesundheit und Langlebigkeit einwenden, dass nicht alle Menschen von Natur aus begabte Tänzer sind. Mit ihrer Kreativität steht das jedoch in keinem Zusammenhang. Ich halte mich durchaus für einen kreativen Menschen, aber auf der Tanzfläche bin ich nur zu Bewegungen fähig, die man bestenfalls als arrhythmische Zuckungen beschreiben könnte. Und doch: Würde ich vielleicht länger leben, wenn ich mit dem Tanzen begönne?

Diese Frage stellte ich der außerordentlichen Professorin Dafna Merom von der School of Science and Health an der Western Sydney University in Australien. Merom hat fast 50 000 Personen untersucht und dabei herausgefunden, dass Tanzen tatsächlich das Risiko halbiert, eine Herzerkrankung zu entwickeln. Mit einer Einschränkung: Man muss damit anfangen, bevor man die Vierzig erreicht hat. Merom hat entdeckt, dass Tanzen eine dem Gehen überlegene Sportart ist, und stellt fest: »Einige Gesellschafts- oder Volkstänze entsprechen mehr oder minder den kurzen Runden kraftvoll-intensiver Belastung, wie wir sie vom Intervalltraining kennen.«[43] Beim Intervalltraining wechseln sich Phasen von niedriger bis hochintensiver Belastung mit Ruhephasen ab. Studien zeigen, dass es die maximale Sauerstoffaufnahme erhöht – also die Menge an Sauerstoff, die wir tatsächlich verwerten können. Tatsächlich steigert man seine Ausdauer eher durch Intervall- als durch kontinuierliches Training.[44]

Als ich mich mit den Menschen beschäftigte, die in den sogenannten »blauen Zonen« der Gesundheitswelt leben – zeitlosen Orten, an denen viele Menschen deutlich älter werden als in anderen Teilen der Welt –, interessierte mich, warum viele dieser Zonen auf Inseln liegen: der griechischen Insel Ikaria, Okinawa in Japan, Sardinien in Italien. Wodurch unterscheiden sich Inseln vom Rest der Welt? Verringert die isolierte Lage die Infektionsraten, oder ist die abgeschiedene Geografie reiner Zufall?

Vielleicht besitzen Inseln auch nur einen besonderen Reiz als verlockende Zufluchtsorte, weil man nirgendwo so offensichtlich von Wasser umgeben ist, auch wenn dieses eigentlich überall vorhanden ist – als würden wir in einem Meer der Zeit treiben, an einem Ort, an dem sich Erinnerungen und Familiengeschichten unverfälscht erhalten. Vor einigen Jahren las ich die Geschichte von Stamatis Moraitis, einem griechischen Kriegsveteranen von der Insel Ikaria. Er kam gegen Ende des Zweiten Weltkriegs in die USA, um sich dort medizinisch behandeln zu lassen, blieb dort und zog nach Florida, wo er den amerikanischen Traum lebte: Eigenheim, Kinder, Chevrolet. 1976, die USA feierten gerade ihr zweihundertjähriges Bestehen, ging Moraitis zum Arzt, weil er ein wenig kurzatmig geworden war und ihm das Treppensteigen schwerfiel. Nach Untersuchungen und dem Einholen einer Vielzahl von medizinischen Meinungen eröffnete man ihm die Diagnose: Lungenkrebs im Endstadium. Kurz gesagt empfahl man ihm, nach Hause zu gehen, um dort zu sterben, denn mehr als ein Jahr würde der Krebs ihm nicht mehr lassen.

Moraitis dachte sich, dass es vielleicht gut wäre, nach Ikaria zurückzukehren, wo seine Vorfahren auf den Friedhöfen unter Steineichen und mit Blick auf die grünblaue Ägäis begraben liegen. Die Insel ist ungefähr 250 Quadratkilometer groß, und die Bevölkerungsdichte beträgt etwas mehr als 30 Einwohner pro Quadratkilometer. Die Menschen führen dort ein einfaches Leben: Sie essen wenig Fleisch, schlafen viel, bleiben lange auf und verzehren Unmengen von Oliven und reichlich Gemüse. Und sie haben ein ausgeprägtes Sozialleben: Abends versammeln sich die Nachbarn auf dem Dorfplatz zum Philosophieren, Dominospielen und zum Tanzen. Ja, zum Tanzen. Nachts, lange nach der üblichen Schlafenszeit im Westen, schieben die Ikarioten die Tische beiseite, haken sich unter und tanzen zu griechischer Volksmusik.

Moraitis' Geschichte erregte in den USA einiges Aufsehen. Sogar ein Dokumentarfilm wurde über ihn gedreht, weil er nämlich am Ende sehr viel länger lebte, als man ihm prophezeit hatte – weitaus länger als nur ein oder gar zehn Jahre: 25 Jahre, nachdem er nach Ikaria zurückgekehrt war, reiste er wieder in die USA, weil er herausfinden wollte, wieso er so lange überlebt hatte. Als Dan Buettner von der *New York Times* Moraitis 2012 interviewte, fragte er ihn auch, was seine Ärzte dazu sagten, dass er den Lungenkrebs überlebt hatte. Nicht weniger als neun Mediziner hatten ihm schließlich höchstens nur noch ein Jahr zu leben gegeben.[45] Moraitis meinte, das könne er leider nicht sagen, denn als er nach Amerika zurückgekommen war, »waren alle meine Ärzte tot«.

Buettner gründete ein Beratungsunternehmen, um das Geheimnis dieser Hotspots oder Blue Zones zu lüften, an denen die Menschen viel länger als ihre Zeitgenossen leben. Und er schrieb ein Buch über wohlbekannte Blue Zones wie Ikaria oder Okinawa.[46] Damit löste er eine neue Welle der Forschung über Langlebigkeit aus, als wäre diese eine Krankheit, die geheilt werden müsse.

Der Begriff »Medizin« kommt vom lateinischen *medicus* für »Arzt«. Die englische Bezeichnung für Arzt, *physician*, stammt hingegen vom griechischen *physikós* ab, was nichts anderes bedeutet als »die Natur betreffend«. Ist die Suche nach Langlebigkeit demnach also wirklich Heilkunde? Sind denn Geburt und Tod nicht vollkommen natürlich? Und ist Wissenschaft im Grunde genommen nichts anderes als die Suche nach Antworten? Allerdings hat sich die Medizin von einer Berufung immer mehr zu einem Geschäft entwickelt, und vielleicht wird deshalb landauf und landab nach Orten gesucht, an denen die Menschen lange, ja, anscheinend ewig leben, um diese Ressourcen für die Industrie und für Erfindungen anzapfen zu können.

Mancherorts hielt die Behauptung, dass die Menschen dort besonders lange leben, einer näheren Überprüfung nicht stand.

Dies gilt zum Beispiel für das Hunza-Tal in Pakistan und das Vilcabamba-Tal in Ecuador. In beiden Fällen handelt es sich nicht um Inseln, und das Hunza-Tal ist besonders bekannt dafür, dass dort nicht getanzt wird. Als Medizinwissenschaftler vor Ort den Fällen von angeblicher Langlebigkeit nachgingen, stellten sie fest, dass die meisten dort ansässigen Menschen schlicht ihr Geburtsjahr nicht kannten und es keine Geburtsurkunden gab. Ein Ort jedoch besaß sowohl akkurat geführte *koseki* – Geburtsregister – als auch Einwohner, die wie einst Methusalem dem Tod anscheinend einfach trotzten: die japanische Insel Okinawa. In der Folge rief man die bahnbrechende Okinawa-Hundertjährigen-Studie ins Leben, in deren Rahmen die Besonderheit dieser Insel erforscht werden sollte.[47]

Zunächst untersuchten die Forscher, ob es dort ein bestimmtes Langlebigkeitsgen gibt. Ein solches eindeutiges Wundergen entdeckten sie zwar nicht, jedoch ein erhöhtes Vorkommen des ApoE-(Apolipoprotein-E-)Gens, das mit Langlebigkeit verbunden und offensichtlich besonders unter diesen tanzenden Inselbewohnern verbreitet ist. Des Weiteren wurde untersucht, welches Lebensalter die Geschwister von hundert und mehr Jahre alten Okinawanern erreichten. Dabei ergab sich für die Geschwister ein um den Faktor 6,5 erhöhtes »Risiko«, ebenfalls ein extremes Alter zu erreichen und hundert und mehr Jahre alt zu werden. Im Vergleich dazu: Im US-Bundesstaat Utah beträgt dieser Faktor nur 2,3. Dies deutet darauf hin, dass für die lange Lebensdauer auch eine starke genetische Komponente verantwortlich ist.

Natürlich können hier auch andere Faktoren wie Ernährung oder die Seeluft eine Rolle spielen, doch so viel wissen wir mittlerweile: In den Blue Zones scheint das Tanzen zum Alltag zu gehören. Okinawa gilt gar als Insel der darstellenden Künste. Die Menschen dort pflegen Musik und Tanz, zum Beispiel den *koten buyo,* einen klassischen Tanz, oder die spielerischen Volkstänze *zou odori.*

Professor Richard P. Ebstein vom Scheinfeld Center für Humangenetik in den Sozialwissenschaften an der Hebrew University hat mehrere Jahre damit zugebracht, verschiedene Gruppen von Tänzern zu untersuchen.[48] Sowohl Tänzer als auch Sportler wiesen verschiedene Varianten von Genen auf, die für einen Serotonintransporter und einen Arginin-Vasopressin-Rezeptor (1a) codieren. Das wiederum zeigt, dass während der Entwicklung des menschlichen Gehirns unsere Muskeln zwar schwächer, aber besser für Bewegungen wie Tanzen aufeinander eingespielt wurden.

Der Arginin-Vasopressin-Rezeptor 1A (AVPR1A) scheint eine wichtige Rolle in der sozialen Kommunikation und im Bindungsverhalten zu spielen – beides Dinge, die unseren Vorfahren halfen, die letzte Eiszeit zu überleben. Und beides sind auch Elemente des menschlichen sozialen Ausdrucks im Tanz. Ebsteins Team schloss daraus, dass bestimmte Gene – AVPR1A und SLC6A4 – mit kreativem Tanz in Verbindung stehen. Das könnte erklären, warum Afrikaner im Tanz Naturtalente sind – allerdings gibt es dazu keine Populationsstudien, die dies bestätigen –, und vielleicht ist es ja auch kein Zufall, weil sie ja die Nachkommen der frühesten menschlichen Kolonien sind.

Ich muss gestehen, dass ich diesen wissenschaftlichen Artikel mit großer Erleichterung las. Ich habe immer gewusst, dass mein schlechter Tanzstil nicht auf mangelndes Bemühen zurückzuführen ist. Mein Fleisch war ja durchaus willig, doch meine genetischen Würfel sind schon vor langer Zeit gefallen. Doch selbst für mich ist nicht alle Hoffnung verloren. Tanzen unterstützt das Gehirn, aber die Evolutionsbiologie fordert keine technische Vollendung, auch wenn Anspruch und Können weit auseinanderliegen.

Allerdings bringt die mittlerweile abgeschlossene Genomkartierung mit sich, dass wir uns heute von der Genetik unerschütterliche Schlussfolgerungen erwarten, die uns Antworten geben oder eine Art verborgenes Schicksal enthüllen. Doch leider lassen sowohl die wissenschaftlichen Methoden als auch die vertrackten Mechanismen der Genexpression einen bestimmten Spielraum: Manchmal werden Gene aktiviert, dann wieder bleiben sie Schläfer. Also heißt es weiterforschen.

Bis jetzt haben wir uns mit dem Nutzen des Tanzens und allgemein der Bewegung für das Gehirn beschäftigt. Aber kann Tanzen tatsächlich das Risiko für Gehirnerkrankungen wie Parkinson oder Demenz verringern?

Als man die Elektroenzephalogramme (EEGs) verschiedener Menschen verglich, zeigten die EEG-Spuren bei körperlich aktiven Menschen mehr Aktivität im Theta- (4–8 Hz), Alpha- (8–13 Hz) und Betaband (13–20 Hz) sowie eine höhere mittlere Frequenz im Delta- (0,25 bis 4 Hz), Theta- und Betaband. Das ist ein Hinweis darauf, dass körperliche Fitness das Gehirn aktiviert und die kognitiven Funktionen verbessert.[49]

In einer kleinen, aber bedeutenden Studie untersuchte Dr. Paul Dougall von der University of Strathclyde in Schottland eine Gruppe von 70 schottischen Volkstänzern und verglich sie mit anderen Gruppen, die konventionellere Sportarten wie Wandern, Golfen und Schwimmen betreiben.[50] Dougall stellte fest, dass die Tänzer im Vergleich zu den anderen Sportlern beweglicher waren, stärkere Beine und einen schnelleren Gang besaßen. Zu keltischen Tänzen, wie den traditionellen schottischen und irischen Volkstänzen, gehören typischerweise viele Beinbewegungen. Und da aufrechte Haltung und Zweibeinigkeit die einmalige Entwicklung des modernen Menschen bewirkten, sind diese Tänze in Hinsicht auf die Verbesserung der Hirnfunktionen tendenziell anderen Sportarten überlegen.

Oliver Sacks schreibt in seinem Buch *Zeit des Erwachens*, in dem es hauptsächlich um die Parkinson-Krankheit geht:

Wollen solche akinetischen Patienten eine Bewegung ausführen, spüren sie sogleich einen »Widerstand« in sich. So sind sie in einen ständigen Kampf, in eine Art physiologischen Konflikt verwickelt, der sie handlungsunfähig macht. In ihnen streiten sich Kraft und Gegenkraft, Wille und Gegenwille, Befehl und Gegenbefehl.[51]

Parkinson ist offensichtlich eine furchtbare Krankheit, die uns unsere Freiheit raubt und unsere Bewegungen mechanisch werden lässt – was für das Leben auf der Erde schrecklich ist. Assistenzprofessorin Madeleine Hackney von der Fakultät für Geriatrische Medizin an der Emory University hat auch einen Bachelor-Abschluss in Tanz. Sie erforscht die Auswirkungen des Tanzens auf Parkinson-Erkrankte und vergleicht im Zuge dessen speziell verschiedene Tanzformen mit anderen körperlichen Übungen, die erwiesenermaßen Stürze bei älteren Menschen verringern, wie zum Beispiel Tai-Chi.

Vor einigen Jahren führte sie eine wissenschaftliche Studie mit 75 Parkinson-Patienten aus, von denen ein Teil 20 Unterrichtsstunden entweder in Tango, in Walzer und Foxtrott oder in Tai-Chi erhielt. Danach verglich sie die Bewegungsmuster dieser Menschen mit denen jener Teilnehmer, die kein Training erhalten hatten.[52] Hackney prüfte vor allem den Einfluss des Unterrichts auf die gesundheitsbezogene Lebensqualität der Betroffenen (Health-Related Quality of Life oder HRQoL) – der medizinische Ausdruck für die Beurteilung, wie sehr sich eine Krankheit auf das normale Leben von Patienten auswirkt. Ihr Team fand dabei Interessantes heraus: Tai-Chi, Walzer und Foxtrott sowie »keine Maßnahme« ergaben keinen positiven Nutzen – Tango jedoch schon.

Tango ist ein leidenschaftlicher Tanz. Der Tango hat viele Verkleidungen, sagen die Argentinier: die Maske der Intimität, denn die Tänzer halten innig aneinander fest; die Maske der Heimlichkeit, denn der Oberkörper bleibt dabei völlig unbewegt; die Maske der stürmischen Hingabe, denn die Beine schlingen sich wieder und wieder umeinander in einem leidenschaftlichen Duell. Noch wichtiger ist jedoch, dass es beim echten argentinischen Tango im Gegensatz zu anderen Gesellschaftstänzen keine vorgeschriebenen Schrittfolgen gibt. Man lässt sich vom Partner beziehungsweise der Musik führen, und die Gefühle und die Musik werden durch die Improvisationen widergespiegelt. Aus diesem Grund hat der Tango auch bei den Parkinson-Patienten in Hackneys Untersuchung gut abgeschnitten – und deshalb sind auch die traditionellen Tänze auf Ikaria oder Okinawa so hilfreich. Menschen, die Walzer oder Foxtrott tanzen, verlassen sich auf bestimmte, im Gedächtnis verankerte Fußbewegungen. Der Tango aber erfordert, in Echtzeit eng mit dem Partner zusammenzuarbeiten. Deshalb können sich körperliche Übungen mit vorgegebenen Haltungen wie Yoga oder Tai-Chi oder Fußbewegungen wie der Foxtrott zwar positiv auf die Atmung, die Herz-Kreislauf-Fitness und die Beweglichkeit auswirken, doch in Hinblick auf die Verbesserung von Demenz oder von Bewegungserkrankungen wie Parkinson zeigten Partnertänze wie der Tango oder keltische Tänze, bei denen die Beinbewegung im Vordergrund steht, die größte positive Wirkung. Wie ich dem Publikum auf dem Dalkey Book Festival in Dublin schon sagte, kann man den Iren aus diesem Grund sogar *Riverdance* verzeihen!

Dabei kann sich Tanzen schon vor der Geburt positiv auswirken. 2015 wurden am Institut Marquès in Barcelona in einer Studie die Auswirkungen von Musik auf Ungeborene zwischen der 14. und 39. Schwangerschaftswoche untersucht. Dazu setzte man den Müttern ein intravaginales Musiksystem ein (einen »Babypod«) und filmte mit Ultraschall die Föten, die der Musik »zuhörten«.[53] Wir wissen, dass Babys ab der 16. Schwangerschaftswoche hören können. Diese Kinder aber öffneten erstaunlicherweise den Mund beim Zuhören und bewegten ihre Beine zur Musik – die Ultraschall-Scans dieser tanzenden Ungeborenen zeigen, dass sie auf die Musik reagierten. Laut Dr. Marisa López-Teijón, die die Studie leitete, konnte man sehen, wie sie Mund und Zunge bewegten, »als würden sie versuchen, zu sprechen oder zu singen«. Der Hypothese des fötalen Ursprungs zahlreicher Krankheiten zufolge könnte sich dieser fötale Tanz positiv auf die Gehirnentwicklung auswirken, denn die neuronale Plastizität entwickelt sich ja schon beim Ungeborenen. Im letzten Drittel der Schwangerschaft verdreifacht sich das Gewicht des Gehirns, und die Oberfläche des Kleinhirns, jenes Gehirnteils, der bei Aktivitäten wie dem Tanzen die Bewegungen koordiniert, vergrößert sich um das Dreißigfache.

Ich habe schon früher in diesem Kapitel erwähnt, dass Bewegung auf drei fundamentalen Elementen beruht: Fortbewegung (zum Beispiel Gehen), Orientierung (Gleichgewicht halten oder Ausweichbewegungen) und Greifen. All diese Elemente entwickeln sich in der frühen Kindheit. Der Tango ist für das Gehirn besser als alle anderen Tänze, weil er alle drei genannten Aspekte trainiert. Argentinische Tangotänzer lernen, sich auf eine bestimmte Weise rückwärts zu bewegen. Sie müssen auch eine hohe Umgebungssensibilität entwickeln, damit sie nicht mit Gegenständen oder Personen zusammenstoßen, vor allem bei Tangoveranstaltungen auf der Straße. Zum Tango gehören Bewegungen wie der *enganche* (Haken), bei dem man den Partner mit dem Bein oder dem Fuß umschlingt. Wissenschaftliche Untersuchungen über die Fähigkeit von Patienten, aufzustehen und in die Bewegung zu kommen, ergaben insbesondere bei Patienten mit Bewegungserkrankungen wie Parkinson, dass sich die Zeitdauer für Aufstehen und Gehen (*Timed up and go* oder TUG) verbessern lässt.[54] Bei Patienten in Tangogruppen verringerte sich die TUG-Zeit um zwei Sekunden, während Walzer und Foxtrott keine Veränderungen bewirkten. Tai-Chi verbesserte die TUG um eine Sekunde.

Die Wurzeln des Tanzens reichen zurück bis in die Urzeiten, als die Menschen begannen, sich aufzurichten und auf zwei Beinen zu gehen. Die belegt umso mehr seine entwicklungsgeschichtliche Bedeutung als soziale und zugleich körperliche Aktivität. Carol Ward und anderen zufolge entstanden erste Tanzformen vor etwa zwei Millionen Jahren bei früheren, ausgestorbenen Hominidenarten.[55]

Ist es auf den aufrechten Gang zurückzuführen, dass sich Tanzen positiver auswirkt als praktisch alle anderen Körperübungen, einschließlich Haltungsübungen wie Tai-Chi? Um diese Frage zu klären, ließen Wissenschaftler Menschen Tänze simulieren, vor allem solche mit intensiver Beinarbeit, und erstellten dabei von ihnen MRT- (Magnetresonanztomografie) und PET- (Positronen-Emissions-Tomografie) Aufnahmen.[56] Während die Amateurtänzer, die an dieser Studie teilnahmen, liegend auf einer schiefen Fläche mit beiden Beinen kleine Tangoschritte ausführten, wurden von ihnen PET-Scans aufgenommen. Auf diese Weise wollte man zum einen die damit verbundenen Gehirnteile lokalisieren und zum anderen die Rolle von Musik und Rhythmus verstehen. Deshalb ließ man die Probanden die Tanzschritte sowohl zu metrischen als auch zu nichtmetrischen freien Rhythmen ausführen. Als die Wissenschaftler die Aufnahmen studierten, die zu den metrischen Rhythmen aufgenommen worden waren, zeigte sich auf diesen Scans weit mehr Gehirnaktivität als auf jenen, die zu den freien Rhythmen erstellt worden waren. Sie schlossen daraus, dass Tanz als eine universelle menschliche Aktivität eine komplexe Kombination aus Prozessen beinhaltet, die mit dem Bewegungsmuster der typisch menschlichen Fortbewegungsform – aufrecht auf zwei Beinen – verknüpft sind. Vielleicht fördert der Tango deshalb die Gehirn-Fitness – weil er sowohl Gang als auch Tanz ist und weil er zwar formal und schön ist, seine Bewegungen jedoch nicht festgelegt und hingebungsvoll sind, was ein intensives Zusammenspiel zwischen dem Gehirn und anderen für Bewegung zuständigen Systemen in unserem Körper erfordert.

Oder wie Chuck Fishman in einer Episode der Fernsehserie *Allein gegen die Zukunft* sagt:

> *Wir betreten diese Welt allein. Und so machen wir auch unseren Abgang. Zwischendrin liegt der Tanz, den wir Leben nennen. Das Problem ist, dass es für einen Tango immer zwei braucht. Also suchen wir nach Zeichen: irgendetwas, das uns hilft, den perfekten Partner zu finden – ein Lächeln, ein Winken. Aber wir müssen sehr, sehr vorsichtig sein, denn manche Zeichen können falsch verstanden werden. Oder aber übersehen ... Manche Tänze sitzt man einfach aus. Bei anderen wechselt man den Partner. Das Wichtigste aber ist ... dass du nie zu tanzen aufhörst.*[57]

Als ich dieses Kapitel über die Evolutionsbiologie der Bewegung und der Gehirnentwicklung verfasste, dachte ich anfangs, dass ich vor allem über Yoga, Pilates, Tai-Chi und Ähnliches schreiben würde, aber nicht über das Tanzen. Doch wissenschaftliche Fakten bieten einem mitunter faszinierende Erkenntnisse. Ein Wissenschaftlerleben ist nun mal wie eine ganz persönliche, einmalige Oper – und jeder muss seinen eigenen Tango zu tanzen.

Was du heute kannst besorgen ...
Mein Vater ist Chirurg im Ruhestand. Er wuchs als Sohn eines evangelischen Pfarrers in einer neunköpfigen Familie auf und absolvierte in Indien seine chirurgische Ausbildung. Danach arbeitete er als Assistenzarzt in England, bis meine Eltern beschlossen, wieder in ihre indische Heimat zurückzukehren, um dort medizinische Aufbauarbeit zu leisten. Geschäftstüchtig war das nicht: Sie tauschten das sichere Einkommen und die Pensionen des National Health Service gegen das schlecht bezahlte Experiment ein, sich um Menschen zu kümmern, die noch nie medizinische Versorgung erfahren hatten. Wir erlebten das Indien der Ärmsten der Armen, der sozialen Verwerfungen, gnadenlosen Kastenausbeutung und des stoischen Durchhaltens, wenn es mal wieder kein Wasser oder nichts zu essen gab. Wir lebten in so kleinen Ortschaften, dass ich eine Zeit lang sogar mit dem Ochsenkarren zur Schule fahren musste.

Natürlich hatten wir nicht annähernd so viel Geld wie die Ärzte in den Privatkliniken. Erst Jahre später versuchte es mein Vater mit einer Privatpraxis, damit er die Privatschule für seine Kinder bezahlen konnte. Die meisten meiner Kindheitserinnerungen spielen in Krankenhäusern: der Geruch von Phenol und Formalin, die Patienten auf weiß gestrichenen schmiedeeisernen Betten, die man sorgfältig so aufgestellt hatte, dass die Füße der Patienten ja nicht zur Tür zeigten. (Die Menschen im südlichen Indien glauben, dass nur Leichen mit den Füßen zur Tür liegen sollten.)

Zu den Operationssälen hatte ich erst Zutritt, als ich schon als Medizinstudent ein Chirurg in Ausbildung war. Seitdem faszinieren mich Operationstische – ich habe zwei antike Exemplare zu Hause –, gleichen sie doch Metallinseln, auf denen man Gewebe und Organe wieder zusammenflickt, auf denen die

Hoffnung ihr Haupt erhebt und versucht, über die riesige Leuchte hinauszublicken, die von der Decke hängt.

Vielleicht schwingt auch ein wenig Voyeurismus in unserer Faszination für die Chirurgie mit. Mein Vater und meine Mutter haben sich über zwanzig Jahre lang um die Gesundheit anderer Menschen gekümmert, hatten zahllose Patienten und nur selten Urlaub. Jeder, der zu uns kam, wurde behandelt, und nur wer die mageren Honorare dafür aufbringen konnte, bezahlte. So war unser Krankenhaus nun mal – lehrreich, faszinierend und mitunter selbstgefällig in seinem sozialistischen Anspruch. Viele Kinder, die dort zur Welt kamen, erhielten die Vornamen meiner Eltern. Dass ein gut ausgebildeter Chirurg sich freiwillig in einem Missionskrankenhaus quasi selbst beschränkte, erregte mitunter Mitleid, gelegentlich aber auch Neid.

Manchmal erstellt unser Gedächtnis eine Momentaufnahme, die sich tief in unser Gehirn einbrennt. Ich erinnere mich noch gut an meinen Vater, wie er sich über den Operationstisch beugte und mit seinen behandschuhten Händen verletzte Körper behandelte. Wenn ich mir die Fotos aus dieser Zeit ansehe, erkenne ich von Bild zu Bild, wie er immer buckliger wird, weil all die Operationen seinen Rücken strapazierten. Die Arbeit war anstrengend, körperlich belastend und nahm auch sein ganzes Denken in Beschlag. Sie beherrschte sein Leben und schenkte ihm Erfüllung. Als meine Eltern in den Ruhestand gingen, konnten wir mehr Zeit miteinander verbringen – allerdings war jetzt ich ständig beschäftigt.

Wenn ein Mensch allmählich sein Gedächtnis verliert, geht dies so langsam vor sich, dass es einige Zeit braucht, bis man es überhaupt bemerkt. Letztes Jahr zeigte mein 83-jähriger Vater erste Anzeichen, dass sein Kurzzeitgedächtnis litt. Anfangs hielt ich das noch für harmlose Vergesslichkeit. Der Erste, der merkte, dass sein Gedächtnis nicht mehr funktionierte, war unser Hund.

Zack hatte bald spitzgekriegt, dass er dem alten Herrn statt einer jetzt zwei Portionen Futter entlocken konnte, und folgte meinem Vater deshalb auf Schritt und Tritt. Der berühmte Schriftsteller Terry Pratchett schreibt in seinem Blog über die Formen der Demenz:

> *Jeder Mensch, der mit einer dieser Krankheiten leben muss, wird von ihr auf ganz eigene Weise zerstört. Ich bin der Einzige, der an Terry Pratchetts posteriorer kortikaler Atrophie leidet, die mich aus unerfindlichen Gründen – mit der Hilfe meines Computers und Freundes – immer noch Bestsellerromane schreiben lässt. Es gibt keinen klar vorgezeichneten Weg für den Verlauf dieser Krankheiten.*[58]

Genauso ist es auch bei meinem Vater. Am einen Tag vergisst er einfach, dass er mit mir schon Kaffee getrunken hat, am nächsten verirrt er sich auf der Straße und nimmt den falschen Weg. Jede Familie, in der ein Mitglied von Gedächtnisverlust betroffen ist, träumt unweigerlich davon, die Symptome der Krankheit rückgängig machen zu können. Mein Vater erinnert sich an Erlebnisse im Zweiten Weltkrieg und an seine Zeit in England. Er kann komplexe Operationen bis ins kleinste Detail erklären, doch er weiß nicht mehr, was er heute zum Frühstück gegessen hat. Meine Mutter versucht, ihm peinliche Momente zu ersparen, wenn Fremde anwesend sind, und hat daher nach und nach einen Großteil seiner Kommunikation für ihn übernommen. Gedächtnisverlust und Demenz sind erschreckende Erkrankungen, vor allem, weil wir den Feind nicht ausmachen, geschweige denn uns an seinen Namen erinnern können.

Aufgrund der vielen Jahre am Operationstisch ist der Körper meines Vaters verschlissen und steif. Wenn er sich auf den Boden legt, kann er den Hinterkopf nicht ablegen. Niemand hat ihm jemals erklärt, wie wichtig es ist, sich zu dehnen und gelenkig zu bleiben. Wir müssen uns um unseren Körper kümmern, bevor unser Gedächtnis uns im Stich lässt, und sollten dabei von der Seescheide lernen: Sich bewegen, Tango tanzen, verhindert, dass unsere Gelenke steif werden.

In vielerlei Hinsicht aber ist Vergesslichkeit auch etwas Positives, denn häufig wird sie von einer Freundin begleitet: der Freiheit. Irgendwann verstand ich, dass mein Vater, der mit seinem Leben, seiner Freizeit und seiner Familie zufrieden war, die Freude der Vergesslichkeit ebenso brauchte wie das Vergnügen der Erinnerung.

Rund 1,5 Milliarden Jahre lang waren Einzeller die einzige Lebensform. Als diese irgendwann beschlossen, sich zu Mehrzellern zu organisieren, brauchten sie Moleküle, die die Zellen zusammenhielten, wie zum Beispiel die Cadherine. Als sich später höhere Organismen entwickelten, erweiterten diese sogenannten Zelladhäsionsmoleküle ihre Familie unter anderem um sogenannte Integrine, die als Gerüstproteine agieren. Die Medizin hat diese Moleküle, durch die sich unsere Zellen miteinander verbanden, lange Zeit ignoriert, und erst ab Anfang der 1970er-Jahre wurden sie nach und nach identifiziert. Heute wissen wir, dass diese Adhäsionsmoleküle eine wichtige entwicklungsgeschichtliche Aufgabe erfüllen, aber durchaus zweischneidig sind. Wenn es Ihnen an Cadherinen fehlt, dann können sich einzelne Zellklumpen lösen und Ihre Arterien oder Ihre Lymphgefäße verstopfen, wie das beispielsweise bei Tumoren geschieht. Eine Cadherin-Überproduktion hingegen kann Ihre Gelenksteifigkeit und Arthritis verschlimmern, weil die Gelenke zu sehr »zusammenhaften«. Tatsächlich zeigt die Forschung mehr und mehr, dass sich dadurch Krankheiten wie die rheumatoide Arthritis verschlechtern.[59] Neueste Untersuchungen belegen, dass eine Zunahme von Zelladhäsionsmolekülen, wie N-Cadherinen, die Signalwege für MAPK (Mitogen-aktivierte Protein-Kinase) negativ beeinflusst. Der MAP-Kinase-Weg ist wichtig für die Zellteilung, zudem spielt MAPK eine Rolle bei der Alzheimer-Demenz.[60] Schon aus diesem Grund sollten wir unsere Gelenke immer so locker wie möglich halten. Auch hier unterstützt Tanzen also das Gehirn.

Trödeln versus Trägheit

In diesem Kapitel geht es darum, warum Bewegung so wichtig für uns ist und welche Formen der Bewegung uns am meisten guttun. Doch wenn Evolution bedeutet, dass wir uns auf eine immer höhere Stufe entwickeln, warum fällt es uns dann so schwer, jene Dinge umzusetzen, die ganz offensichtlich gut für uns sind, wie Ausdauersport, tanzen, weniger Zucker essen und so weiter?

Wir haben in diesem Zusammenhang schon ein paar Trägheits-Gene kennengelernt. Bewegung, insbesondere der Beine und im Ausdauerbereich, ist für uns wichtig – doch warum können wir uns dazu so schlecht motivieren? Trägheit schadet grundsätzlich unserem Gehirn und unseren Muskeln und verkürzt unsere Lebenszeit, aber es zeigt sich auch, dass im Gegenteil das Aufschieben von Aktivitäten – das sogenannte Prokrastinieren – sinnvoll sein kann.

Der Begriff »Prokrastination« leitet sich von dem lateinischen Wort *cras,* wörtlich »morgen«, ab. Unsere Spezies, der Homo sapiens, begann sich vor ungefähr 100 000 Jahren von Afrika aus zu verbreiten. Vor ungefähr 50 000 Jahren erreichte eine Gruppe dieser Menschen Australien. Die Neandertaler, eine andere Menschenart, verbreiteten sich im Europa der letzten Eiszeit, starben dann aber vor etwa 40 000 bis 28 000 Jahren aus. Wir haben mit dem Neandertaler 99,5 Prozent unserer DNA gemeinsam, und obwohl er ein kleineres Gehirn hatte als der Homo sapiens, geht die Wissenschaft heute davon aus, dass er nicht weniger intelligent war.[61] Wie sich gezeigt hat, war unser Gehirn nicht größer, weil wir intelligenter waren, sondern weil wir besser komplex planen konnten. Das mag daran gelegen haben, dass wir uns – wie bereits erläutert – zu der Hominidenart mit der aufrechtesten Haltung entwickelt hatten. Doch wie auch immer: Durch die Fähigkeit zur komplexen Planung sorgte die Prokrastination dafür, dass unsere Vorfahren überlebten.

Wir Menschen sind schwach und ignorant und geben uns keine Mühe, unsere Umwelt oder unseren Planeten zu bewahren. Die Erde kann uns nicht entkommen, sie muss sich vom Menschen Rohstoffabbau, Fracking, Abholzung und andere raffiniertere Belästigungen und Ausbeutungen gefallen lassen. Doch so sehr wir auch die Natur bereits zerstört haben, so wichtig wäre es für uns, dass wir eine Verbindung zu dem Land, das uns so großzügig beschenkt hat, aufrechterhalten und es bewahren. Doch wir begreifen das einfach nicht.

Die Natur und die Evolution haben das große Ganze im Auge, und sie wissen, dass zwar unsere Erde zukunftsfähig ist, der Homo sapiens möglicherweise aber nicht. Aus diesem Grund formt die Evolution nicht jedes einzelne Geschöpf absolut perfekt aus, sondern schenkt uns die Freiheit der Individualität. Auf diese Weise sorgt sie dafür, dass eine neue Art entstehen kann, falls wir uns zu guter Letzt doch selbst auslöschen.

Darüber hinaus profitierten unsere Vorfahren zwar davon, sich zu bewegen und in die Natur zu wagen, doch sie waren dabei auch großen Gefahren ausgesetzt und wurden von Raubtieren bedroht. Das Zurücklegen langer Strecken trug dazu bei, dass unsere Art ein größeres Gehirn entwickelte. Für unser Überleben mussten wir jedoch auch lernen, komplex zu planen. Die Planer überlebten – die Macher nicht immer. Hierin zeigt sich die Schönheit der Evolution: Sie plant sorgfältig. Wenn sich Arten an das Ende der Nahrungskette oder die Spitze der Gehirngrößenpyramide setzen, will sie keinen Schaden anrichten, der die Art in ihrer Gesamtheit gefährden würde. Also experimentiert die Natur erst mit einigen wenigen herum – und in diesem Fall eben mit den Zögerlichen.

Cal Newport ist Assistenzprofessor für Computerwissenschaft an der Georgetown University, Spezialist für die Theorie der verteilten Algorithmen – und hat zudem über den »procrastinating caveman«, den »Höhlenmenschen mit Aufschieberitis«, geschrieben.[62] In Newports Augen ist Prokrastination keine Charakterschwäche, sondern eine fein abgestimmte entwicklungsgeschichtliche Anpassung. Prokrastination bedeutet, dass unser Gehirn unsere Pläne nicht akzeptiert, weil sie nicht ausreichend durchdacht oder zum Scheitern verurteilt sind. Newport nennt die drei gängigsten Gründe, warum wir Dinge aufschieben: Angst, Perfektionismus und nicht vollendete oder schlechte Ausführung. Dieser Liste fügt er noch einen weiteren Grund hinzu: Das Gehirn glaubt schlicht nicht an den Plan. In seinem Blog schreibt er:

Komplexe Planung ist eine präverbale Anpassung, sie erscheint also nicht als Stimme in Ihrem Kopf, die laut ruft: »Plan abgelehnt!« Das Ganze erfolgt vielmehr intuitiver: als eine biochemische Kaskade, die einen von einer Fehlentscheidung abhalten soll – als etwas, das sich anfühlt, als wäre man nicht genügend motiviert, um in die Gänge zu kommen.
Wenn diese Erklärung stimmt, dann sollte man annehmen, dass Studenten mit klugen Lerngewohnheiten weniger mit Prokrastination zu kämpfen haben. Und genau das habe ich beobachtet, als ich mich mit nichtgraduierten Elite-

Studenten beschäftigte [...] Prokrastination ist keine Charakterschwäche, sondern eine fein abgestimmte entwicklungsgeschichtliche Anpassung. [63]

Wenn wir darüber nachdenken, dann hört sich das höchst vernünftig an. Es klingt nach einem dieser Geschäftspläne, die wir schon perfekt ausgearbeitet hatten, aber deren Umsetzung immer wieder vertagten – und ehrlicherweise waren wir dann auch entweder nicht dazu bereit oder hatten sie nicht wirklich gut durchdacht. Oder wie Newport meint: »Man sollte über Prokrastination nicht jammern, sondern auf sie hören.«[64]

Newport und anderen Wissenschaftlern zufolge ist das Aufschieben ein biochemisches evolutionäres Merkmal, und ihre Hypothesen wurden mittlerweile von Studien untermauert. Dazu bestimmte man mithilfe von MRT-Scans die funktionale Konnektivität des Gehirns im Ruhezustand (*resting-state functional connectivity;* RSFC). Die RSFC ist ein Maß für die Vernetzung unserer Neuronen (also dafür, wie die Aktivierung von Neuronen in einem Teil des Gehirns in einem anderen Teil Veränderungen verursacht). Dass wir das menschliche Gehirn mittlerweile als ein Netzwerk funktional miteinander interagierender Hirnregionen und nicht als rein anatomisch klassifizierte »Lappen« erforschen, hat uns fantastische Erkenntnisse über die darin stattfindende weiträumige neuronale Kommunikation beschert. Das ist Evolution auf höchster Ebene, wie sie mit unserem Geist spielt, unsere Wissenschaft infrage stellt, uns informiert und unsere Sichtweisen zerstört. Wie wir bereits gesehen haben, ist Beweglichkeit wichtiger als Muskelkraft. Ähnlich ist das im Gehirn: Auch hier zählt die Vernetzung mehr als die schiere Größe. Schließlich haben Männer zwar ein um zehn Prozent größeres Gehirn als Frauen, sind aber deshalb auch nicht klüger und besser »verdrahtet«.

MRT-Aufnahmen vom Gehirn im Ruhezustand zeigen uns nämlich tatsächlich, wie wir verschaltet sind. Menschen, deren Gehirnteile ein wenig verquer vernetzt sind, deren funktionale Konnektivität im Ruhezustand eher geringer ist, neigen mehr zum Aufschieben. Eine Studie, die sich die Frage stellte, ob und wie sich Prokrastination vorhersagen lässt, ergab, dass diese mit einer reduzierten funktionalen Konnektivität zwischen jenen Gehirnarealen einhergeht, die an der Selbstkontrolle beteiligt sind.[65] Als man das Augenmerk auf den Zusammenhang zwischen Prokrastinieren und der Stressreaktion richtete, stellte sich in mehreren Studien heraus, dass die Neigung zum Aufschieben eng mit Stresssymptomen verbunden ist und mit einem höheren Risiko, Herzerkrankungen und Bluthochdruck zu entwickeln, einherging.

Schon Freud machte sich Gedanken über diese Neigung, die Dinge auf die lange Bank zu schieben. In seinen Augen war Prokrastination der Versuch, das Unvermeidliche – den Tod – hinauszuschieben, und der damit verbundene Stress eine Kampf- oder-Flucht-Reaktion auf Thanatos, den griechischen Totengott. Lange Zeit sah man das Aufschieben und Verschleppen als schlichte Zeitverschwendung, die uns kostbare Minuten stiehlt. Mittlerweile glauben viele Psychologen, dass sie stattdessen vielmehr den Einfallsreichtum pflegen, indem sie uns lange genug über unseren Ideen brüten lassen, sodass die wirklich guten zu kreativen Lösungen reifen können. Angenommen, wir planten, ein Wollmammut oder einen Säbelzahntiger zu jagen: Dank des Prokrastinier-Gens würden wir erst unsere Vorgehensweise optimieren, indem wir zum Beispiel bessere Speere entwickeln.

Cedric Ginestet spricht von der »unerträglichen Leichtigkeit des Prokrastinierens« und erklärt diese so: »Die Prokrastination geht immer in dieselbe Richtung, weg von der Mühsal hin zum Angenehmen.«[66] So gesehen ist das Vertagen von Handlungen eine Strategie, die sowohl Zeit als auch Energie spart. Faultiere, die übrigens ausgezeichnete Schwimmer sind, obwohl sie sich an Land so extrem langsam bewegen, würden dem wohl zustimmen – denn ihre Tarnung und ihre wenigen Bewegungen schützen sie davor, von Feinden entdeckt zu werden. Für Faultiere, egal ob Zweifinger- oder Dreifinger-Faultiere, könnte also die Strategie, so wenig wie möglich zu tun, tatsächlich eine evolutionäre Überlebensstrategie sein.

In der chinesischen Philosophie beschreiben Yin und Yang das Prinzip der einander entgegengesetzten Kräfte – Gegensätze, die miteinander verbunden und wechselseitig aufeinander bezogen sind und sich gegenseitig zu größeren Leistungen anspornen. So wie auch das Dritte Newtonsche Gesetz besagt, dass jede Aktion eine gleich große entgegengesetzte Reaktion erzeugt. Die Gegenspielerin der Prokrastination ist die Impulsivität, wenn ein Lebewesen eine Aktion ohne vorherige Planung sofort ausführt. Und offensichtlich lässt sich das Prinzip der sich ergänzenden und gegensätzlichen Kräfte sogar auf die Genetik anwenden.

Daniel Gustavson von der University of Colorado in Boulder untersuchte zusammen mit Kollegen im Rahmen mehrerer Studien 181 eineiige und 166 zweieiige Zwillingspaare. Dabei kamen sie zu dem Schluss, dass Prokrastination und Impulsivität genetisch miteinander verknüpft sind und beide Merkmale möglicherweise die gleichen entwicklungsgeschichtlichen Wurzeln haben.[67] Es scheint seltsam, dass die Neigung zu unüberlegten Entscheidungen und die Unfähigkeit, Ziele zu erreichen, eine gemeinsame genetische Grundlage haben – quasi eine Art genetisches Zen.

Der Verhaltensforscher Piers Steel schreibt in seinem Buch *Der Zauderberg*: »Ohne diese genetische Komponente könnte die Saumseligkeit weniger leicht von einer Generation zur nächsten weitergereicht werden. Wir sind also geborene Säumer.«[68] Gebiert ein Zauderer also einen anderen Zauderer? Hier wendet sich die Wissenschaft gerne den Zwillingsstudien zu. 1875 meinte der Naturforscher Sir Francis Galton, diese seien ein guter Weg, um die genetische Komponente von Merkmalen oder Verhaltensweisen offenzulegen: »Zwillingen gebührt unsere besondere Aufmerksamkeit; ihre Geschichte versetzt uns in die Lage, dass wir zwischen den Auswirkungen ihrer angeborenen Anlagen und denen der jeweiligen besonderen Umstände ihrer späteren Leben unterscheiden können.«[69] Doch wie bereits erwähnt, sind Zwillingsstudien nicht unumstritten. Um als wissenschaftlich fundiert zu gelten, müssen beide Zwillinge in derselben Umgebung aufgewachsen sein, und es muss sich um eineiige Zwillinge handeln. Doch dank der Genomik und der Möglichkeit, universelle DNA zu erhalten, können wir nun bessere Thesen aus diesen Forschungen ableiten.

Eigenschaften wie das Aufschieben erforscht man aus folgenden Gründen anhand von Zwillingen:[70]

1. Wenn Prokrastination evolutionsbedingt entstand, dann sollte sie wie die Impulsivität eine vererbbare Eigenschaft sein. (Letzteres hat die genetische Forschung mittlerweile ergeben.)
2. Wenn Prokrastination und Impulsivität miteinander verknüpft sind (das heißt, dass das Aufschieben ein Nebenprodukt der Impulsivität ist), dann sollten die genetischen Grundlagen der Prokrastination dieselben sein wie die der Impulsivität.
3. Die Schwierigkeiten eines Individuums, Ziele zu erreichen, sollte sich durch diese gemeinsamen genetischen Variationen erklären lassen.

Doch wie kann ein und dasselbe Gen vollkommen entgegengesetzte Effekte hervorrufen? Dies hängt mit den unterschiedlichen Konzentrationen der sogenannten Morphogene zusammen. Ein Morphogen ist ein Signalmolekül, das Zellen direkt anspricht, um eine bestimmte Zellreaktion zu erreichen. Welche Reaktion ausgelöst wird, hängt jedoch von der lokalen Konzentration des Morphogens ab. So können Gene bei einer bestimmten Morphogen-Konzentration den einen Effekt hervorrufen, bei einer anderen den genau entgegengesetzten. In seinem Essay zur Theorie der Bildergeschichte, *Essai de Physiognomie*, schreibt Rodolphe Töpffer, dass identische Nasen noch keinen identischen Menschen machen.[71] Dasselbe gilt auch für die Genetik. Selbst mit gleichen Genen können wir zu unterschiedlichen Persönlichkeiten heranreifen, was Zwillingsstudien klar unter Beweis stellen.

Folglich könnte die Prokrastination ein entwicklungsgeschichtliches Nebenprodukt der Impulsivität und tatsächlich wohl vererbbar sein. Das liefert uns die perfekte Ausrede, wenn wir viel Zeit vor dem Fernseher verplempern: Vermutlich sind unsere Eltern schuld. Die sind jedoch im Gegensatz zum Fernseher nicht austauschbar. Von unseren Eltern erben wir unser genetisches Manuskript, das wir jedoch durch unsere Handlungen gleichsam wie mit persönlichen Schreibfedern mit unserer individuellen Handschrift füllen.

Fazit

Das japanische Wort *sui* bedeutet »fließend« oder »freie Form«, so ähnlich wie Wasser. Genauso sind unsere Körper ausgelegt – beweglich, geschmeidig, magnetisch und wandelbar, je nach den Jahreszeiten unseres Lebens. Kein Wunder, stammen wir doch von Wesen ab, die einst tief unten im Ozean gelebt haben.

Letztendlich lässt sich alles auf die wunderbare Einfachheit der Bewegung reduzieren. Die Evolution ist wie das Leben –

beides sollte ständig in Bewegung sein. Nach Millionen Jahren der Entwicklungsgeschichte wissen wir eines ganz sicher: Menschen tun, was sie tun, am besten auf zwei Beinen. Für viele bedeutet das, auf Berge zu steigen, in Flüssen zu angeln, Sport zu treiben, einen Bauernhof zu bewirtschaften oder einfach nur zu gehen. Und doch waren es Menschen mit Trägheits-Genen, die uns davor bewahrt haben, als Raubtierfutter zu enden. Diesen Trägheits-Genen stehen wiederum Gene gegenüber, die sich entwickelten, um uns zu geborenen Tänzern und Athleten zu machen. Alles geschieht aus gutem Grund. Unser genetisches Gedächtnis zeichnet unsere Geschichte akkurat auf, die Wissenschaft folgt nur der Spur, die die Evolution hinterlassen hat.

Die Genetik erzählt uns, dass unsere Gene mindestens so selbstsüchtig sind wie wir, selbst wenn die Evolution alles Mögliche unternimmt, dies nicht allzu offensichtlich zu zeigen. Als der Mensch den aufrechten Gang lernte, gab es mehr Gründe, sich zu bewegen, weshalb sich wiederum sein Gehirn vergrößerte – voller Unvernunft, Ego und produktivem Eifer. Doch je mehr wir im Zuge der fortschreitenden Automatisierung versuchen, der Menschheit das Leben zu erleichtern, desto weniger bewegen wir uns und vergessen zunehmend, warum unser Gehirn ursprünglich überhaupt größer geworden ist. Deshalb wurden wir Menschen im Gegensatz zu den Wildtieren immer dicker und unsere Muskeln immer schwächer. Und mehr und mehr ist auch offensichtlich, dass unser visuelles und unser Gleichgewichtssystem daraufhin optimiert wurden, dass wir modernen Menschen aufrecht auf zwei Beinen gehen. Doch mit dem Siegeszug des Mobiltelefons scheint mittlerweile fast jeder, dem man auf der Straße begegnet, über sein Handy gebeugt zu sein – dieses Aufkommen des Homo mobilenis, einer neuen Spezies mit optimaler Körperform für die Arbeit am Computer, ist eine Art rückwärtsgerichtete Evolution.

Bewegung bereitet uns heutzutage nicht mehr Freude, sondern ist ein Ärgernis oder etwas, zu dem wir gezwungen werden müssen. Und wer hat uns wohl diese schlüpfrige Rutschbahn ins Faultierleben aufgebaut? Genau, unsere Gene. Zugegeben, nicht bestimmte einzelne Gene, sondern vielmehr »Gen-Assoziationen«, Bereiche im genetischen Niemandsland, in denen krankheitsauslösende Gene in Clustern zusammenleben. Wenn Sie mich fragen, sind dies nur evolutionäre Ausreden. Bewegung aus Freude an der Bewegung, wie zum Beispiel der Tanz, zeigt uns, dass wir immer noch Meerschweinchen im Versuchslabor der Evolution sind. Wir könnten mit dem Tanzen aufhören, aber dann müssten wir uns letztendlich voll und ganz auf unser Glück verlassen. Dies wiederum kann keine Option sein für jegliche Spezies mit ein bisschen Selbstachtung.

> **Aus der Praxis: Bewegen Sie sich!**
> Ausdauersportarten verbessern die Gehirnfunktion, also suchen Sie sich etwas aus, was Ihnen gefällt. Dann fangen Sie ganz langsam an und steigern Schritt um Schritt Ihre Leistung. Unter den zahlreichen Sportarten, die die Ausdauer trainieren, sind auch viele, bei denen Sie Ihre Beine bewegen, wie Schwimmen, Laufen, Fußball, Tennis, Aerobic oder Tanzen. Sie haben die Wahl. Achten Sie aber auf Abwechslung, damit Ihnen das Trägheits-Gen nicht dazwischengrätscht. Der Zeitaufwand ist überschaubar, durchschnittlich dreißig Minuten täglich wirken sich schon positiv aus. Und vergessen Sie nicht: Der Tango ist besonders gut fürs Gehirn. Wie wär's mit ein paar Stunden?

Kerngedanken

1. Das Gehirn entwickelte sich zum Zweck der Bewegung und nicht nur, um einzelne Muskeln zu bewegen.
2. Es gibt Gen-Assoziationen oder Belege für »Trägheits-Gene«. Sobald wir aufhören, uns zu bewegen, wird es immer schwerer, wieder in Gang zu kommen.
3. Die wichtigste Veränderung bei der Entwicklung vom Affen zum Menschen war der aufrechte Gang (also die Fähigkeit, auf zwei Beinen zu gehen).
4. Jedes Training für die Körperhaltung ist hilfreich, doch ein Vergleich von Yoga, Tai-Chi und Tango ergab, dass körperliche Übungen, die Gehen und das impulsive Zusammenspiel mit einem Partner beinhalten – wie der Tango –, die besten Resultate in Hinsicht auf Demenz und Parkinson-Krankheit erbringen.
5. Die Genetik der Prokrastination ist eng verknüpft mit der Genetik der Impulsivität.
6. Das Aufschieben ist eine evolutionäre Eigenschaft. Indem das Gehirn einen Plan langsamer akzeptiert, zwingt es einen dazu, diesen zu verbessern.
7. Menschen tun, was sie tun, am besten auf zwei Beinen.
8. Bewegung ist enorm wichtig für die Fitness von Herz und Hirn.

3
Die Stress-Gene: Von Säbelzahntigern und Angsthasen

Ich bin mittlerweile ein alter Mann, und ich hatte in meinem Leben echt viel Ärger. Das meiste davon ist nie wirklich passiert.
Thomas Dixon jr.

Stress ist wie Mathematik in der Schule: Jeder muss über diesen Berg hinüberklettern. An der Auckland University of Technology, wo ich nebenamtlich als Professor tätig bin, diskutierte ich mit einem Informatik-Ingenieur, inwieweit die DNA als Binärcode unseres Körpers verstanden werden könnte. Computer speichern Daten als zweiwertige Bits, das Kurzwort für *binary digits* (Binärziffern), die entweder den Wert (oder Zustand) 0 oder 1 annehmen. Unsere DNA speichert Informationen in vierwertigen Basenpaaren, deren Sequenzen man *Gene* nennt.

Wie Mathematik ist auch Stress grundsätzlich ein notwendiges Übel – manchmal ganz nützlich, aber meist nervtötend. Mehr und mehr deuten evolutionsbiologische Forschungen auf die genetische Basis von Stress hin.

Vor einigen Jahren wollte ich nach Washington, D. C., reisen. Zuvor aß ich mit dem US-Botschafter zu Abend und bat ihn um

Reisetipps: »In D. C. ist die Kriminalitätsrate ziemlich hoch«, meinte er. »Am besten suchen Sie sich ein Hotel rund um den Dupont Circle und bleiben dort. Und wenn Sie mit der Metro fahren, dann nur mit der Blue Line, *niemals* mit der Red Line. Selbst die Gegend um das Weiße Haus ist nachts unsicher.« Ich machte mir im Geist Notizen.

In Washington angekommen, genoss ich meinen Aufenthalt. Rund um den Dupont Circle gibt es eine Unmenge von unabhängigen Buchhandlungen. In Buchhandlungen kann man wunderbar die Zeit verbringen, vor allem, wenn ein Café dazugehört. In einer solchen Buchhandlung entdeckte ich Steven Pinkers Buch *Gewalt – Eine neue Geschichte der Menschheit*. Der Evolutionspsychologe stellt darin die These auf, dass wir heute trotz Terrorangriffen und größeren Migrationsbewegungen sicherer leben als je zuvor. *Das kann nicht stimmen*, dachte ich. Selbst der amerikanische Botschafter hatte mir empfohlen, nach Einbruch der Dunkelheit nicht mit der Red Line der Washingtoner Metro zu fahren. Pinker vergleicht in seinem Buch Tötungsraten, die an verschiedenen Orten über die Jahrhunderte aufgezeichnet wurden. In London betrug die jährliche Mordrate im 14. Jahrhundert rund 100 von 100 000 Einwohnern, heute liegt sie bei rund 2 von 100 000 Einwohnern. Im Rom des späten 16. Jahrhunderts wurden jedes Jahr pro 100 000 Einwohner zwischen 30 und 70 umgebracht, heute nähert sich die Mordrate der Zahl 1 (von 100 000). Und selbst Washington, wo im Jahr 2014 15,9 Mordfälle pro 100 000 Einwohner verzeichnet wurden, ist immer noch sehr viel sicherer als London und Rom im 14. beziehungsweise 16. Jahrhundert.

Wenn wir aber in der sichersten aller Zeiten leben, warum haben wir dann so viel Angst vor allen möglichen Gefahren? George Bernard Shaw meinte einmal, der Furchtsame wittere überall Unheil.[72] Auf Reisen machen wir uns Sorgen über unsere eigene Sicherheit, als Eltern sorgen wir uns um unsere Kinder. Meine Tochter studiert gerade, und als sie mir von den »Initiationszeremonien« auf dem Campus erzählte, bekam ich so große Angst, dass ich nicht mehr schlafen konnte. Ich hatte einfach vergessen, dass ich selbst mal studiert und die üblichen Initiationsriten auch überlebt habe.

Für jede Art ist die Evolution eine einzige große Initiation. Es ist die Aufgabe der Natur, Lebewesen zu schaffen, und wenn es dem Wohle des Ganzen dient, werden im Zuge dieses Abenteuers auch Arten geopfert und sterben ganze Tiergruppen aus, nur um durch andere ersetzt zu werden. In prähistorischer Zeit wurden zahllose Menschen auf ihren Wanderungen von Säbelzahnkatzen getötet. Heute sind diese Räuber ausgestorben, und uns gibt es immer noch. Das sollte uns eigentlich beruhigen. Doch wie schreibt Elizabeth Kostova in ihrem Roman *Der Historiker*: »Als Historikerin habe ich gelernt, dass nicht jeder, der zurück in die Vergangenheit greift, dies am Ende auch überlebt. Und es ist nicht nur dieses Sich-Zurückwenden, das uns in Gefahr bringt. Manchmal greift auch die Vergangenheit selbst mit ihrer schattenhaften Kralle unerbittlich nach uns.«[73]

Säbelzahntiger sind schon seit zehn- bis zwölftausend Jahren ausgestorben, doch die Höllenangst vor ihnen steckt uns immer noch in den Knochen.

»Ich werde keine Säbelzahntiger mehr auf euch hetzen«, meint Mutter Natur.

»Dann garantiert irgendeinen anderen Ärger«, antwortet der Mensch.

»Wirst du denn dann nachsichtig mit mir sein?«, fragt die Natur daraufhin neckend.

Nachgiebig beziehungsweise schwach werden wir tatsächlich, aber nur in muskulärer Hinsicht, wobei unsere schwachen Muskeln über unsere Ausdauer und unsere Schlauheit hinwegtäuschen. Allerdings haben sich die Gefahren, mit denen unsere Vorfahren zurechtkommen mussten, als Stress-Gene bereits in unser archaisches Gedächtnis eingebrannt. Was einst überlebensnotwendig war, hat sich mittlerweile zu einem schweren Mühlstein an unserem dünnen Hals entwickelt.

In der Biologie schätzt man die Gefährlichkeit eines bestimmten Prozesses unter anderem ein, indem man untersucht, was hinter einer bestimmten Funktion steht, um deren verschiedene Möglichkeiten zu verstehen. Zum Beispiel wird unsere Haut in der Sonne braun. Das dafür verantwortliche Pigment Melanin hat bekanntermaßen eine antioxidative Wirkung, und deshalb ist Braunwerden ein Schutzmechanismus. Daraus ergibt sich automatisch folgende Fragestellung: Falls ein tödlicher Tumor durch Sonnenbrand verursacht würde, müsste man dann nicht erwarten, dass ein solcher Tumor Melanin enthält? Und genau das ist der Fall, wenn jemand nach Sonnenbränden oder durch die übermäßige Nutzung von Sonnenbänken ein tödliches Melanom bekommt. Gleichermaßen verhält es sich mit den Substanzen, die mit Stress in Verbindung stehen: Wir schütten sie aus, wenn wir eine Gefahr entdecken. Kurzfristig sind diese Substanzen äußerst hilfreich. Aber wenn wir plötzlich überall Gefahren wittern, dann richten diese Stoffe in unserem Körper verheerende Schäden an.

Es ist eine der Scheinheiligkeiten der Evolution, dass sie dafür da ist, Arten zu verbessern. Denn Stress, der ja ursprünglich eine von der Evolution entwickelte Reaktion ist, beherrscht heute unser ganzes Leben. Der Umgang mit Stress hat sich mittlerweile zu einem regelrechten Krieg mit vielen – realen und eingebildeten – Schlachten entwickelt. Die Auslöser für unseren Stress mögen nicht immer real sein und nicht der uns umgebenden Wirklichkeit entsprechen, doch die Krankheiten, die chronischer Stress auslöst, sind höchst real. Unsere Stress-Gene fungieren dabei als

Quelle genetischer Signale, die sich auch als Fallstricke und Täuschungen entpuppen können. Das Leben hat nun mal seine Höhen und Tiefen, Glücklichsein ist keine zwingende Option. Wir als Menschen sollten im Hinterkopf behalten, dass Stress eine reale, evolutionär erlernte Reaktion ist – aber unsere Reaktion auf Stress irreal ist. Wir müssen lernen, besser damit umzugehen, zu unserem eigenen Besten. Und um das Lebensmotto von Pu, dem Bären, aufzunehmen: Wir müssen die Kunst erlernen, einfach mit dem Leben mitzugehen, auf all die Dinge (Stressoren) zu hören, die man nicht hören kann, und uns darüber keine Sorgen zu machen.

Die entwicklungsgeschichtliche Seite von Stress

Natürlich musste ich, als ich in Washington war, auch unbedingt einem der Smithsonian-Museen einen Besuch abstatten. Anna Behrensmeyer ist Paläontologin am Smithsonian National Museum of Natural History. Sie hat eine Theorie über das Verhältnis von Mensch und Säbelzahntiger entwickelt. Ausgangspunkt war eine Gruppe von Vormenschen, die von einem Säbelzahntiger angegriffen und getötet worden war. Wie die berühmte »Lucy«, deren Skelett 1974 in Äthiopien gefunden wurde, gehörten sie zu der Vormenschenart Australopithecus afarensis. Behrensmeyer hatte die Schädel dieser Vormenschen vor Ort in Äthiopien forensisch untersucht und Bissspuren eines Säbelzahntigers entdeckt. (Ganz nebenbei: Lucy heißt nach dem Beatles-Song »Lucy in the sky with diamonds«, dem Lieblingslied des von Donald Johanson geleiteten Forscherteams, das ihr Skelett fand.[74])

Der Massenmord des Säbelzahntigers fand schon vor ungefähr 3,2 Millionen Jahren statt, ihren Schrecken haben die

Raubtiere jedoch über die Jahrtausende nicht verloren. Die Säbelzahnkatzen waren groß, wogen etwa 220 bis 360 Kilogramm und erreichten eine Schulterhöhe von 1,20 Meter. Der wissenschaftliche Name der amerikanischen Säbelzahnkatzenart *Smilodon fatalis* klingt in englischsprachigen Ohren so ähnlich wie »lächelnder Killer« – eine perfekte Beschreibung. Es gibt viele Theorien darüber, warum diese Katzen, die vermutlich mehr Ähnlichkeit mit heutigen Löwen hatten als mit Tigern, so lange Fangzähne besaßen. Einer Theorie zufolge wurden sie beim Klettern auf Bäumen benutzt, eine andere vermutet, dass sie beim Schwimmen halfen. Da die Katzen ihren Unterkiefer quasi aushängen konnten, nehmen einige Wissenschaftler an, dass die Säbelzähne wie Mini-Speere eingesetzt wurden. Wie auch immer, der Säbelzahntiger gehörte jedenfalls zu den gefährlichsten und furchteinflößendsten Raubtieren, die je die Erde besiedelt haben.

Der englische Dichter William Blake setzte ihnen 1794 in einem Gedicht ein Denkmal:

Tiger! Tiger! Brand, entfacht
In den Wäldern tiefer Nacht,
Welch unsterblich Aug' und Hand
Hat dich in dein Maß gebannt?
Welch ferne Himmel oder Tiefen
Dir die Glut ins Auge riefen?
Welche Schwing' trug seinen Flug?
Wessen Hand den Funken schlug?
Welche Schulter, welche Kraft
Hat die Sehnen dir gestrafft,
Als sich dein Herz zum Schlag geballt?
Welche Hand und Fuß? Mit welch Gewalt?[75]

Mathematisch erklärt man sich Gefahr häufig, indem man auf die Signalentdeckungstheorie zurückgreift. Wir wissen, dass die frühen Menschen zur selben Zeit die Erde durchstreiften wie der Säbelzahntiger. Und doch hat der Mensch überlebt, die Großkatze nicht. Wie haben wir das geschafft? An diesem Punkt kommt die Signalentdeckungstheorie ins Spiel. Die Säbelzahnkatzen schlichen auf leisen Pfoten wie andere Katzen auch. Der Mensch musste also erkennen, ob ein bestimmtes Rascheln durch eine Säbelzahnkatze oder nur durch den Wind verursacht wurde.

Ich habe so etwas Ähnliches erlebt, als man mich als Kind nach Bombay (heute Mumbai) schickte, um einen Onkel zu besuchen. Dieser stellte einen seiner Büroangestellten ab, der mit mir auf Sightseeingtour gehen sollte. Der junge Mann sprach kein Wort Englisch, und ich verstand kein Wort Marathi, das dort gesprochen wird. Wir schauten uns auch ein paar Höhlen im Umland an, in denen Gerüchten zufolge Tiger lebten. Jedes Mal, wenn der Wind brauste, lief mir ein kalter Schauer über den Rücken, und ich fragte den jungen Mann, ob das ein Tiger sei. Er antwortete mir stets in beruhigendem Ton in seiner Sprache, was mich davon abhielt, auf der Stelle davonzulaufen. Ich weiß bis heute nicht, was er damals zu mir sagte: Das ist nur der Wind – oder der Tiger ist zu weit weg, um sich fürchten zu müssen.

Umgebungsgeräusche können schwanken. Manchmal brüllt der Wind lauter als ein Tiger. Dann wieder verbirgt sich hinter einem Rascheln doch ein Tiger auf der Jagd nach ein paar Menschlein für das Abendessen. Und manchmal bilden wir uns Geräusche auch nur ein. Jeder von uns hat seine eigene Signalentdeckungsschwelle, eine Raschelstufe, ab der wir annehmen, dass ein Tiger in der Nähe ist. Unterhalb unserer individuellen Tiger-Schwelle messen wir dem Geräusch keine Bedeutung bei. Das heißt, dass hin und wieder falscher, häufig aber berechtigter

Alarm ausgelöst wird. So haben zum Beispiel langsame oder lahme Tiere eine viel niedrigere Tiger-Schwelle, damit ihnen mehr Zeit zum Weglaufen bleibt. Vereinfacht ausgedrückt reagieren Tiere auf viele von ihnen wahrgenommene Bedrohungen, die tatsächlich gar keine Bedrohungen sind, weil es sich in entwicklungsgeschichtlicher Hinsicht bereits auszahlt, wenn nur einer dieser Schrecken wirklich durch ein Raubtier ausgelöst wird und das potenzielle Opfer sich in Sicherheit bringen kann. Das zeigt wieder einmal die Genialität der Natur und der Evolution und lässt sich mit dem Rauchmelderprinzip vergleichen: Entweder kaufen wir uns einen Rauchmelder und damit für einen geringen Preis ein hohes Maß an Sicherheit, oder wir gehen ein potenziell tödliches Risiko ein. Kurz gesagt: Alles ist darauf ausgelegt, dass wir bei akuter Gefahr unmittelbar reagieren können. Aus diesem Grund entwickeln Blinde ein feineres Gehör und einen sensibleren Tastsinn.

Anhand der Signalentdeckungstheorie erklärt der Evolutionsbiologe Randolph Nesse in seinem Buch *Warum wir krank werden* die menschliche Evolution[76], und schon Darwin stellte fest, dass Angst eine Anpassungsreaktion sein könnte. »Es ist weder die stärkste Art, die überlebt, noch die intelligenteste. Es ist jene Art, die sich am besten dem Wandel anpasst.« Dieses Zitat, das in der Regel Darwin zugeschrieben wird, habe ich schon auf sowohl wissenschaftlichen als auch Wirtschaftskongressen gehört. Ich habe Darwins Schriften rauf und runter gelesen – aber diese Worte habe ich nirgendwo gefunden. Erwiesenermaßen schrieb er jedoch Folgendes:

Auf der anderen Seite haben wir die Tatsachen, dass Instinkte nicht immer absolut vollkommen und selbst Irrungen unterworfen sind; dass kein Instinkt aufgeführt werden kann, welcher zum ausschließlichen Vorteil eines

*anderen Tieres entwickelt ist, wenn auch Tiere von
Instinkten anderer Tiere Nutzen ziehen; dass der
naturhistorische Glaubenssatz »Natura non facit saltum«
ebensowohl auf Instinkte als auf körperliche Bildung
anwendbar und nach den vorgetragenen Ansichten ebenso
erklärlich wie auf andere Weise unerklärbar ist; und alle
diese Tatsachen sind wohl geeignet, die Theorie der
natürlichen Zuchtwahl zu befestigen.*[77]

Angst ist ein solcher Instinkt. Erhöhte Ängstlichkeit entwickelte sich zur Kampf-oder-Flucht-Reaktion, die uns vor Raubtieren wie Säbelzahnkatzen retten sollte. Während die zu selbstsicheren, tapferen Männer wahrscheinlich mit dem Speer in der Hand aus ihren Höhlen stürmten, die Säbelzahntiger attackierten und letztlich als Katzenfutter endeten, überlebten die Ängstlichen, die hinter jedem Busch eine Säbelzahnkatze vermuteten, und pflanzten sich fort. Damit überlebten jene Gene, die diese Stressreaktion steuern.

Angstgefühle sollen unangenehm sein, schrill wie eine Sirene, damit das betroffene Lebewesen auch sicher gewarnt ist oder sich angemessen bewaffnet. Oder wie Nesse schreibt:

*Der starke, schnelle Herzschlag bei panischer Angst
versorgt die Muskeln mit mehr Nährstoffen und Sauerstoff
und beschleunigt die Ausscheidung von Abfallstoffen.
Muskelspannung bereitet auf Flucht oder körperliche
Verteidigung vor. Kurzatmigkeit beschleunigt das Atmen,
wodurch das Blut mit mehr Sauerstoff angereichert wird.
Schwitzen kühlt den Körper in Erwartung der Flucht. Die
erhöhte Produktion von Glukose trägt auch dazu bei, dass
die Muskeln mehr Energie erhalten. Durch das in das Blut
ausgeschüttete Adrenalin gerinnt das Blut schneller, falls*

Wunden entstehen sollten. Der Blutkreislauf verlagert sich vom Verdauungssystem in die Muskeln, was ein kaltes leeres Gefühl in der Magengrube und eine angespannte Bereitschaft der Muskeln bewirkt.[78]

Erst in jüngerer Zeit kam die Forschung dahinter, dass zwischen akutem (kurzzeitigem) Stress und chronischem (langfristigem) Stress ein enormer Unterschied besteht und Ersterer tatsächlich nützlich sein kann. Schließlich war die Stressreaktion eine erlernte Reaktion auf eine bestimmte Erinnerung, und viele der dabei ausgeschütteten chemischen Stoffe halfen dem Tier, eine Lage zu meistern und sich anzupassen. Wissenschaftliche Untersuchungen an Ratten zeigten, dass kurze Stresserfahrungen die Stammzellen im Gehirn anregen, neue Gehirnzellen zu bilden und so die Leistung der Ratte zu verbessern. Diese Ratten lebten sogar länger. Setzte man die Tiere jedoch längere Zeit, also chronisch unter Stress, erhöhte dies die Glukokortikoid- oder Stresshormonspiegel. Diese Steroidhormone unterdrücken die Produktion neuer Neuronen im Hippocampus, was das Gedächtnis beeinträchtigt und Immunreaktionen unterdrückt. Forschungen ergaben darüber hinaus, dass bei akutem Stress Gehirnzellen, die man als Astrozyten bezeichnet, das Protein Fibroblasten-Wachstumsfaktor-2 (FGF-2) abgeben. Bei chronischem Stress hingegen wird das FGF-2 verbraucht, was zu Depressionen führt. Letztlich bewahrheitet sich auch hier die alte Regel: Allzu viel ist ungesund, sei es nun Darwinismus (Stress), Krankheit (Schmerzen) oder Nachspeisen (Zucker).

Bedenkenträger versus Kämpfer

Natürlich haben Forscher auch nach Verbindungen zwischen den Genen und der individuellen Stressreaktion gesucht. Kann man die Menschen genetisch in Bedenkenträger und Kämpfer einteilen? Bevor wir uns jetzt mit Schwung in die Genomforschung stürzen, sollten wir uns noch einmal mit einem alten Grundsatz der Genetik beschäftigen, nämlich dass die Gene auf unsere Umwelt wirken und die Umwelt auf unsere Gene. Wenn Sie in einem Umfeld aufwuchsen, das Sie zu einem ausgeglichenen Erwachsenen gemacht hat, können Sie mit Stress möglicherweise besser umgehen. Haben Sie jedoch eine genetische Prädisposition für Depressionen, dann kann der Verlust eines geliebten Menschen oder das Scheitern einer Beziehung Sie eher in eine tiefe seelische Krise stürzen als einen Menschen mit einer anderen genetischen Persönlichkeit.

Damit uns etwas so viel Stress bereitet, dass es unsere Stress-Gene aktiviert, muss es uns fast verrückt – im Englischen *nuts* – vor Sorge machen. NUTS ist zugleich die Abkürzung für die Kriterien, die eine Stresssituation beschreiben: Neuheit *(novelty)*, Unvorhersehbarkeit *(unpredictability)*, Bedrohung des Egos *(threat to the ego)* und/oder das verringerte Gefühl der Kontrollierbarkeit *(diminished sense of control)*.[79]

Des Weiteren haben wissenschaftliche Untersuchungen an Tieren sowie an Zwillingen ergeben, dass die frühkindliche Versorgung durch die Mutter sich auf die Stress-Gene des Kindes auswirkt – die Umwelt wirkt sich auf die Anlagen aus. So produzierten Ratten- oder Mäusebabys, die regelmäßig abgeleckt wurden, weniger Stresshormone und zeigten eine bessere Gedächtnisleistung als ihre vernachlässigten Geschwister. Als Michael Meaney, Professor für biologische Psychiatrie an der McGill University, Nagetiere in stressvollen und gefährlichen Situationen untersuchte, fanden er und sein Team heraus, dass Ratten, die von ihren Müttern wenig geleckt worden waren, auf Stress mit einem höheren Anstieg des Stresshormonspiegels reagierten. Diese Reaktion ist eine sogenannte adaptive Antwort oder erworbene Reaktion.[80] Die Rattenbabys wurden genetisch darauf programmiert, selbst gewöhnliche Umgebungen als feindlich und stressbeladen zu erleben. Folglich müssen sie stärkere Stressreaktionen entwickeln, um im Alltag zu überleben. Sie wurden zu »Stressratten«, die wirklich alles zu belasten schien. Desgleichen haben auch Zwillingsstudien ergeben, dass Menschen, die ohne eine liebevolle Mutter aufwuchsen, eher zu Neurosen neigen.[81]

Wie wir auf Stress reagieren, wird in unserer Kindheit geprägt. Wenn Sie ein Herdentier sind, auf dem ständig herumgehackt wird, dann wird Ihr Körper auf Dauer versuchen, das unangenehme Gefühl der Stressreaktion zu vermeiden, indem er in einen passiven Duldungszustand verfällt. Wie wir oben gesehen haben, ist das ständige Gefühl, keine Kontrolle zu haben – zum Beispiel in einer Beziehung, in der man von jemand anderem dominiert wird –, oft ein Auslöser für die Stressreaktion. In der Evolutionspsychologie spricht man von »erlernter Hilflosigkeit«, die auch die Ursache ist, warum stressbelastete Situationen oder Depressionen Menschen müde machen. Doch auch, wenn unser Körper Konflikte vermeidet, indem er sich in den Schlaf verabschiedet, kann man sich ihnen auf diese Weise doch nicht entziehen. Diese Form der erlernten Hilflosigkeit erklärt auch, weshalb Entführungsopfer mitunter Jahre bei ihren Entführern bleiben. Dies gilt vor allem für Menschen, die als Kinder missbraucht wurden. Es ist ein klassisches Beispiel für eine adaptive Antwort, die ihren Sinn verloren hat. Wer – vor allem in den prägenden Entwicklungsjahren – zu viele schlimme Erlebnisse erleiden musste, dessen Stressantwort kann sich als Flucht in den Schlaf oder meisterliche Inaktivität ausbilden.

In den ersten 1,5 Milliarden Jahren waren alle Lebewesen Einzeller. Erst als sie sich zu Vielzellern entwickelten, begannen nach und nach einzelne Zellen unterschiedliche Funktionen zu übernehmen. Der nächste Schritt war die Aufteilung in somatische Zellen (Zellen mit bestimmten Funktionen, die Vorläufer der Organe) und Geschlechtszellen (Gameten oder Keimzellen, die Vorläufer der Gonaden oder Keimdrüsen). Viele Organe begannen als besonders ehrgeizige Zellen, die den evolutionären Test bestanden und sich zu eigenständigen permanenten Körperteilen entwickelten. Der grundlegende Zweck der Vielzelligkeit war zunächst die Kommunikation. In der Urzeit war das Leben einfach, und viele Geschöpfe hatten weder Herz noch Hirn. Die Haut diente als Sinneswerkzeug der Berührung und wurde zu unserem größten, den ganzen Körper überziehenden Sinnesorgan.

In jenen frühen Zeiten wurden Botschaften über äußere Bedrohungen mit der Haut und nicht über das Gehirn empfangen, denn die Lebewesen besaßen kein hoch entwickeltes Nervensystem. Die Signale führten dazu, dass bestimmte Moleküle produziert wurden, die an den Außenseiten der Zellwände andockten, um Einlass baten und in die Zelle hinein durften. Damit diese Signalmoleküle auf ihrem Weg durch den gesamten Körper des Lebewesens nicht abstarben, schlugen ungeduldige Proteine unermüdlich die Buschtrommeln, und diese Botschaften wurden durch genetische Signale codiert.

Bei Lebewesen, die kein Nervensystem haben, warnt die Haut vor drohenden Gefahren. Später übernahm das Nervensystem diese Aufgabe, weil es dank seiner neuronalen Verschaltung effizient Signale zu bestimmten Organen wie Augen, Ohren und Nase leiten kann.

Signale von außen können gut oder schlecht sein, angenehm oder unangenehm. Sinnesempfindungen sind wie brandheiße News: Sensationen – und von Natur aus unbeständig und zeitlich begrenzt. Nachrichten haben eine kurze Lebensdauer, aber sie schaffen eine Erinnerung an Dinge, die geschehen sind, und wenn solche auf Erfahrungen beruhenden Botschaften akut oder chronisch werden, schaffen sie evolutionäre Erinnerungen wie zum Beispiel die Stressreaktionen, die bis heute fortdauern.

Und wie steht es mit dem Unterschied zwischen den Geschlechtern? Spielt er bei der Stressreaktion eine Rolle? Im Frühstadium des Lebens waren alle Geschöpfe körperlich gleich: Sie besaßen jeweils die Sexualorgane beider Geschlechter. Erst später teilten sich Arten in männlich und weiblich auf. Unter Evolutionsbiologen ist diese Aufteilung das Thema wesentlicher Debatten. Das fängt schon damit an, dass die geschlechtliche Fortpflanzung, an der zwei Partner beteiligt sind, weniger effizient und mühseliger ist als die Selbstbefruchtung. Warum also hat die Evolution dies zugelassen? Der Grundgedanke ist, dass bei der ungeschlechtlichen Vermehrung eines Organismus die genetische Variation der gesamten Art, zu der er gehört, langsam zum Erliegen kommt. Anders ausgedrückt: Der Hauptzweck der geschlechtlichen Fortpflanzung durch zwei Lebewesen ist, für neue genetische Variationen zu sorgen.

Im Tierreich verschlafen die meisten Männchen (z.B. bei den Löwen) den Tag oder werden noch während der Flitterwochen getötet (z.B. bei den Mücken). In der Regel ziehen die Weibchen die Jungen auf, während die Männchen das Revier sichern. Daher ist es nur natürlich, dass die Geschlechter unterschiedlich auf Stress reagieren. Wenn Stress eine Kampf-oder-Flucht-Reaktion ist, sind dann die Männchen die Kämpfer und die Weibchen die Besorgten?

Als Wissenschaftler den möglichen Unterschied in den mit Stress verbundenen Genen bei Männern und Frauen untersuchten, stießen sie auf ein Gen namens SRY, das ausschließlich bei Männern vorhanden ist. Der Neurowissenschaftler Joohyung Lee vom Hudson Institute of Medical Research und sein Kollege Vincent Harley vom Prince Henry's Institute, die beide zur Monash University in Melbourne gehören, vermuteten, dass das auf dem Y-Chromosom lokalisierte SRY-Gen Männer bei Stress tatsächlich aggressiver reagieren lässt.[82] SRY spielt eine Rolle in Bezug auf Herz, Lunge und Gehirn. Es ist an der Ausschüttung von Dopamin beteiligt, das – wie wir im letzten Kapitel gesehen haben – entscheidend für Bewegung ist. SRY lässt sich zudem in den Nebennieren feststellen, die sowohl Adrenalin (Epinephrin) als auch Noradrenalin (Norepinephrin) ausschütten. Dopamin, Adrenalin und Noradrenalin wiederum sind die wichtigsten Substanzen, die an der Stressreaktion beteiligt sind. Dass SRY auf dem Y-Chromosom liegt, könnte erklären, warum Krankheiten, die mit Dopamin in Verbindung stehen, wie die Parkinson-Erkrankung, Autismus, Aufmerksamkeitsdefizit-Hyperaktivitäts-Störung (ADHS) oder Schizophrenie, bei Männern häufiger vorkommen. Entwicklungsgeschichtlich betrachtet wurden Männer Kämpfer, die Gefahren abwandten, und Frauen Besorgte, die ihren Nachwuchs aufzogen.

Mittlerweile ist die Technologie bildgebender Verfahren so weit fortgeschritten, dass sie uns ein tieferes Verständnis der Genetik der Stressreaktion ermöglicht. Wie wir bereits im vorigen Kapitel gesehen haben, können wir mittlerweile Aufnahmen vom Gehirn in Aktion machen. Aber wie können wir feststellen, welche Gene Reaktionen wie beispielsweise Angst auslösen? Wir haben gerade die These aufgestellt, dass Stress und Angst evolutionäre Rückgriffe auf weit gefährlichere Zeiten sind. Aktuelle Fortschritte in der Genomikforschung erlauben uns mittlerweile, funktionelle Genvarianten zusammen mit der Informationsverarbeitung im Gehirn zu untersuchen. In anderen Worten: Echtzeit-Aufnahmen des Gehirns werden mit Gentests verglichen, um zu sehen, welche Gene welche Gehirnareale aktivieren.

Zwei chemische Stoffe, die bei der Stressreaktion eine Rolle spielen, zeigen dabei besondere genetische Verknüpfungen: der

Serotonintransporter (5-Hydroxytryptamintransporter oder 5-HTT), der den »Stimmungsstabilisierer« Serotonin transportiert, und die Catechol-O-Methyltransferase (COMT), ein Enzym, das das von mir »Lust-Molekül« genannte Dopamin inaktiviert. Scans von Menschen in Stresssituationen zeigten, dass insbesondere die 5-HTT- und COMT-Gene im Gehirn auf Stressoren antworteten. Der Polymorphismus des 5-HTT-Gens (HTTLPR) wurde bei Reaktionen auf emotionale Situationen mit Angst in Verbindung gebracht. Und auch ein Allel des COMT-Gens (Met 158), das zu einer geringeren COMT-Aktivität führt, wurde mit Angst assoziiert und verstärkt die Wirkung des HTTLPR. Menschen mit dem Met-158-Genotyp sind auch empfänglicher für Schmerzstress. Was wiederum bedeutet, dass sie wahrscheinlicher Nadelphobien, eine Opiatabhängigkeit oder Schmerzsyndrome entwickeln.

Die Umwelt spielt also eine Rolle und verändert unsere genetischen Antworten. Kanadische Forscher schrieben in einem Artikel, der in *Neuroscience* veröffentlicht und im *Mammoth Magazine* zitiert wurde, wie sie Stress bei jungen Ratten untersuchten, die sie zehn Tage lang für jeweils drei Stunden von ihrer Mutter trennten. Sie hielten dies für einen vergleichsweise leichten Stressfaktor.[83] Ihre Ergebnisse waren erstaunlich. Selbst geringer Stress hinterließ, wenn er dauerhaft auftrat (was wir medizinisch als »chronisch« bezeichnen), einen epigenetischen Fußabdruck. Die Ratten entwickelten Variationen in Genen, die für das bei Stress beteiligte Protein Vasopressin codieren. Gleichermaßen stellte man fest, dass der genetische Code für das NR3C1-Gen bei Menschen, die in ihrer Kindheit missbraucht wurden, im Hippocampus verändert ist. Diese Menschen haben ein besonders hohes Suizidrisiko.

Stressreaktionen sind, wie in vielen, teils von mir in diesem Buch zitierten Tierstudien eindeutig festgestellt wurde, keineswegs nur uns Menschen eigen. Die Gene, die die Angst regulieren, sind archäologische Überreste von Lektionen, die die jeweiligen Arten gelernt haben, um in einer gefährlichen und rücksichtslosen Welt zu überleben und zu gedeihen.

Stress in der heutigen Zeit

Der libanesisch-amerikanische Zufalls- und Statistikforscher Nassim Nicholas Taleb hat viele Bücher über Wahrscheinlichkeit verfasst. Über das moderne Leben schreibt er in einem seiner Essays mit dem Titel *Stretch of the Imagination*: »Der Unterschied zwischen Technologie und Sklaverei ist, dass Sklaven ganz genau wissen, dass sie nicht frei sind.«[84] Taleb hat recht. Die überall auf der Welt vorhandene Technik hat dazu geführt, dass wir weder Freund noch Feind entkommen können – und nicht mehr die Freiheit haben, auf einsame Walkabouts aufzubrechen, um uns wie unsere Vorfahren mit unserer Vergangenheit zu verbinden.

Die heutige Stressproblematik ist stark mit unserer Vorstellungskraft verbunden. Vor hundert Jahren konnte ein Rüffel vom Chef noch in einen Faustschlag ausarten. Heute beziehen wir zwar keine Schläge mehr, aber die Angst ist trotzdem da, ebenso wie die Angst vor finanziellen oder anderen Rückschlägen, auch wenn diese an sich keine Bedrohung für unser Leben oder unsere körperliche Unversehrtheit bedeuten. Ein Besuch beim Arzt, bei dem wir unseren Blutdruck überprüfen lassen, bringt Stress mit sich, weil wir an ein drohendes Herzleiden denken. In der heutigen Welt sehen wir überall im übertragenen Sinn Säbelzahntiger – in der U-Bahn, in der Schule, bei Sportveranstaltungen. Aber anstatt dass die Angst verfliegt, sobald der Tiger verschwunden ist, bleibt sie uns im Nacken sitzen, und je länger wir unter diesem Stress stehen, desto mehr wirkt dieser sich auf unsere Gesundheit aus. Angst-Gene, die unsere Stressantwort regulieren, haben sich einst zu unserem Schutz als Warnmechanismen entwickelt, doch heute haben sie ihren Zweck verloren.

Die meisten Tiere leben in Rudeln oder Herden, und häufig konkurrieren die Männchen um die Weibchen. Diejenigen Männchen, die in den Kämpfen um die Vorherrschaft verlieren, versöhnen sich mit ihrem Bezwinger und akzeptieren ihre untergeordnete Stellung schon allein deshalb, damit sie weiter im Schutz der Gemeinschaft und damit vor Raubtieren geschützt bleiben. Andererseits kann für Tiere, die an ein Leben in Einsamkeit gewöhnt sind, alles, was dieses Idyll zerstören könnte, genauso bedrohlich sein wie die Vorstellung eines Herdentiers, aus der Gruppe verstoßen zu werden.

In *Robinson Crusoe* beschreibt Daniel Defoe, wie Robinson Crusoe nach 15 Jahren Einsamkeit auf seiner vermeintlich unbewohnten Insel im Sand einen Fußabdruck entdeckt. Bis zu diesem Moment hatte es auf der Insel nur ihn selbst und Gott gegeben. Crusoe hatte vollständige Kontrolle über die Insel. Dieses Gefühl wird nun von dem Fußabdruck bedroht – das bedeutet Stress. Crusoes Geist fängt an, ihm Streiche zu spielen:

> *Eine Flut von wirren Gedanken stürmte auf mich ein, und völlig verstört und außer mir kam ich in meiner Festung an. … Es ist nicht zu beschreiben, in was für verschiedene Gestalten auf dem Wege meine erhitzte Einbildungskraft die Dinge verwandelte, was für eine Menge wilder Vorstellungen die Phantasie mir vorspiegelte und welche sonderbaren unerklärlichen Einfälle mir in den Sinn kamen.*[85]

Robinson Crusoe wurde 1719 geschrieben und 1840 ebenso wie *Gullivers Reisen* auch von Darwin gelesen.[86] Wie die Hauptfigur in Defoes Roman war Darwin ein Einsiedler, und obwohl er so viel über Evolutionsbiologie wusste, war er doch nicht gegen Angststörungen gefeit. Darwin litt unter Schwäche, Hyperventilation, Palpitationen (»Herzstolpern«) und einem schwachen Immunsystem. Dies ließ viele medizinische Gelehrte vermuten, dass er sich auf seinen Reisen mit einem Virus oder einem Parasiten infiziert hatte. Als mögliche Diagnosen wurden unter anderem die Chagas-Krankheit (die von in Süd- und Mittelamerika endemischen blutsaugenden Wanzen übertragen wird) sowie eine postvirale myalgische Enzephalomyelitis vorgeschlagen. Da bei Darwin keine der klassischen Heilbehandlungen wirkte, versuchte er es sogar mit Wassertherapien in Dr. James Gullys Water Cure Establishment in Malvern.

Darwin verlor seine Mutter, als er acht Jahre alt war, und blieb die meiste Zeit seines Lebens ein Eigenbrötler. Sein Vater Erasmus wünschte, dass der Sohn Medizin studieren sollte. Darwin zog es zwar überhaupt nicht zur Medizin, aber er wollte seinen Vater auch nicht enttäuschen. Die Chirurgie empfand der Student an der Universität von Edinburgh jedoch als zu brutal, und so wurde er Naturforscher. Der frühe Verlust der Mutter und die hohen Ansprüche seines Vaters mögen Darwins Ängste verstärkt haben. Seine Versagensangst führte dazu, dass er die Veröffentlichung seiner Schriften jahrzehntelang hinausschob. An Robert Hooker, einen anderen Naturforscher, schrieb er:

> *Sie fragen nach meinem Buch, und alles, was ich sagen kann, ist, dass ich bereit bin, Selbstmord zu begehen: Ich dachte eigentlich, es sei ordentlich geschrieben, aber nun finde ich, dass so viel umgeschrieben werden muss ... Ich beginne zu glauben, dass jeder, der ein Buch veröffentlicht, ein Narr sein muss.*[87]

Als ich an der Überarbeitung dieses Buches saß, ging mir – im Gegensatz zu Darwin – durch den Sinn: »Eigentlich dachte ich, dass es ordentlich geschrieben ist, aber nun finde ich, dass so viel umgeschrieben werden muss. Großartig, jetzt wird das Buch noch besser, weil ich die Gelegenheit habe, noch das ein oder andere zu ändern.«

Ablehnung und Überarbeiten sind des Schriftstellers täglich Brot. Stephen King, der erfolgreiche prominente König des Horrorromans, schildert in seinen Memoiren, wie seine Geschichten wieder und wieder abgelehnt wurden, öfter, als er zählen konnte: »Als ich vierzehn war, trug der Nagel in meiner Wand das Gewicht der gepfählten Absagen nicht länger. Ich ersetzte ihn durch einen Haken und schrieb weiter.«[88]

King ließ sich durch die Ablehnungen nicht entmutigen. Und Darwin beendete schließlich sein Buch, das einen wichtigen Beitrag für die Menschheit darstellt. Aber während er es verfasste, litt er an so großen Ängsten, dass er sogar überlegte, sich das Leben zu nehmen. King wiederum meint, die Freude am Arbeiten, seine stabilen Lebensverhältnisse und seine Fähigkeit zum Umgang mit Stress hätten zu seinem Erfolg und seiner Gesundheit bedeutend beigetragen:

Die Kombination von gesunder Physis und einer stabilen Beziehung zu einer selbstsicheren Frau, die sich weder von mir noch von anderen etwas vormachen lässt, hat mein regelmäßiges Arbeiten überhaupt erst möglich gemacht. Auch der Umkehrschluss trifft zu: Das Schreiben und mein Vergnügen daran haben zur geringen Anfälligkeit von Körper und Ehe beigetragen.[89]

Psychologen sind heute überzeugt, dass Darwin unter Panikattacken und Angststörungen litt. Das würde sowohl sein zurückgezogenes Leben erklären als auch seine Angst, vor Publikum zu sprechen und Kontakte mit Kollegen zu pflegen.[90] Eine solche soziale Angst ist im Grunde genommen ein Versuch, Situationen zu vermeiden, in denen man abgelehnt oder ausgeschlossen werden könnte. In Darwins Fall könnte der frühe Verlust der Mutter eine ihrer Ursachen gewesen sein. Doch angesichts der Tatsache, dass Darwin auch ein schwaches Immunsystem hatte und anfällig für Krankheiten war, lohnt es sich, die Mechanismen von chronischen Angststörungen und Stress und ihre Auswirkungen auf unsere Gesundheit genauer anzusehen.

Der Begriff »Stress« kommt vom lateinischen *stringere*, was so viel bedeutet wie »anspannen« oder »straff anziehen« – wir sind also buchstäblich angespannt. Deshalb spricht Taleb in seinem Essay auch vom »Stretch« – der Dehnung oder Dehnbarkeit –, der Vorstellungskraft, die uns sowohl befreien wie versklaven kann.

Walter Bradford Cannon, Professor für Physiologie an der medizinischen Fakultät der Universität Harvard, hat sich eingehend mit der Stressantwort unseres Körpers beschäftigt, gerade auch bei chronischem Stress. Cannon war fasziniert von den Arbeiten des Franzosen Claude Bernard über die Homöostase, also den Prozess, durch den das sogenannte innere Milieu des Körpers konstant aufrechterhalten wird. Dazu gehört beispielsweise, die Körpertemperatur, den Blutdruck und den pH-Wert ungeachtet der äußeren Umgebung auf konstanten Niveaus zu regeln.

Cannon schrieb sein Hauptwerk *Wisdom of the Body* bereits 1932. Darin beschreibt er die Kampf-oder-Flucht-Reaktion als die erste Antwort eines Tieres auf Stress.[91] Er erläutert, wie der Körper bei drohender Gefahr »Katecholamine« genannte chemische Stoffe ausschüttet. Dieses Frühwarnsystem wird unbewusst vom autonomen (vegetativen) Nervensystem gesteuert.

Es ist eine adaptive Antwort von Organismen, die deren Überleben sichern soll und die die biologische Fitness von Populationen verbesserte. Seit Anbeginn der Zeit waren Lebewesen existenziellen Bedrohungen ausgesetzt, die eine Kampf- oder-Flucht-Reaktion überlebensnotwendig machten. Sowohl kämpfen als auch flüchten beinhalten das Risiko einer Verletzung und Infektion – deshalb bestand die Antwort des Körpers darin, Stoffe freizusetzen, die die Wundheilung unterstützen, Schmerzen lindern und Krankheit bekämpfen.

Die damit verbundene unbewusste und adaptive Beeinflussung von Genen und Hormonen war ein bedeutender Teil der Evolution. Schmerz und Stress waren wichtige heftige Reaktionen, weil wir Gefahren spüren mussten: Unsere Gliedmaßen mussten wissen, dass sie verletzt waren, um weiteren Schaden zu verhindern. Aber Schmerz und Stress entstanden als akute, kurzfristige Reaktionen. Auf meinen vielen Reisen lerne ich zahllose interessante Sprichwörter, und eines meiner liebsten lautet: Die Mutter des Übermaßes heißt nicht Joy (Freude). Das erscheint mir als eine universelle Binsenweisheit.

»Jedes Zuviel kann dich zerstören …«, schreibt Cassandra Clare in ihrem Fantasy-Roman *City of Lost Souls*, »zu viel Dunkelheit kann töten, aber zu viel Licht kann einen erblinden lassen.«[92] Eine Fantasy-Geschichte, eine Art nützliche Fiktion, ein historischer Roman ist auch, dass Stress per se eine Krankheit ist. Erst wenn Stress- oder Schmerzreaktionen zu lang andauern, wird es problematisch. Wenn sie sich zu langfristigen Antworten entwickeln, dann verursachen sie schwere körperliche und seelische Schäden. Wenn Stress chronisch wird, ruiniert er einem das Leben, wie chronischer Schmerz ist er hochgradig belastend, und beides kann durch die daran beteiligten Hormone dazu führen, dass das Immunsystem seinen Dienst versagt. Stress und Schmerz sind feinabgestimmte Alarmglocken, aber wenn sie nicht mehr aufzuhören zu schrillen, werden sie zu ohrenbetäubendem Lärm, der einen Teufelskreis in Gang setzt. Deshalb sind im Wesentlichen unsere Versuche, den Lärm dieser Alarmglocken mithilfe von körpereigenen Hormonen, Genexpression oder Medikamenten zu dämpfen, sehr häufig so erfolglos: Je stärker man alarmiert ist, desto mehr chemische Stoffe braucht es zur Dämpfung, und diese verursachen wiederum neue Alarmsignale.

Die drei wichtigsten chemischen Stoffe, die als Stresshormone zusammengefasst werden, sind Adrenalin (Epinephrin), Noradrenalin (Norepinephrin) und Cortisol.

Adrenalin ist das Kampf-oder-Flucht-Hormon, deshalb sind seine Aktionen nicht nur prompt, sondern auch für das Kämpfen oder Weglaufen geeignet. Es bewirkt zum Beispiel, dass sich unsere Muskeln anspannen, aber auch jenen Energiestoß, den wir zum Wegrennen brauchen. Da es sofort wirkt, wird es auch als Medikament bei schweren allergischen Reaktionen eingesetzt. Adrenalin wird in unsere Blutbahn ausgeschüttet, wenn wir dem Zusammenstoß mit einem anderen Auto ausweichen und dabei unser Herz rast. Wie sein Name schon sagt, ist Adrenalin ein Produkt der Nebennieren (Glandula adrenalis). Seine Wirkung ist kurz und unmittelbar.

Noradrenalin ist das Erregungs- oder Arousal-Hormon. Es ist eng mit dem Adrenalin verwandt und wirkt ebenso schnell. Noradrenalin macht uns hyperwachsam und schärft unsere Sinne. Es wird zum Beispiel ausgeschüttet, wenn wir einen Einbrecher im Haus vermuten, und macht uns zur Flucht bereit. Da sich sein Wirkungsspektrum mit dem des Adrenalins überschneidet, könnte man das Noradrenalin als überflüssig ansehen – wären da nicht einige Unterschiede. Zum einen wird Noradrenalin nicht nur von den Nebennieren ausgeschüttet, sondern auch vom Gehirn. Zum anderen wird es nicht so schnell abgebaut wie

Adrenalin und kann tagelang wirken. Außerdem kann es die Funktion des Adrenalins übernehmen, wenn Sie beispielsweise ein Problem mit den Nebennieren haben.

Das eigentliche Stress- oder Überlebenshormon aber ist das Cortisol. Die meisten Menschen denken bei »Steroid« an Cortisol. Es hilft uns, Verletzungen oder Blutverlust zu überleben, da es dazu beiträgt, dass der Blutdruck und der Flüssigkeitshaushalt aufrechterhalten werden. Wenn die Stressreaktion anhält oder ein Mensch mit Steroid-Präparaten behandelt wird, kommt es zu Wassereinlagerungen, hohem Blutdruck, Fettleibigkeit und einer Unterdrückung von Immun-Antworten.

Cortisol wird in mehreren Schritten produziert, was einige Minuten dauert. Es wirkt also nicht sofort wie das Adrenalin. Zunächst agiert die Amygdala, der »Mandelkern« im Gehirn, als Gefahren-Erkennerin. Sie sendet einen Alarm an den Hypothalamus im Gehirn, der CRH (Corticotropin-releasing hormone) ausschüttet. Das CRH bewirkt, dass die Hypophyse (Hirnanhangdrüse) ACTH (Adrenocorticotropin oder Adrenocorticotropes Hormon) abgibt. Dieses wiederum stimuliert die Nebennierenrinde zur Freisetzung von Cortisol. Auch das bereits erwähnte Vasopressin ist mit dem CRH verbunden. Bei akutem Stress wird Vasopressin zusammen mit CRH schnell vom Hypothalamus abgegeben. Vasopressin ist ein antidiuretisches Hormon, das uns hilft, bei Blutungen nicht zu viel Flüssigkeit zu verlieren.

Cortisol senkt den Serotonin- (5-HT-) und den Dopaminspiegel, was für psychische Erkrankungen mitverantwortlich ist. Da die Feedback-Schleifen der Hypothalamus-Hypophysen-Nebennierenrinden-Achse (HPA-Achse) bei der Cortisolproduktion sehr komplex sind, kann es vorkommen, dass die Bildung von ACTH bei starkem Stress unterdrückt wird, was den Cortisolspiegel senkt. Wissenschaftler an der Universität von

Umeå in Schweden haben Menschen mit einer bipolaren Störung beziehungsweise Depression nach stressbelasteten Situationen untersucht. Sie kamen zu dem Schluss, dass selbst schwere, lebenslange Erkrankungen wie eine bipolare Störung durch Stress verursacht sein können.[93] Sie fanden heraus, dass anfänglich, wenn die Stresshormonspiegel hoch sind, die Betroffenen manisch sind und dass sie depressiv werden, wenn die Steroidspiegel aufgrund der hormonellen Feedback-Schleifen wieder sinken. Dieser Zyklus wiederholt sich wieder und wieder wie eine Art evolutionäres Pingpong in Endlosschleife. Allerdings spielen auch viele andere Stoffe bei der Stressreaktion eine Rolle, zum Beispiel GABA (Gamma-Aminobuttersäure). Diese Aminosäure gehört zu den beruhigenden Neurotransmittern. Aber ich möchte mich an dieser Stelle auf die Hauptakteure beschränken.

Warum ist unser modernes Leben überhaupt so stressig geworden? Da ist zum einen das Auseinanderbrechen der familiären Strukturen zu nennen und damit einhergehend weniger mütterliche Fürsorge oder längere Zeiten, in denen die Mutter abwesend ist. Die zunehmende Ungleichheit und Armut führt dazu, dass Menschen, die auf der sozioökonomischen Leiter weiter unten stehen, in höherem Maße schlechter Ernährung mit vielen chemisch behandelten Lebensmitteln sowie Mobbing und abwertendem Verhalten ausgesetzt sind. Drogenmissbrauch ist mittlerweile weit verbreitet. Der technische Fortschritt und der Neoliberalismus haben zu einer gestiegenen Arbeitslosigkeit, einer überwiegend sitzenden Lebensweise sowie zu einem Gefühl des Kontrollverlusts und der ständigen Überwachung geführt. Darüber hinaus ist Fettleibigkeit zu einer wahren Epidemie geworden – die menschliche Evolution hat sich mittlerweile fast schon zum Überleben der Fettesten und nicht der Fittesten entwickelt. Ein Riesenproblem stellt die zu kalorienreiche und zu zuckerreiche Ernährung dar: Wenn unsere Kost zu zuckerlastig ist, wird unser Gehirn ausgetrickst und denkt, dass wir nicht genug gegessen hätten. Die Zellen, die das »Sättigungshormon« Leptin ausstoßen, werden eingelullt. Leptin wiederum steht mit Dopamin in Verbindung, das sowohl durch Stress als auch durch Bewegungsmangel beeinflusst wird, wie wir im vorigen Kapitel gesehen haben. Erinnern Sie sich noch an die Stresshormone Adrenalin und Noradrenalin? Dopamin ist der Vorläuferstoff dieser beiden Hormone und hat zudem an den Nebennieren Rezeptoren. Dopamin steht im Zusammenhang mit lustauslösenden Aktivitäten, wohingegen ein verminderter Leptinspiegel zu Depression und Angst führen kann.

In jüngster Zeit beschäftigt sich die Forschung verstärkt mit dem Zusammenhang zwischen unserer Cafeteria-Diät (Softdrinks und industriell verarbeitete Lebensmittel), Übergewicht und Stresslevel. Man fütterte weibliche Ratten mit Cafeteria-Kost wie Cola, Keksen und Kartoffelchips – und selbstverständlich wurden sie dadurch übergewichtig.[94] Die Forscher kamen letztlich zu folgendem Schluss: »Übergewichtige und gestresste Weibchen zeigten einen höheren Angst-Index und Anzeichen depressiven Verhaltens.«

Es gibt also eine Unmenge von Ursachen dafür, dass der moderne Menschen so viel oder gar mehr Stress als je zuvor hat, und die Auswirkungen dieses chronischen Stresses sind niemals positiv. Umso wichtiger, dass wir uns an das Sprichwort halten: Kopf hoch und die Sorgen nicht mit ins Bett nehmen.

Das gestresste Herz
In *Anne Grey*, einem Roman der Schriftstellerin Harriet Grove von 1834, stirbt eine Frau an gebrochenem Herzen, nachdem sie ihr Kind verloren hat: »Mrs Daventry starb an gebrochenem

Herzen. Dies war tatsächlich die Ursache ihres Todes, auch wenn Mr Daventry sich selbst und seinen Freunden versicherte, dass dies völlig unmöglich war.«[95]

Kann ein Mensch tatsächlich an einem stressbedingten Herzanfall sterben, selbst wenn seine Cholesterinwerte und seine Gefäße völlig normal sind? 1990 untersuchten Professor Hikaru Sato und sein Kardiologenteam Patienten nach einem Herzanfall[96] – und sie stellten fest, dass die Patienten zwar keine Koronarerkrankung aufwiesen, aber offensichtlich eine extreme, überwältigende Stressbelastung erlitten hatten. Als Sato ihre Herzen untersuchte, zeigte sich, dass die Spitzen der linken Herzkammern ballonförmig erweitert waren und die gesamte Herzkammer damit wie eine japanische Tintenfischfalle aussah, wie ein *tako-tsubo*. Daher nannte man das durch Stress verursachte Syndrom, das eine Beschädigung des Herzmuskels nach sich zieht, »Tako-Tsubo-Kardiomyopathie«.

In der westlichen Medizin spricht man meist vom »Gebrochenes-Herz-Syndrom« oder »Broken-Heart-Syndrom«. In mehr als 90 Prozent der verzeichneten Fälle handelt es sich um Frauen im Alter zwischen 58 und 75 Jahren mit normalen Herzarterien, die nach starkem (emotionalen oder körperlichen) Stress unter Schmerzen in der Brust und Kurzatmigkeit leiden. Die Stressauslöser sind dabei ganz verschieden und reichen vom Autounfall über den Verlust eines Haustieres bis hin zum Tod des Partners.

Dabei scheint eine regelrechte Welle von Katecholaminen, jener Stresshormone, mit denen wir uns bereits beschäftigt haben, die Muskeln so zu verspannen, dass es zu einer Herzruptur kommt. Bekannte Katecholamine sind Adrenalin und Dopamin, jene Neurotransmitter, die der Evolutionsmediziner Randolph Nesse als Teil der Stressreaktion von Tieren ausgemacht hat. Menschen, die nach einer traumatischen Erfahrung unter starkem emotionalen Stress stehen, neigen also verstärkt zu kardialen Ereignissen.

Stresshormone wirken sich sowohl akut als auch chronisch auf das Herz aus. Wie wir bereits gesehen haben, bewirkt die Stressreaktion einen erhöhen Herzschlag, Muskelanspannung und Schwitzen. So sieht die akute Phase von massivem Stress aus, die zum Broken-Heart-Syndrom führen kann. Lang andauernder oder chronischer Stress aber ist ebenso schädlich fürs Herz, weil ständig Stoffe ausgeschüttet werden, die den Blutdruck und die Herzfrequenz steigern. Dies erklärt ein Aufsatz über chronischen Stress und dessen Auswirkungen auf das Herz, der 2007 im *Journal of the American Medical Association* publiziert wurde:

> *Chronischer Stress erhöht nachgewiesenermaßen die Herzfrequenz und den Blutdruck und lässt das Herz stärker arbeiten, damit es den für die Körperfunktionen benötigten Blutfluss erzeugt. Langfristige Erhöhungen des Blutdrucks (das gilt auch für essentielle Hypertonie, d. h. hohen Blutdruck, der nicht mit Stress verbunden ist) sind schädlich und können zu Herzinfarkt, Herzversagen, Herzrhythmusstörungen und Schlaganfall führen.*[97]

Charles Dickens schreibt in *Barnaby Rudge:* »Es gibt Saiten im menschlichen Herzen, die man besser nicht zum Schwingen bringt.«[98] Er hätte genauso gut von Stressreaktions-Triggern schreiben können. Stress erschüttert das Herz-Kreislauf-System, und dieses herausragende Organ sieht sich dabei von chemischen Stoffen überwältigt. Das führt zu einer anormalen Anatomie und Physiologie, die mit einem gesunden Herzen nichts zu tun haben.

Glykation – Vorläufer von Diabetes und vorzeitiger Alterung

Ein chinesisches Sprichwort sagt, man darf nicht erwarten, dass beide Enden des Zuckerrohrs gleichermaßen süß sind. Tatsächlich ist Zucker heute eine süße Gefahr. Glukose ist zwar wichtig für unsere Zellen, doch kann dieser Stoff auch aus anderen Nahrungsmitteln gewonnen werden, weshalb Zucker kein lebenswichtiger Bestandteil unserer Ernährung ist. Früher fügten die Menschen ihrer Nahrung Zucker in Form von Honig zu, heute sorgen unsere industriell hergestellten, hoch zuckerhaltigen Lebensmittel überall für krank machende Süße. Wenn wir zu viel Zucker im Körper haben, reagieren Proteinmoleküle mit den Zuckermolekülen und bilden »Zucker-Proteine«, die man als AGEs bezeichnet, als *Advanced Glycation Endproducts*, also »fortgeschrittene Glykations-Endprodukte«. Da ich ein Labor zur Erforschung von Hautkrebs und Kosmetika leite, habe ich mich ursprünglich für die AGEs interessiert, weil sie uns schneller altern lassen.

Doch jüngere Studien zeigen, dass auch Stress die Glykation ankurbelt. Die Glykation bringt verschiedene Verbindungen hervor, die durch das menschliche RAGE- (Receptors of AGE) Gen vermittelt werden, das auf Chromosom 6 sitzt. Wir wissen, dass die Glykation von einem Zuviel an Zucker im Blut über einen längeren Zeitraum hinweg verursacht wird – glykiertes Hämoglobin (HbA1c) dient zur Bestimmung und Überwachung von Diabetes. Kann nun aber emotionaler Stress die Glykation verstärken und dadurch zu einem höheren HbA1c-Spiegel führen, wie er bei Diabetes auftritt?

Eine deutsche Forschergruppe untersuchte den Blutzuckerspiegel von Medizinstudenten während des Examens und kam zu folgendem Schluss: »Längere Prüfungsphasen führten zu einem signifikant erhöhten HbA1c-Spiegel bei gesunden Medizinstudenten. Einige Monate nach den Prüfungen waren die Werte deutlich niedriger.«[99] Diese Ergebnisse sind insofern sehr wichtig, weil sie bei gesunden Personen, die nicht an Diabetes litten, auftraten, bei denen psychischer Stress die Glykation erhöhte. Dies zeigt, dass lang anhaltender Stress das Risiko steigern kann, Diabetes zu entwickeln.

Die Glykation, selbst wenn sie auf Stress zurückgeht und nicht auf unsere Ernährung, spielt auch eine Rolle dabei, wie schnell wir äußerlich altern. In unserem eitlen Zeitalter, in dem jugendliche Schönheit über allem steht, konzentriert sich die Forschung immer intensiver auf die AGEs. Glykation in der Haut vermindert deren Elastizität und verstärkt die Faltenbildung, da die AGEs sich an die Strukturproteine Kollagen und Elastin binden. Bei Menschen mit hohem Zuckerkonsum, Diabetes oder großem Stress nimmt die Hautelastizität massiv ab, was bestätigt, dass Glykations-Stress hierbei eine bedeutende Rolle spielt. Weniger Zucker, weniger Stress und mehr Muskelaktivität lassen uns also jünger aussehen. Dabei spielt auch das Krafttraining eine entscheidende Rolle, da mehr als 70 Prozent der im Körper vorhandenen Glukose von der Skelettmuskulatur verbraucht wird. Je mehr Muskelmasse wir haben, desto geringer ist auch unsere Insulinresistenz. Wenn Gewebe weniger insulinresistent ist, können seine Zellen Zucker mithilfe von Insulin besser zerlegen. Es hat also seinen Grund, wenn Pharmaunternehmen und Universitäten wie verrückt AGE-Forschung betreiben.

Stress kann also die Glykation steigern, was wiederum unser Diabetes-Risiko erhöht und uns schneller altern lässt. Aufgrund dieser Ergebnisse versucht die Forschung nun herauszufinden, wie man durch die richtige Ernährung, die die Glykation reduziert, jünger aussehen kann. Ich werde ständig über den Zusammenhang von Ernährung und Altern ausgefragt und ob es bestimmte »Skin Foods« gibt. Auf jeden Fall gehört zu einer hautfreundlichen Ernährung, dass man die tägliche Zuckerzufuhr verringert. Des Weiteren reduzieren unter anderem Vitamin C, Vitamin E, Heidelbeeren, grüner Tee, Ingwer und Paranüsse (wegen ihres hohen Selengehalts) erwiesenermaßen die Glykation und damit die AGEs.

Stress zeigt sich an der Haut

George Orwell sagte einmal: »Mit fünfzig hat jeder das Gesicht, das er verdient.«[100] Unsere Haut würde ihm beipflichten. Wenn wir uns der Fünfzig nähern, lassen wir damit auch die Jahre hinter uns, in denen uns nicht jeder am Gesicht ablesen konnte, was wir so getrieben haben. Denn in diesem Alter ist das Gesicht das Abbild unseres Lebensstils. Kurz gesagt: Je jugendlicher Ihr Hautbild wirkt, desto fitter ist Ihr Körper. Allerdings wirkt sich emotionaler Stress auf das Gesamtbild aus.

Ist es nun das Alter, das uns alles Mögliche als stressig empfinden lässt, oder ist es der Stress, der uns altern lässt? Der deutsche Schauspieler Joachim Fuchsberger schrieb ein Buch mit dem Titel *Altwerden ist nichts für Feiglinge*.[101] Wie recht er doch hat! Aber wann fängt es denn nun konkret an, bergab zu gehen?

Im Allgemeinen scheinen größere Tierarten einen langsameren Stoffwechsel und eine längere Lebenserwartung zu haben. Max Kleiber, ein Schweizer Biologe und Ernährungswissenschaftler, erforschte bereits in den 1930er-Jahren den Grundumsatz verschiedener Tierarten. Kleibers Gesetz, auch »Maus-Elefanten-Kurve« genannt, besagt, dass der Grundumsatz (I) eines Tieres proportional zu drei Viertel der Energie seiner Körpermasse (m) ist: $I = Ix \, m^{0,75}$.

Aber ist nun der Grundumsatz oder die Masse entscheidend? Schildkröten sind wesentlich kleiner als Elefanten, haben aber einen sehr langsamen Stoffwechsel, manche werden 150 Jahre alt. Daher gehen einige Wissenschaftler, wie Professor Thomas Kiørboe von der Ozeanografischen Fakultät am Institut für Aquatische Ressourcen der Technischen Universität von Dänemark, davon aus, dass Kleibers Gesetz wohl zu vereinfachend ist und daher nicht auf alle Arten gleichermaßen angewandt werden kann.[102]

Besser verstehen lässt sich Altern mithilfe des Konzepts, dass jede Art einen maximalen Energieumsatz hat. Bei allen Stoffwechselprozessen im Körper entstehen freie Radikale, und diese Sauerstoff enthaltenden Moleküle oder »reaktive Sauerstoffspezies« (engl. *reactive oxygene species*, ROS) scheinen die treibende Kraft hinter den Alterungsprozessen zu sein. Der Erste, der erkannte, dass selbst Sauerstoff schädlich sein kann, war der französische Adlige und Chemiker Antoine Lavoisier, der sowohl den Sauerstoff als auch den Wasserstoff entdeckte. Lavoisier fand heraus, dass Meerschweinchen, denen man reinen Sauerstoff zuführte, starben, und vermerkte, dass Sauerstoff unter gewissen Bedingungen giftig sein könne.[103]

Je mehr wir unter emotionalem oder körperlichem Stress stehen, desto schneller läuft unser Stoffwechsel, beschleunigt durch die Ausschüttung von Katecholaminen. Dementsprechend werden auch mehr dieser Sauerstoffradikale erzeugt. Stress macht uns also nicht nur krank, wie das Beispiel Darwin zeigt, er lässt uns auch noch älter aussehen. Ich werde häufig über die Zusammenhänge zwischen der Haut und Stress befragt. In meinem Buch *Dermocracy: By Brown Skin, For Brown Skin* erkläre ich detailliert die negativen Auswirkungen der Stressreaktion auf unsere Haut. Der bekannte Dermatologe Dr. Howard Murad hat ein Buch geschrieben mit dem Titel *Conquering Cultural Stress: The Ultimate Guide to Anti-Aging and Happiness* (Wie Sie kulturellen Stress besiegen: Der ultimative Ratgeber für Anti-Aging und Glück). Darin schreibt er über die Zusammenhänge zwischen Stress und Hautbild: »Halten Sie sich nicht mit Kleinigkeiten auf. Wann immer Sie gegen eine Wand rennen, will das Leben Ihnen damit sagen, dass Sie umkehren sollen. Und genau das sollten Sie dann auch tun!«[104] Wenn Sie jünger aussehen wollen, müssen Sie lernen, den Stress in Ihrem Leben zu beherrschen.

Im Rahmen meiner Forschungsarbeiten zu Hautpflege und Kosmetik setze ich auch die Fluoreszenzspektroskopie zur Analyse des Hautbildes ein. Ich kann damit vorhandene und sich bildende Falten sichtbar machen. Bei der Faltenanalyse beobachtete ich unter anderem, was die Wissenschaft gezeigt hat: Je mehr Falten Patienten an den Wangen, in der Nähe der Ohren haben, desto wahrscheinlicher haben sie eine Herzerkrankung. An sich hätte mir das klar sein müssen angesichts dessen, was ich über die Glykation und ihre Auswirkungen auf das Altern, Diabetes und Herzerkrankungen weiß, aber ich hatte mir darüber noch nicht so viele Gedanken gemacht.

Die Lebensspanne von Keratinozyten, der hornbildenden Zellen, die den größten Teil der Hautzellen der Epidermis oder Oberhaut ausmachen, liegt etwa bei einer Woche. Das heißt, dass die Schichten der Epidermis ein Abbild sowohl der verschiedenen Lebensstadien von Keratinozyten als auch unserer inneren (Ernährung) und äußeren (Verschmutzung) Umwelt sind. Lassen Sie sich Folgendes kurz durch den Kopf gehen: Wenn ein Keratinozyt sein Leben in der tiefliegenden, inneren Basalschicht der Epidermis beginnt und sich langsam nach außen bewegt, dann ist die äußerste Schicht, die Hornschicht, ein Spiegel dessen, was in dieser einen Woche in unserem Körper vorging.

Anne Tybjærg-Hansen, klinische Professorin an der Universität von Kopenhagen und Chefärztin an der Abteilung für klinische Biochemie der Universitätsklinik Kopenhagen, hat sich mit diesem Phänomen wissenschaftlich beschäftigt. Sie meint dazu: »Unsere Resultate zeigen, dass Falten in den Ohrläppchen, Cholesterinablagerungen an den Augenlidern, kahle Stellen im Haarwuchs und ein zurückweichender Haaransatz das tatsächliche biologische und nicht nur das chronologische Alter des Körpers widerspiegeln.«[105] Die Untersuchung war Teil der umfassenden Copenhagen General Population Study, die 1976 begann und über 35 Jahre lief. Diese Studie war in zweierlei Hinsicht besonders interessant. Auf der einen Seite beschäftigte sie sich mit den äußeren Zeichen des chronologischen Alters und deren Aussagekraft im Hinblick auf das biologische Alter. Wie gesagt, Cholesterinablagerungen an den Augenlidern, Falten in den Ohrläppchen, kahle Stellen am Kopf und ein zurückweichender Haaransatz können ein Hinweis darauf sein, dass das biologische Alter eines Menschen höher liegt als sein chronologisches. Auf der anderen Seite sagen Falten an sich noch nichts über das biologische Alter aus, sofern sie sich nicht an bestimmten Stellen befinden. In bestimmten Gesichtspartien aber sind sie tatsächlich ein Hinweis auf eine sich entwickelnde Herzerkrankung.

In einem anderen meiner Bücher – *Skin. A Biography* – erläutere ich detailliert, dass Natur und Evolution ein Händchen für erfolgreiches Satisficing (Satisfizierung oder Anspruchserfüllung) haben. Der englische Begriff *Satisficing* wurde zum ersten Mal 1956 von dem Sozialwissenschaftler Herbert A. Simon gebraucht. Es handelt sich um ein Kofferwort aus den Begriffen *satisfy* (befriedigen) und *suffice* (genügen). Ein anderes Kofferwort ist *Redox*, ein Kunstwort aus Reduktion und Oxidation, das für Redoxreaktion (Reduktions-Oxidations-Reaktion) steht. Wenn Zellen unter Stress geraten, zum Beispiel durch UV-Strahlen, die Sonnenbrand verursachen, werden freie Radikale gebildet. Solche werden auch bei Redoxreaktionen frei, wenn Mikroorganismen den Körper angreifen. Die Radikale sind Teil eines Verteidigungsmechanismus, der den Gleichgewichtszustand der Zellen aufrechterhalten soll, dieser Prozess wird als Homöostase bezeichnet. Dazu werden die Mikroorganismen durch eine Reaktion abgetötet, in der ein Molekül ein Elektron abgibt und es fast sofort wieder aufnimmt. Freie Radikale sind ein Teil von Redox-Molekülen und können dem Körper schaden, wenn sie sich nicht wieder mit dem Redox-Molekül oder einem Antioxidans verbinden. Freie Radikale können auch Mutationen von Zellen bewirken, auf die sie treffen, und sind deshalb an Krebserkrankungen beteiligt.

Die Wirkung von freien Radikalen und Antioxidantien lässt sich anschaulich anhand der Stressreaktion erklären. Wie wir bereits gesehen haben, schütten Menschen und Tiere unter Stress Substanzen wie Adrenalin, Noradrenalin und Cortisol aus. Wenn die einzelne Zelle aber unter Stress gerät, dann produziert sie ROS, reaktive Sauerstoffspezies bzw. sogenannte freie Radikale. Das ist die Stressreaktion auf Zellebene – eine Reaktion, die schon bei primitiven Lebewesen und mikroskopisch kleinen Mikroben vorhanden war. Zum Beispiel stoppt oxidativer Stress üblicherweise die Zellteilung und verhindert damit, dass beschädigte Gene weitergegeben werden. Ohne freie Radikale würden wir an Infektionen sterben. Unter Stress – egal, ob oxidativer Stress oder Angst – aber bilden sie sich bisweilen im Übermaß und können wiederum Alterungsprozesse oder Krankheiten verursachen.

Aus biologischer Sicht ist Altern ja nichts anderes als die Anhäufung von Schäden – fortschreitende Schäden an einzelnen Zellen, örtlichen Geweben und Organen, die schließlich zu Organversagen und zum Tod führen. Als unser größtes Organ, unsere Hülle und unser Schutzwall gegen anstürmende Umwelteinflüsse, ist die Haut besonders anfällig für innere und äußere Schäden. So können Giftstoffe, die wir zu uns nehmen, oder emotionaler Stress Zellschäden verursachen, die sich in der Haut widerspiegeln, während Wetter oder Sonnenbrand feine Falten, Elastizitätsverlust und eine verringerte Dicke der Epidermis (Oberhaut) und der darunter liegenden Dermis (Lederhaut) bewirken. In der heutigen Welt ist die Haut das Lackmuspapier der Stressreaktion.

Stimmung und Sorgen

Wir müssen einem Menschen nur ins Gesicht schauen, um zu sehen, dass er sich fürchtet oder deprimiert ist. Und auch unsere eigene Gefühlslage offenbart sich durch einen Blick in den Spiegel. Allerdings bestehen feine Unterschiede zwischen Stress, Angst und Furcht. Wenn Sie über die Straße gehen und beinahe überfahren werden, ist Ihre erste Reaktion die blanke Furcht. Der beschleunigte Herzschlag, das Schwitzen und die Muskelanspannung gehören zu Ihrer Stressreaktion (die, wie wir gesehen haben, ganz normal ist, solange sie auf eine kurze Zeit beschränkt bleibt). Wenn Sie jedoch ein paar Tage später wieder an dieser Stelle vorüberkommen und, obwohl weit und breit kein Auto in Sicht ist, diese Situation im Geiste noch einmal durchleben und entsprechende Stresssymptome entwickeln, dann haben Sie Angst. Angst ist nichts anderes als die Vorstellung von Furcht.

Hier müssen wir uns nun mit der Rolle des Serotonins oder 5-HT beschäftigen. Serotonin ist ein Botenstoff, der als Teil der Furchtreaktion im Gehirn aus der Aminosäure Tryptophan gebildet wird. Diese Eigenschaft stammt aus unserer Säbelzahntigerzeit. Furcht ist gewöhnlich ein bedingter Reflex. Anfangs ist da ein noch völlig neutraler Reiz, zum Beispiel das Rascheln von Blättern. Wenn dieser sich jedoch mit einem schrecklichen Ereignis verbindet, zum Beispiel dem Anblick, wie ein Tiger einen Kameraden wegschleift, dann kann der ursprünglich neutrale

Reiz selbst Furcht auslösen. Erlebt ein Tier im Versuch immer wieder, dass auf einen Furchtreiz nichts Schlimmes folgt – der sprichwörtliche blinde Alarm –, dann legt sich die Furchtreaktion wieder. So haben sich die frühen Menschen vermutlich noch lange vor dem Säbelzahntiger gefürchtet, obwohl dieser längst ausgestorben war.

Beim Erlernen und Verlernen von Furcht spielt das Serotonin eine bedeutsame Rolle. Die damit zusammenhängenden Vorgänge aktivieren die unterschiedlichsten Teile des Gehirns – die Amygdala (Mandelkern), den Hippocampus und den Nucleus striae terminalis. Letzterer ist bei unvorhersehbarem Stress und Angst beteiligt.

Die Forschung hat gezeigt, dass der Serotoninspiegel in der Amygdala erhöht ist, wenn Furcht entweder durch einen Reiz oder einen Kontext konditioniert wird, wobei ein Unterschied zwischen der unmittelbaren, konkreten Furchtreaktion und länger andauernder Furcht besteht. Wenn ein Mensch die beiden nicht unter einen Hut bringen kann, entsteht Angst. Wissenschaftler haben nun die Gene identifiziert, die den Serotoninspiegel regulieren und diese Furchtkonditionierung beeinflussen. Bei Menschen ist das kurze s-Allel, eine von zwei Gen-Ausprägungen in der Serotonin-Promoter-Region, mit anormaler Ängstlichkeit verknüpft. Menschen mit zwei Kopien dieser kurzen Allele zeigen nicht nur erhöhte Furchtreaktionen, sondern auch stärkere Schreckreaktionen, wenn sie von einem plötzlichen Geräusch oder durch einen anderen Reiz überrascht werden.

Im Gehirn sind drei Neurotransmitter von Bedeutung: Dopamin, Serotonin und Noradrenalin. Dopamin ist vor allem für Bewegung und Lust verantwortlich, Serotonin und Noradrenalin stehen in Zusammenhang mit mentalen Zuständen wie Furcht oder Stimmung.[106]

Der Locus caeruleus (LC) ist die Hauptquelle des Stress-Neurotransmitters Noradrenalin im Gehirn. Er ist ein entwicklungsgeschichtlich alter Hirnteil, was nicht weiter überrascht, denn die Stressreaktion ist uralt. Die Neuronen des LC enthalten Melanin (mehr darüber in Kapitel 5) und haben deshalb eine dunkle Farbe. Der LC sorgt dafür, dass sich unsere Pupillen erweitern. Er schärft unsere Aufmerksamkeit und steigert unsere Fähigkeit, unsere Umgebung richtig einzuschätzen. Wenn der LC aufgrund einer Erkrankung oder Zerstörung nicht arbeitet, zeigt man unter Stress keine Reaktionen wie Herzklopfen oder Ähnliches. Wie bereits erklärt, sind Schmerz und Stress evolutionär entstandene Alarmsignale, die erst dann zum Problem werden, wenn sie nicht mehr aufhören. Auch der LC feuert in chronischen Schmerzsituationen, bei denen entzündliche Schmerzen vorherrschen, verstärkt.[107]

Versuchen wir an dieser Stelle, die Hirnanatomie und die Stressreaktion aus anatomischer Perspektive vereinfacht darzustellen. Weiter oben habe ich schon die damit verbundenen neurochemischen Stoffe, nicht aber die verantwortlichen Hirnareale vorgestellt. Anatomisch läuft die Stressreaktion wie folgt ab: Man hört ein Blätterraschen im Gebüsch und fühlt sich bedroht. Das triggert die Amygdala, unser Frühwarnsystem. Erscheint einem die Bedrohung real, dann sendet die Amygdala ein entsprechendes Signal an den LC. Dieser gibt nun Stoffe ab, die einem helfen, sich für die Flucht oder den Kampf bereitzumachen. Der Weg lässt sich in der Abbildung auf der nächsten Seite nachvollziehen:

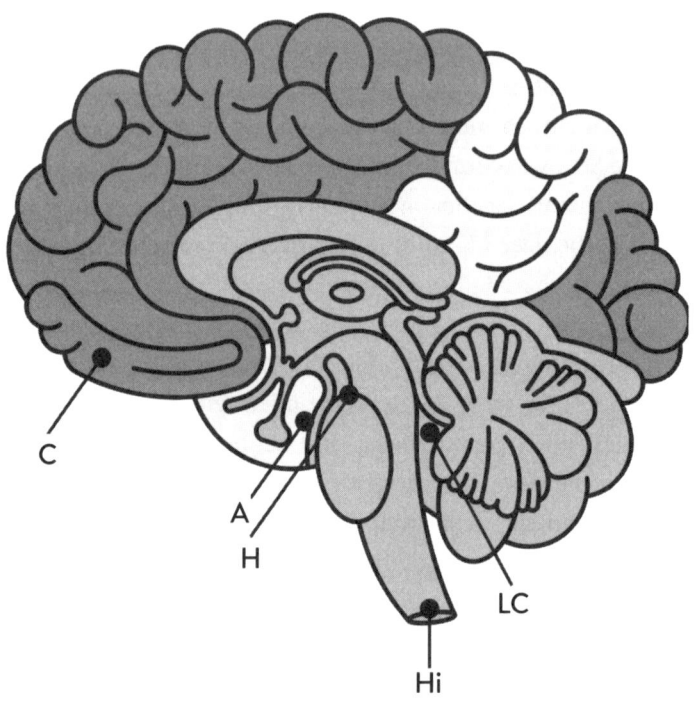

LC: Locus caeruleus (produziert das Stresshormon Noradrenalin)

H: Hippocampus (die Gehirnregion, die für das Lernen und für unsere Emotionen verantwortlich ist)

A: Amygdala, unser Frühwarnsystem (reagiert auf das Blätterrascheln im Gebüsch)

C: Cortex, die Großhirnrinde, die aus grauer Materie besteht: Achtsamkeitsübungen und Meditation lassen sie anwachsen.

Hi: Hirnstamm, der Atmung, Blutdruck und Herzfrequenz steuert und die Botschaften des Gehirns an den Körper weiterleitet.

»Aha«, denken wir, »wir haben also ein todschickes Alarmsystem im Gehirn, das uns schützen soll. Aber was nützt uns das, wenn wir diese Überwachungsstrukturen nicht von Zeit zu Zeit mithilfe von Emotionen testen, um sie betriebsfähig zu halten?« Der französische Arzt Jean François Fernel schrieb einmal: »Die Anatomie verhält sich zur Physiologie wie die Geografie zur Geschichte: Sie beschreibt die Bühne, auf der sich das Geschehen abspielt.«[108]

Ist Angst nur eine Manifestation unseres Angsthasen-Gens? Und wie können wir mit Angst oder Depression umgehen, wenn sie auftritt? Für manche ist eine Therapie ratsam, die meisten müssen aber wohl einfach akzeptieren, dass Stimmungsschwankungen und Furcht normal und einfach nur alte Reaktionen sind.

Der französische Philosoph René Descartes formulierte im 17. Jahrhundert seinen philosophischen Grundsatz »Ich denke, also bin ich«.[109] Was den Stress angeht, ließe sich daraus ableiten: »Wir haben Stress, also kommen wir damit zurecht.« Wenn ein Gesamtereignis wie die Stressreaktion existiert und sich dieses auf Zell- und biochemischer Ebene manifestiert, dann muss es dafür automatisch Bewältigungsmechanismen geben. Und tatsächlich bestätigen mittlerweile Studien, dass es einen Gehirnschaltkreis aus serotonergen Neuronen gibt, der den Cortex und die Amygdala über Serotonin- und Glutamatrezeptoren verknüpft.

Nahrungsmittel wie Kaffee oder Tee haben neben süß, sauer, salzig und bitter einen fünften, *umami* genannten Geschmack, der mit Rezeptoren der Aminosäure Glutamat verbunden ist. Da selbst Muttermilch den Umami-Geschmack enthält und angesichts dessen, wie sehr die Stressantwort mit der mütterlichen Fürsorge in der frühen Kindheit in Zusammenhang steht, ergibt sich, dass diese Umami-Geschmackssensoren mit unseren

Stressreaktion-Genen verbunden sind. Die Forschung zeigt, dass das Zusammenspiel von Glutamat, das für den Umami-Geschmack verantwortlich ist, und Serotonin unser Angstverhalten moduliert.[110]

Die Verbindung zwischen Geschmacksrezeptoren und Angstreaktion ist interessant – und vielleicht dafür verantwortlich, dass Tiere Angst riechen oder schmecken können. Mittlerweile wissen wir, dass die Höhe der Schwelle, ab der man merkt, ob ein Lebensmittel süß oder bitter schmeckt, von einer jeweils bestimmten Höhe des Serotoninspiegels abhängt. Für die Geschmacksrichtungen salzig, sauer und *umami* gilt das aber nicht. Beim Umami-Symposion am European Sensory Network Seminar im portugiesischen Porto verwies Dr. Lucy Donaldson, Dozentin für Physiologie an der Universität Bristol, 2007 in ihrem Vortrag auf den Zusammenhang zwischen dem Umami-Geschmack und der Angst: »Wenn wir die allgemeinen Angstniveaus mit der Umami-Schwelle vergleichen, zeigt sich, dass hier ein umgekehrtes Verhältnis besteht … anders als bei den anderen Geschmacksrichtungen.«[111] Anders ausgedrückt: Je besser ein Mensch Umami-Aromen schmecken kann – in Kaffee, Tee, Sojasauce, Shiitake-Pilzen, Parmesan und so weiter –, desto ängstlicher ist seine Persönlichkeit.

Der Zusammenhang zwischen Serotonin und seinem Einfluss auf unsere Stress-/Angst-Reaktionen ist gut dokumentiert. Problematisch wird es jedoch, wenn dies eins zu eins auf Depression übertragen wird, wie es Pharma-Unternehmen mit großer Begeisterung getan haben. Das Problem dabei ist im Wesentlichen, dass ein biochemischer Mechanismus zur Bewältigung von Stress industriell in Form von Medikamenten genutzt wird, den Selektiven Serotonin-Wiederaufnahme-Hemmern, kurz SSRIs. Medikamente, die vermeintlich den erniedrigten Serotoninspiegel in der Gewebsflüssigkeit des Gehirns wiederherstellen, nehmen mittlerweile überhand. Per Definition sollte ein SSRI den Serotoninspiegel anheben, indem er die Wiederaufnahme des Serotonins in die Zellen blockiert. Allerdings weiß niemand, ob SSRIs eigentlich den Serotoninspiegel erhöhen oder senken oder ob Schwankungen im Serotoninspiegel schlicht zyklisch auftreten. Im April 2015 brachte das *TIME Magazine* einen Artikel mit der Überschrift: »Ist der Zusammenhang zwischen Depression und Serotonin nur ein Mythos?« Darin wird Dr. David Healy zitiert, der Autor von *Let Them Eat Prozac* (Lasst sie Prozac essen):

Pharmaunternehmen vermarkteten SSRIs als Medikamente gegen Depression, obwohl ihre Wirkung schwächer war als die älterer trizyklischer Antidepressiva, und sie verkauften dabei die Idee, dass die Depression die eigentliche Erkrankung hinter den vordergründigen Erscheinungsformen der Angst sei ... Dieser Ansatz erwies sich als unglaublicher Erfolg und er basierte auf der zentralen Annahme, dass SSRIs den Serotoninspiegel normalisieren würden. Diese Annahme entwickelte sich später zu der Vorstellung, dass sie ein chemisches Ungleichgewicht heilen würden.[112]

In dem einflussreichen Wissenschaftsmagazin *PloS Medicine* veröffentlichten Jonathan Leo und Jeffrey Lacasse den Aufsatz »A Disconnect between the Advertisements and the Scientific Literature« (Eine Diskrepanz zwischen Werbung und wissenschaftlicher Literatur). Darin heißt es, dass Wissenschaftler, die bei Patienten den Serotoninspiegel erhöhten, keineswegs feststellten, dass sich auf diese Weise Depression lindern ließ.[113] Und umgekehrt führte eine Absenkung des Serotoninspiegels im Gehirn nicht zu Depressionen. Und doch werden zunehmend

Medikamente, die vielleicht gegen Angst oder zwanghaftes Verhalten helfen mögen, im Zuge des allgemeinen gesellschaftlichen Strebens nach Glück an depressive oder niedergeschlagene Menschen verhökert. Dies soll nun nicht heißen, dass manche dieser Psychopharmaka keine Wirkung bei Depression zeigen. Es geht vielmehr darum, dass diese Medikamente ohne wissenschaftliche Belege gegen vor allem milde Formen der Depression verabreicht werden. Prozac (Fluoxetin), das bekannteste und am besten vermarktete Antidepressivum, gehört zu den größten Arzneimittel-Verkaufsschlagern aller Zeiten. Ursprünglich wurde es als Medikament gegen Fettleibigkeit entwickelt, doch der Hersteller beschloss, es stattdessen als Antidepressivum einzusetzen. Man ging einfach davon aus, dass das Medikament, das zu den SSRIs gehört, so wie bei der Angstreaktion auch bei Depression wirkt – eine Folgerung, die meiner Meinung nach nicht plausibel ist. Zu seinen Bestzeiten erbrachte Prozac Jahr für Jahr Milliardenumsätze. 2004 kamen ähnliche Medikamente wie Sertralin (Zoloft) auf der Liste der am häufigsten verkauften Medikamente in den USA auf den sechsten Platz. Der Jahresumsatz betrug über drei Milliarden Dollar.

Eine meiner Kommilitoninnen aus dem Medizinstudium ist mittlerweile medizinische Leiterin der Abteilung für weltweite medizinische und wissenschaftliche Fragen bei einem großen Pharmakonzern in Belgien. Als wir uns bei meiner letzten Europareise in London zum Mittagessen trafen, erwähnte ich meine Sorge über die mangelnde Wissenschaftlichkeit in der Psychiatrie, vor allem im Hinblick auf SSRIs und Depression. Sie stimmte mir zu und meinte, dass viele Pharmaunternehmen dies erkannt haben und deshalb nicht viel Geld in die Erforschung von Psychopharmaka stecken, sondern nur alte Medikamente recyceln, indem sie sie für neue Wirkungsbereiche wieder ausgraben.

Serotonin ist ein hochinteressanter Stoff, durch den sich zum Beispiel auch der Winterblues erklären lässt. Bekanntermaßen reagieren Pflanzen auf Licht, indem sie Chlorophyll produzieren. Faktisch fängt auch das Tryptophan, ein Vorläufer des Serotonins, Licht ein und ist in Chlorophyll vorhanden. Dieses Serotonin ist unter anderem am Wurzelwachstum beteiligt und ist ein starkes Antioxidans. Da Tiere kein Chlorophyll besitzen, erhalten wir Tryptophan und damit Serotonin aus Lebensmitteln wie Walnüssen, Mandeln, Vollkornreis, Schokolade, Milchprodukten und Meeresfrüchten. Aus diesem Grund gelten zum Beispiel Austern und Schokolade als Aphrodisiaka. Sie enthalten chemische Stoffe, die die Serotoninproduktion stimulieren. Und was wäre ein Thanksgiving-Fest ohne Truthahn, der ebenfalls viel Tryptophan enthält? Je weniger Sonnenschein, desto weniger Melanin und desto weniger Serotonin, deswegen fühlen sich Menschen im Winter eher niedergeschlagen und deprimiert und sind an sonnigen Tagen besser gestimmt.

Ein hoher Serotoninspiegel macht uns munter, ein niedriger Serotoninspiegel träge und niedergeschlagen. Eine klinische Depression, eine dauerhaft gedrückte Stimmung, lässt sich jedoch nicht so einfach erklären, denn ein Absenken des Serotoninspiegels macht uns nicht automatisch deprimiert. An diesem Punkt wird die wissenschaftliche Fundierung der SSRI-Medikation fraglich. Aber dass die Wirkung eines Medikaments nicht wissenschaftlich belegt ist, heißt ja nicht, dass die Wirkung nicht vorhanden ist. Doch vielleicht würden diese Medikamente weniger kosten, wenn wir dies anerkennen würden.

Auch Tryptophan ist bei Stimmungswechseln beteiligt. Als freiwillige Versuchspersonen zwei Wochen lang täglich Tryptophan als Nahrungsergänzungsmittel einnahmen, konnten sie besser an anderen Menschen einen glücklichen Gesichtsausdruck wahrnehmen – angewiderte Mienen hingegen schlechter.[114]

Deshalb fühlten sie sich allgemein positiver gestimmt – und darum ist für viele Menschen Schokolade »Futter für die Seele«. Interessanterweise verändert Tryptophan nicht die Wahrnehmung von Angst, weil diese eine Eigenschaft ist, die dem Überleben und nicht dem Wohlbefinden dient.

Stress und Krebs

Wir haben uns nun die Stressreaktion genauer angesehen und auf welche Weise sie entwicklungsgeschichtlich mit der Angstreaktion gekoppelt ist. Des Weiteren haben wir festgestellt, dass Stress zu Herzerkrankungen, zu erhöhtem Blutzuckerspiegel, zu schnellerer Hautalterung führen kann sowie aufgrund seiner Auswirkungen auf die Hirnchemie zu Angst und Depression. Aber kann Stress Krebs auslösen? Für diese Behauptung gibt es bislang keine eindeutigen wissenschaftlichen Belege, sodass ich sie nicht ernsthaft in Erwägung zog – bis ich Robert und Raewyn kennenlernte, die seit 75 Jahren verheiratet waren.

Wo heute meine Praxis steht, wuchs früher eine große Eiche, deren Wurzeln Beton, Holz und Glas weichen mussten. Dann beschloss der Stadtrat, die Straße zu verbreitern und Ampeln aufzustellen. Wo einst ein Baum wuchs, steht heute ein rechteckiges Gebäude mit Praxisschild, drei Sprechzimmern und zwei Krankenschwestern. Doch der Baum wächst weiter, auch wenn man ihn nicht mehr sehen kann.

Heute hat Robert die üblichen Vorbereitungen getroffen. Er hat 24 leere Glasflaschen gekauft, ein Set zum Bierbrauen für den Hausgebrauch und einige Kräuterzweiglein. Das sind die Zutaten, die er für sein Ein-Mann-Bierfest benötigt. Jedes Jahr im Mai, wenn auf der Südhalbkugel der Winter heraufzieht, braut er sein Bier. Zu Hause bleiben und sein eigenes gewürztes Bier brauen – das ist seine Lieblingsbeschäftigung. Früher hat er sich gerne mal in der Veteranen-Bar einen hinter die Binde gekippt, doch seine Kriegsveteranenfreunde sind mittlerweile alle tot. Das Gute am alleine Trinken ist, dass man machen kann, was man will. Doch Robert ist nicht allein. Er hat eine reizende Frau namens Raewyn, die eigentlich nicht mittrinken kann, weil der Arzt sagt, das belaste ihr Herz zu sehr. Aber niemand verbietet einem ein paar Gläser selbst gebrautes Bier, wenn man in den Wintermonaten vor dem Radio sitzt.

Robert bringt mir immer ein paar Flaschen von seinem Selbstgebrauten mit, wenn er in die Praxis kommt, und ich bedanke mich dafür. Ich sage ihm nicht, dass ich niemals Bier trinken würde, das von einem inkontinenten Mann zu Hause gebraut wurde. Manchmal erhält man Geschenke, die ein Privileg darstellen, auch wenn man keine Verwendung für sie hat. Und man nimmt sie dankbar an, weil es schön ist, dass jemand so an einen denkt.

Raewyn und Robert stehen beide in den Neunzigern und waren in den Jahrzehnten ihrer Ehe kaum je getrennt, abgesehen von den Kriegsjahren. Robert ist mager, und sein Haarwuchs ist so dünn, dass man all die möglichen Krebsvorstufen auf seiner Kopfhaut erkennt, die aussehen wie Seepocken. Seine Beinahe-Kahlheit erleichtert die Behandlung der Hautauswüchse. Heute schabe und schneide ich einige aus. »Das kommt davon, wenn man in Singapur interniert war«, erzählt Robert jedem, der es hören will. Raewyn war, das sieht man heute noch, einmal ziemlich hübsch. Ihre müden blauen Augen haben heute noch einen faszinierenden violetten Ton. Leider ist ihr Herz doppelt so groß, wie es sein sollte, und ihre Beine sind so voller Flüssigkeit, dass ihre Socken durchnässt sind. Robert ist das egal. Er habe ja immer schon gewusst, dass sie ein großes Herz habe, meint er. Herzinsuffizienz, sagt der Arzt. Doch schwaches Herz oder nicht, Raewyn bereitet jeden Mittwoch einen Braten zu. Sie schneidet das Fleisch ein und gibt in die kleinen Schnitte Knoblauch und Pfeffer. Wenn Knoblauch übrig bleibt, streut sie ihn über den Braten. Man wirft schließlich nichts weg. Außerdem ist Knoblauch gut fürs Herz.

Raewyn und Robert sitzen in meinem Behandlungszimmer. Sie würden sich überlegen, in ein Pflegeheim zu gehen, erzählen sie.

»Und haben Sie sich schon für eines entschieden?«, frage ich.

»Ich bin mir noch nicht ganz sicher«, antwortet Robert. »Es ist nur so: Wenn mir etwas passieren sollte, wäre Raewyn plötzlich allein, und sie hat doch solche gesundheitlichen Probleme. Sie würde das mit dem Haus allein gar nicht mehr schaffen.«

»Was ist denn mit den Kindern?«

Ihre Tochter lebt in Rotorua. Sie findet, es wäre besser, die Eltern verkauften das Haus und gingen in ein Pflegeheim.

»Nun, wenn Sie möchten, kann ich Ihnen eine Sozialarbeiterin besorgen, die sich zusammen mit Ihnen die Pflegeheime ansieht«, erwidere ich. »Wenn Sie dann den großen Sprung wagen wollen, kann ich Ihnen ein Geriatrisches Assessment (eine Einschätzung des physischen, kognitiven, emotionalen Zustands sowie der ökonomischen und sozialen Umstände einer Person) organisieren.«

»Das wäre gut. Können wir denn ausprobieren, ob es uns in einem Heim gefällt? Es sozusagen testen?«

»Natürlich können Sie das.«

»Und wenn wir dort sind, kann ich immer noch auf Sie zählen? Als Hautarzt, meine ich?«

»Selbstverständlich.«

Raewyn akzeptierte Roberts Argument: Wenn ihm etwas passieren sollte, würde sie sich sowieso in einem Heim versorgen lassen müssen. Raewyn mochte Pflegeheime nicht, aber sie sah auch keinen Grund, jetzt großes Aufhebens zu machen. Das macht man einfach nicht, wenn man so lange Jahre zusammen war. Die Sozialarbeiterin nahm die beiden in mehrere Pflegeheime mit, aber in Raewyns Augen hatten all diese Orte keine Seele. Natürlich waren sämtliche Gebäude altersgerecht gebaut und das Personal meinte es gut, doch irgendetwas fehlte. Man konnte noch so viel Blümchentapete an die Wände kleben, noch so oft das Bett frisch beziehen und Blumen ins Zimmer stellen, Raewyn nannte diese Orte immer »Häuser«, nie »Heim«. Gleich die erste Institution hatte einen eigenen Garten, doch die Pflanzen sahen niedergedrückt aus, als wären ihre Seelen niedergetrampelt.

Am Ende beschlossen die beiden, es einige Wochen lang mit einem der Heime zu versuchen. Das Eigenartige an Pflegeheimen ist, dass die Zeit dort langsamer fließt als zu Hause. Raewyn fragte sich manchmal, ob die Zeit überhaupt verging. Am Ende bat sie Robert, doch wieder mit ihr nach Hause zu gehen, und er stimmte zu. Obwohl er Bedenken hatte. Doch diese behielt er für sich, um seine Frau nicht damit zu belasten. Schließlich waren sie nur 14 Tage dort gewesen, und es braucht ja alles seine Zeit. »Die Zeit mag hier stillstehen«, dachte Robert, »aber unsere Körper altern trotzdem weiter.« Laut sagte er: »Wir müssen wieder heim.« Und die Freude in Raewyns Blick sagte ihm, dass er das Richtige tat. Also beschlossen sie, sich wieder abzumelden und so zu tun, als wären sie eine Woche im Hotel in den Flitterwochen gewesen.

Sie fuhren zurück zu ihrem Haus, doch dort war nichts mehr so, wie sie es verlassen hatten. Jemand hatte eine provisorische Veranda angebaut, und im Garten stand ein Trampolin, auf dem Kinder herumsprangen. Es war, als hätte das Haus seinerseits eine neue Familie zur Probe aufgenommen. Das Mädchen auf dem Trampolin sah die beiden alten Leute nur merkwürdig an und rief dann nach seinem Vater. Der war Anwalt und zeigte

Robert und Raewyn einen Vertrag: »Ihre Tochter hat Ihr Haus verkauft.«

»Unmöglich«, gab Robert zurück, »wir waren doch nur zur Kurzzeitpflege in dem Heim. Das kann sie doch nicht machen.«

»Tut mir leid, aber das kann sie sehr wohl«, erwiderte der Anwalt. »Sie haben ihr wohl eine Vollmacht gegeben.«

Schluss mit Probewohnen. Die beiden beschlossen, ins Heim zurückzukehren. Es war wohl an der Zeit, sich zur Ruhe zu setzen und von einem Wohn-Albtraum die Seele aufessen zu lassen.

»Sie sich haben also dazu entschlossen, zu uns zurückzukommen?«, fragte der Arzt.

»Ja.« Selbst in dieser schrecklichen Situation wollten die beiden ihre Tochter nicht verraten. Was sollten die Leute nur denken, wenn sie die Wahrheit erfuhren?

Nach einigen medizinischen Untersuchungen wartete auch das Heim mit einer schlechten Nachricht auf. »Sie können leider nicht zusammen wohnen. Raewyn leidet unter Demenz. Sie ist ein Sicherheitsrisiko und muss in einer besonderen Abteilung untergebracht werden. Aber Sie, Robert, bekommen ein hübsches Zimmer hier, mit Blick über den Park.«

Robert begriff kaum, was der Arzt ihm da sagte. Nicht zusammen wohnen? Sie waren 75 Jahre lang zusammen gewesen, von dem Moment an, in dem Raewyn hinter den Umkleidekabinen vom Rugbyclub sein Herz erobert hatte. Ihre Jugendjahre mochten lange vorüber sein, doch dass sie sich trennen müssten, wäre ihnen niemals in den Sinn gekommen.

Aber sie würden das schon schaffen. Wie sie es immer getan hatten.

Der Arzt im Pflegeheim lächelte sein breites Henkerslächeln: »Wenn Sie irgendetwas brauchen, fragen Sie ruhig.«

Sie würden das Ende ihres Lebens also in Einsamkeit verbringen, unterbrochen nur von den wenigen Stunden, die sie sich während der Besuchszeiten sehen durften. Das Essen war einigermaßen gut. Aber die Türen quietschten, als wollten sie sagen: »Jeder tritt hier nur einmal ein. Denn lebend kommt hier keiner heraus.«

Betreten auf eigene Gefahr.

Einige Monate später bekam ich einen Anruf vom Pflegeheim. Ob ich bitte Robert untersuchen könnte? Es ginge ihm nicht gut, er könne nicht in die Klinik kommen. Das Heim hatte einen eigenen Allgemeinarzt, aber keinen Hautspezialisten. Als ich Robert untersuchte, hatte er ein großes Lymphom am Hals und mehrere Geschwulste auf der Haut. Natürlich hatte er sonnengeschädigte Haut und ein hohes Hautkrebsrisiko, doch ich hatte ihn doch erst vor zwei Monaten untersucht. Und da hatte er keine Knoten gehabt.

Zwei Monate später war Robert tot. Das Lymphom hatte ihn das Leben gekostet. »Sie haben mir Robert genommen«, waren Raewyns letzte Worte.

Als Mediziner erlebt man immer wieder Augenblicke, die sich ins Gedächtnis einbrennen – Fehler, die man bei der Verschreibung von Medikamenten macht, postoperative Komplikationen, gehässige Kommentare von neidischen oder sich selbst überschätzenden Kollegen. Mit all diesen Dingen bin ich fertiggeworden. Doch bis heute kann ich den alten Mann nicht vergessen, der von seiner Tochter bestohlen, von seiner Liebsten getrennt und am Ende vom Krebs und seinen Metastasen förmlich überrannt wurde. Und ganz egal, was sich in der medizinischen Literatur darüber findet, meine innere Stimme sagt mir: *Ich weiß, dass dafür der Stress verantwortlich war.*

Kann emotionaler Stress wirklich schwere Krankheiten auslösen? Diese Frage stellte sich Dr. Thomas Holmes in den 1950er-Jahren in Seattle. Holmes unternahm eine Reihe von Experimenten, um Menschen zu erforschen, die eine Scheidung, den

Verlust eines nahestehenden Menschen oder ihres Arbeitsplatzes erlebt hatten. Holmes' Methoden waren zwar nicht so detailliert wie die moderner Biostatistiker, dennoch konnte er berichten, dass Menschen, die in eine solche hochgradig belastende Stresssituation gerieten, wahrscheinlicher an Tuberkulose erkrankten und sich weniger wahrscheinlich davon erholten.[115] Doch der Versuch, körperliche Erkrankungen mit der Seele in Verbindung zu bringen, kam bei seinen Ärztekollegen nicht gut an. Einer bezeichnete seine Arbeit rundweg als »totalen Quatsch«.[116] Ärzte hingegen, die sich für die Zusammenhänge zwischen Geist und Körper interessieren, betrachten ihn noch heute als Pionier. Holmes stellte den reinen Infektionscharakter der Tuberkulose infrage. Natürlich war die Infektion mit dem Erreger ausschlaggebend, doch seiner Ansicht nach beeinflussten psychische und soziale Faktoren die Entwicklung der Krankheit.

Tatsächlich waren Holmes' Theorien keineswegs weit hergeholt. Den Zahlen der Weltgesundheitsorganisation (WHO) und der Centers for Disease Control (CDC) des US-Gesundheitsministeriums zufolge sind mehr als zwei Milliarden Menschen, also ein Drittel der Menschheit, mit Tuberkulose infiziert. Doch 2011 erkrankten nur 8,7 Millionen Menschen, von denen 1,4 Millionen an der Krankheit starben.[117] Da Stress sich auf unser Immunsystem auswirkt und Tuberkulose in enger Verbindung mit der zellvermittelten Immunität steht, fragte Holmes sich, ob wenig Stress ein stärkeres Immunsystem bedeutet. Diese Logik steht hinter Holmes' klinischen Studien. Da die Tuberkulose allerdings von vielen Faktoren beeinflusst wird, unter anderem auch von schlechter Ernährung und zu engen Wohnverhältnissen, geriet der Stressfaktor bei der Tuberkulose in den Hintergrund, und man schenkte Holmes' Untersuchungen keine weitere Beachtung.

In gewisser Weise war es Pech, dass Holmes ausgerechnet die Tuberkulose als Forschungsgegenstand auswählte. Das dafür verantwortliche Mycobacterium ist gut erforscht, und die Infektionsmechanismen sind bekannt. Daher wurde seine Arbeit vom medizinischen Establishment kritisiert und als »pseudowissenschaftlich« abgekanzelt. Ihm wurde dies allerdings erst später klar. Dabei war Holmes' grundlegende Annahme korrekt: Stress schwächt die Immunreaktion und kann daher schwerwiegende Erkrankungen auslösen.

Aber Krebs?

Bis vor Kurzem gab es nur wenige Belege für einen eventuellen Zusammenhang zwischen Krebs und psychischem Stress als verursachenden Faktor. Mittlerweile aber zeigt sich, dass Stress einen potenziell wichtigen Abwehrmechanismus gegen bösartige Erkrankungen beeinflusst: Er kann nicht nur die Aktivität natürlicher Killerzellen verändern, sondern auch deren Wirksamkeit beim Abtöten von Tumor- und virusinfizierten Zellen.[118]

Studien haben gezeigt, dass es in stressigen Lebensphasen sehr viel häufiger zur Ausbildung von Lungen-, Brust- oder Darmkrebs kommt. Ronald Glaser, Arzt und Direktor des Instituts für verhaltensmedizinische Forschung in Columbus, Ohio, hat mittlerweile eine beeindruckende Sammlung von wissenschaftlichen Aufsätzen über die Auswirkungen von Stress auf Krebs zusammengetragen, die zeigen, dass Stress immunologische Prozesse unterdrückt und die Enzyme zur DNA-Reparatur sowie den programmierten Zelltod (Apoptose) beeinflusst.[119] Wissenschaftlich sind diese Zusammenhänge noch nicht hundertprozentig erforscht und verstanden, aber mittlerweile widmen sich viele Forscher der Stressreaktion im Rahmen der Krebsbekämpfung.

Der gewaltige Einfluss von Stress zeigt sich des Weiteren in der Reaktion des mit Stress verbundenen Gens ATF3 und von

Brustkrebszellen. Im Allgemeinen schützt das ATF3-Gen den Körper vor Schäden, indem es normale Zellen zum Suizid animiert, wenn das Risiko besteht, dass sie durch belastende Erkrankungen dauerhaft geschädigt werden – zum Beispiel, wenn sie von Krebs oder Infektionen betroffen sind. Das ATF3-Gen bietet also in Frühstadien von Krebserkrankungen eine nützliche Verteidigung. Das Problem ist jedoch, dass Krebszellen das ATF3-Gen in Zellen des Immunsystems aktivieren können, sodass diese versagen und der Krebs sich weiter ausbreiten kann. Wissenschaftler versuchen nun, sich diese spezielle Stressreaktion des Körpers zunutze zu machen, um Krebszellen zu bekämpfen.

Nach meiner Erfahrung mit Robert und Raewyn nahm ich mir die Zeit, die aktuelle Literatur und wissenschaftliche Studien über den Zusammenhang von Stress und Krebs zu durchforsten. Im Moment wissen wir nur so viel: Es gibt keine Studien, die belegen würden, dass Stress Krebs verursacht. Doch es gibt eine Menge belastbarer Belege dafür, dass Stress ausgebrochenen Krebs grundsätzlich verschlimmert.

Fazit

In Arthur C. Clarks Kurzgeschichte *Die neun Milliarden Namen Gottes* bittet ein tibetischer Mönch stellvertretend für sein Kloster ein Computerunternehmen um Hilfe beim Zusammentragen sämtlicher Namen Gottes, weil die Mönche glauben, dass dies die wahre Aufgabe der Menschheit sei.[120] Sie möchten all diese Namen mit einem Alphabet von nur neun Buchstaben schreiben. Sie rechnen mit neun Milliarden Abwandlungen, weshalb die Aufgabe mehrere Lebenszeiten erfordern würde. Mit der Hilfe eines superschnellen Computers (Mark V Automatic Sequence Computer), eines Dieselgenerators (mit dem die Mönche schon ihre

Gebetsmühlen antreiben) und einiger Softwarespezialisten könnte der Job jedoch ihrer Schätzung zufolge innerhalb von nur 100 Tagen erledigt werden.[121] Die Spezialisten übernehmen die Aufgabe, doch irgendwann wird ihnen klar, dass die Mönche überzeugt sind, dass das Ende der Welt eintritt, wenn diese Aufgabe erledigt ist. Denn dann wird Gott den Laden schließen. Obwohl sie nicht wirklich daran glauben, schleichen sie sich hinaus, während der Computer gerade die letzten Namen ausspuckt. Sie richten den Blick zu den Sternen hinauf und sehen, wie diese einer nach dem anderen erlöschen.

Bei dieser Geschichte muss ich immer an Gene denken. Unsere Gene sind wie biologische Sterne und Verkünder unseres gesundheitlichen Erbes. Die wirkliche Parallele ist jedoch: Sterne waren die Wegweiser der Songlines, der Spur unserer Vorfahren, und Gene sind die Blaupause unserer Gesundheit. Wie die Mönche in der Geschichte haben wir Computer benutzt, um unseren genetischen Code zu entschlüsseln, doch dieses Wissen hilft der Menschheit nur, wenn wir es für ein gutes Leben nutzen und nicht der Illusion der Unsterblichkeit erliegen. Wie die Sterne in Clarkes Geschichte werten Gene nicht und können sich selbst an- und ausschalten. Glück und Zufriedenheit sind überall vorhanden, doch manchmal können wir dies aufgrund der Dunkelheit in unseren Genen nicht sehen. Gene mögen mächtig sein, doch unsere Handlungen bestimmen, wie sie sich auswirken. In *Das Schicksal ist ein mieser Verräter* schreibt John Green: »Es ist eine Metapher, verstehst du: Du steckst dir das tödliche Ding zwischen die Zähne, aber du gibst ihm nicht die Kraft zu töten.«[122]

Thierry Steimer studierte Charles Letourneaus Buch *Physiologie des Passions* (Physiologie der Leidenschaften), das schon 1878 veröffentlicht wurde. Letourneau definiert darin Emotionen als »Leidenschaften von kurzer Dauer« und schloss, dass sie »eng mit dem organischen Leben verbunden« seien. Sie könnten entweder zu einer »abnormen Erregung des Nervennetzes« führen, die Veränderungen der Herzfrequenz und der Körpersekrete verursacht, oder »die normale Beziehung zwischen dem peripheren Nervensystem und dem Gehirn verändern«.[123] Letourneau registrierte auch die »starke cerebrale Erregung«, die Emotionen begleite und wahrscheinlich nur »bestimmte Gruppen bewusster Zellen« im Gehirn betreffe und »einen beträchtlichen Anstieg des Blutflusses in den betroffenen Regionen bewirken müsse«.[124] Was für eine exzellente Zusammenfassung der Stressreaktion – und dies schon vor so langer Zeit.

Falls Angst und Stress so viele Krankheiten verursachen, könnte dann die Kraft der positiven Einstellung die Stressantwort überwinden und Krankheiten lindern? Wenn man die Angsthasen-Gene versteht, versteht man, wie Erinnerungen an positive beziehungsweise angsterregende Erinnerungen im Gehirn im Hippocampus gespeichert werden.

Bei einem Experiment mit Mäusen setzten Forscher männliche Mäuse nacheinander drei verschiedenen Situationen aus: in einem Käfig mit einem Weibchen (Belohnung), allein in einem Käfig (neutral) und allein in einem Käfig, aber festgebunden oder auf andere Weise der Bewegungsfähigkeit beraubt (Stress).[125] Wenn die Mäuse das Zusammensein mit einem Partner genossen, wurde der Käfig mit blauem Licht bestrahlt. Indem das Ganze mehrmals wiederholt wurde, speicherten die Mäuse sowohl die Erinnerung an belastende Ereignisse als auch an ein glückliches Umfeld. Wenn die Mäuse später eindeutige Anzeichen von Niedergeschlagenheit zeigten, wurden durch das Aufleuchten einer Lichtquelle Neuronen aktiviert, die der Depression entgegenwirkten. Angst als Stressreaktion kann also zu einer Depression führen, wenn die Fähigkeit eines Individuums gestört ist, sich an den Weg zum Glücklichsein zu erinnern.

Das ist letztlich die Lösung im Hinblick auf eine Therapie – ein Training in Positiver Psychologie, zu dem auch gehört, Erinnerungen an Glück (oder Traurigkeit) zu verstehen. Dieser Ansatz setzt darauf, das Wohlbefinden zu steigern, im Gegensatz zum Ansatz der medikamentösen Therapie, Leiden zu lindern. Der Psychologe und Ratgeberautor Martin Seligman schreibt in seinem Buch *Pessimisten küsst man nicht*:

> *Es ist eine Frage des ABC der Reaktionen: Wenn wir auf »Adversity« (Not, Unglück, negative Ereignisse) stoßen, dann denken wir zunächst darüber nach. Unsere Gedanken verfestigen sich schnell zu »Beliefs« (Glaubenssätze, Überzeugungen). Diese Überzeugungen können so sehr zur Gewohnheit werden, dass wir sie gar nicht mehr bemerken, wenn wir nicht innehalten und uns auf sie konzentrieren. Und sie sind nicht einfach nur da, sondern sie haben »Consequences« (Konsequenzen).*[126]

Studien über positive Einstellung und die Antwort des Immunsystems zeigten, dass Optimismus sowohl positive als auch negative Immun-Korrelate bewirken kann. Optimisten ging es bei Erkrankungen tatsächlich besser, solange ihr Immunsystem reagierte, wenn es jedoch nicht reagierte, dann waren auch die Optimisten nicht immun gegen Enttäuschung. Die Wissenschaft nennt dies die »Enttäuschungs-Hypothese«. Optimisten hatten nach der Erledigung von Aufgaben höhere Cortisolspiegel, was ihnen half, besser mit Stress fertig zu werden.

Warum aber ist die Kraft des positiven Denkens so wichtig? Martin Seligman hat an der Universität von Pennsylvania sogar einen Test entwickelt, der die optimistische Grundeinstellung eines Menschen misst. Schon viele Firmen haben seine Methoden im Bewerber-Assessment genutzt, zum Beispiel bei der Bewertung von neu einzustellenden Mitarbeitern im Verkauf. Seligmans Optimisten erzielten mehr als doppelt so hohe Verkaufszahlen wie die Pessimisten. Wenn Optimisten scheitern, erklärt Seligman, schreiben sie den Misserfolg Faktoren zu, die sich verändern lassen, und nicht einer persönlichen Unzulänglichkeit, die sie nur mit Mühe überwinden können. Und genau das macht Menschen aus, die trotz Widrigkeiten erfolgreich sind.[127]

Aus wissenschaftlicher Sicht lässt sich die Frage, ob Optimismus gut für das Immunsystem ist, auf jeden Fall mit Ja beantworten.[128]

Tatsächlich kann kurzfristiger Stress das Immunsystem trainieren, chronischer Stress hingegen richtet Schäden an. Daher ist die Stressreaktion an sich auch weder gut noch schlecht – sie ist, was sie ist. Wir haben es jedoch zugelassen, dass sich eine Reaktion, die sich entwicklungsgeschichtlich als sinnvolle Reaktion auf Gefahr entwickelte, aufgrund unserer unzulänglichen Bewältigungsmechanismen und unserem zu großen Vertrauen in Medikamente in etwas Gefährliches verwandelt. Wie Deepak Chopra im *Buch der Geheimnisse* schreibt:

> *Alle Ereignisse in unserem Leben führen in der einen oder anderen Dimension zu einem von zwei möglichen Ergebnissen: Entweder sie sind gut für Sie, oder sie stoßen Sie mit der Nase auf Dinge, mit denen Sie sich beschäftigen müssen, um finden zu können, was gut für Sie ist. [...] Das Leben korrigiert sich auf diese Weise selbst.*[129]

Im Juni 2016 lud man mich ein, zusammen mit Ian Robertson auf dem Dalkey Book Festival in Dublin einen Vortrag zu halten. Ian Robertson ist Professor für Psychologie am Trinity College und Begründer der Fakultät für Neurowissenschaften am College. Er versteht Stress als ein Arzneimittel: Zu wenig hat keine Wirkung, zu viel (Überdosis) ist schlecht. In der richtigen Dosierung aber erweist es sich als extrem nützlich. Doch Stress als positive Kraft nutzen zu können erfordert ein gewisses psychisches Training.

Der Trick dabei ist, Strategien zu entwickeln, die sicherstellen, dass das Stressgefühl nur akut auftritt und nicht lange anhält. Das Geheimnis ist, sich nicht über Dinge Sorgen zu machen, die man nicht kontrollieren kann, zum Beispiel über das, was andere über einen reden, oder über unrealistische Erwartungen und die Handlungen anderer Menschen. Gleichermaßen hat es wenig Sinn, sich über Dinge zu sorgen, die man beeinflussen kann, wie die Arbeit oder die Beziehung. Wenn es nicht gut läuft, kann man das ändern. Das ist der Ansatz des tibetischen Buddhismus. Der Dalai Lama fasst die Kraft der positiven Einstellung wunderbar zusammen: »Wenn sich ein Problem lösen lässt, wenn eine Situation so ist, dass Sie dagegen etwas unternehmen können, dann müssen Sie sich keine Sorgen machen. Lässt es sich aber nicht lösen, dann hilft es auch nicht, wenn Sie sich Sorgen machen. Sich Sorgen zu machen bringt überhaupt keinen Nutzen.«[130]

Wenn Angst nur eine besonders komplexe Form der Furcht ist, wie können wir unseren Geist schulen, damit er sich von solchen Symptomen befreien kann? Iwan Pawlow erforschte bedingte Reflexe und konnte zeigen, dass darauf konditionierte Hunde bei einem Klingelgeräusch Speichel bildeten, weil sie zuvor zu eben diesem Klingeln gefüttert worden waren. Nach der Überschwemmung von Leningrad im Jahr 1926 bemerkte er aber, dass die Hunde »Lernbeeinträchtigungen« entwickelt hatten.[131] Die durch die Überschwemmung ausgelöste Stressreaktion hatte zu einer »chronischen Hemmung« geführt. Andere Studien zeigen, dass Babys, die in den ersten Monaten nach der Geburt besonders viel Liebe erfahren, später ein besseres Gedächtnis entwickeln.[132]

Als Wissenschaftler in Indien das Verhalten von Ratten nach Stresssituationen untersuchten, fanden sie heraus, dass sich die Tiere weiterhin ängstlich verhielten, auch wenn die Stresssituation wegfiel.[133] Selbst wenn man ihnen in einem Labyrinth genug Platz ließ, versteckten sie sich in dunklen Ecken, statt hervorzukommen und die hell erleuchteten Freiräume zu nutzen. Als man das Gehirn der Tiere untersuchte, zeigte sich, dass die Amygdala sich erheblich vergrößert hatte. Die Amygdala ist an Angst- und Lustreaktionen gleichermaßen beteiligt. Daraus folgt, dass ein Schrumpfen der Amygdala möglicherweise eine Art des Gehirntrainings sein könnte, Stress zu mindern.

Shannon Harvey interviewte für ihren Dokumentarfilm *The Connection* auf dem gleichnamigen Körper-Seele-Medizin-Blog Dr. Sara Lazar von der Universität Harvard. Die Neurowissenschaftlerin hatte an Probanden ohne vorherige Meditationskenntnisse untersucht, ob sich die Amygdala durch Meditieren schrumpfen lässt:

Dr. Lazar ließ Menschen, die noch nie meditiert hatten, einen achtwöchigen Meditationskurs absolvieren und stellte fest, dass die Amygdala der Teilnehmer tatsächlich kleiner wurde. Die Teilnehmer berichteten auch, dass sie weniger gestresst waren und vermehrt ein Gefühl des Friedens verspürten.[134]

Meditation funktioniert also. Unabhängig davon, welche genetischen Karten die Natur uns zugespielt hat, haben wir die Fähigkeit, unsere Genexpression zu beeinflussen und unsere Stressreaktion zu verändern. Achtsamkeit und Meditation beziehungsweise »Achtsamkeitsmeditation« (den gegenwärtigen Moment bewusst und mit einer freundlichen, nicht wertenden Einstellung erfahren) und die Wahrnehmung so zu verändern, dass wir Situationen nicht mehr erlauben, dass sie uns an die Nieren gehen, können, wie Gehirnscans zeigen, die Dichte der grauen Substanz steigern – und zwar sowohl im Hippocampus, der mit Lernen und Emotionen zu tun hat, als auch in der Insula, jenem Teil des Gehirns, der am Bewusstsein beteiligt ist. Solche Veränderungen geschehen keineswegs nur beim Menschen. Wissenschaftliche Untersuchungen zeigen, dass meditative Musik selbst das kognitive Verhalten von Schnecken positiv beeinflusst.[135] Vielleicht ist es ja gar nicht so erstaunlich, dass Menschen und Schnecken die gleichen Stressreaktionen zeigen, denn die Evolution ist im Wesentlichen ein großer Schlagabtausch für das Überleben der einzelnen Arten. Die Natur überwacht diesen Kampf mit großer Sorgfalt und hat mit höchster Präzision nach und nach genetische Hürden gesetzt, wobei sie die Fähigkeit jeder Art einberechnet, unter Zwang zurechtzukommen. Doch selbst widerstrebende Krieger können die Säbelzahnkatzen bezwingen – mit Strategie und Grips. Der Zufall spielt dabei eine verschwindend geringe Rolle. Die Stressreaktion ist eine gängige entwicklungsgeschichtliche Strategie, und um ihre negativen Auswirkungen zu vermeiden, müssen wir taktisch vorgehen. Um den Kampf gegen die Sorge zu gewinnen, müssen wir im Augenblick leben und zur Kenntnis nehmen, dass Säbelzahnkatzen seit Langem ausgestorben sind. Das Mittel der Wahl hierzu ist die Meditation, nicht die Medikation.

Aus der Praxis: Meditieren Sie!
Konzentrieren Sie sich darauf, Ihren Stresspegel zu senken. Denken Sie daran, dass akuter Stress nicht notwendigerweise negativ ist, wenn er kurzfristig auftritt. Gefährlich für Ihre Gesundheit wird es erst, wenn der Stress über längere Zeit andauert und chronisch wird.

Es gibt viele Meditationstechniken. Bei einigen wird mit Mantren gearbeitet. Das sind Worte, die Sie während der Meditation wiederholen. Hier ein paar einfache Tipps zum Meditieren:[136]

- Wählen Sie ein Mantra. (Das können zwei beliebige Wörter sein.)
- Suchen Sie sich einen ruhigen Ort, an dem Sie sich bequem hinsetzen oder -legen können.
- Schließen Sie die Augen und atmen Sie tief ein und aus.
- Wiederholen Sie Ihr Mantra, gern auch still.
- Wenn Ihr Geist anfängt abzuschweifen, lassen Sie ihn abschweifen. Versuchen Sie nicht, ihn auf etwas Bestimmtes zu richten. Wiederholen Sie einfach nur das Mantra.
- Nach etwa 30 Minuten können Sie aufhören, das Mantra zu wiederholen. Wenn Sie dies täglich üben, brauchen Sie vermutlich bald kein Mantra mehr, um meditative Seligkeit zu erreichen.

Kerngedanken

1. Unsere Stressreaktion hat sich als Mechanismus für unsere Kampf-oder-Flucht-Reaktion entwickelt.
2. Wir leben in vergleichsweise sicheren Zeiten, doch die Reizüberflutung sorgt dafür, dass unsere Stressreaktion überbeansprucht wird.
3. Stress kann eine ganze Reihe von Krankheiten verursachen und das Immunsystem schwächen, wenn er über längere Zeit andauert.

4. Stress ist ein zweischneidiges Schwert – kurzfristig kann er sich positiv auswirken, langfristig wird er gefährlich.
5. Angst ist im Wesentlichen eine überaktive Stressreaktion.
6. Antidepressiva gründen auf einem wissenschaftlich nur wenig bewiesenen Fundament, obgleich sie bei manchen Menschen wirken.
7. Psychisches Training kann dabei helfen, die Kraft des Stresses zu nutzen, indem wir sicherstellen, dass der Stress kurzfristig und positiv ist.
8. Optimisten erbringen bessere Leistungen, arbeiten härter und haben ein besseres Immunsystem.

4
Die Fett-Gene: Dicker Bauch, dünnes Gehirn

Wir sind unser Leben lang in Walleinen vertörnt,
wir sind geboren mit dem Strick um den Hals.
Erst angesichts des Todes wird der Mensch der Gefahren
des Lebens inne, die stumm und verschlagen auf Schritt
und Tritt ihn umlauern.
Herman Melville, Moby Dick

Melvilles Klassiker *Moby Dick* trägt den schlichten Untertitel: *Der Wal.* Wale und andere mächtige Tiere waren dem Menschen allein schon aufgrund ihrer schieren Größe seit jeher ein Quell der Nahrung, Faszination und Furcht. Pottwale werden über 20 Meter lang und wiegen durchschnittlich mehr als 30 Tonnen, ein afrikanischer Elefantenbulle bringt es im Schnitt auf fünf Tonnen. Allein das Gehirn eines Pottwals wiegt bis zu 9,5 Kilogramm und das eines afrikanischen Elefanten immer noch um die fünf Kilo. Einer der ersten Menschen, die das Gehirn (und andere Organe) eines Elefanten gewogen haben, war Allen Mullen aus Dublin. Er berichtete darüber 1690 in einem Brief an die Royal Society, die Akademie der Wissenschaften in Großbritannien.

Am 17. Juni 1681 fand ein Elefant, der in Dublin in einer Hütte öffentlich zur Schau gestellt worden war, bei einem Feuer den Tod. Da nur wenige Dubliner das Tier lebendig hatten betrachten können (den Eintrittspreis konnten sich nur Reiche leisten), versammelte sich bald eine große Menschenmenge, und der ein oder andere versuchte, sich ein Teil des toten Tieres als Souvenir zu sichern. Allen Mullen eilte an den Ort des Geschehens und zerlegte den Elefanten mithilfe mehrerer Metzger haarklein nach allen Regeln der anatomischen Kunst. Seine Resultate hielt er detailliert schriftlich fest und teilte sie in einem Brief Sir William Petty von der Royal Society sowie dem Chemiker und Philosophen Robert Boyle mit. Der schlicht mit »A. M.« unterzeichnete Bericht war eine ganz erstaunliche Leichenschau. Mullen stellte fest, dass der Elefantenschädel luftgefüllte Hohlräume besaß. Und so mutmaßte er:

Dieser [Schädel], so sagt man mir, wog fünfzig Pfund oder beinahe. Ich nehme also an, dass die Hohlräume dazu da waren, die Unbilden zu verringern, die ein zu schwerer Kopf für den Körper darstellen würde [...] Das Cerebellum war wie das eines Menschen, nur größer. Dieses und das Cerebrum wogen zehn Pfund.[137]

Zehn Pfund! Mehr wiegt das Gehirn eines Elefanten nicht? Das ist doch sicher ein Negativrekord, möchte man meinen. Weit gefehlt. Die Bartmännchen-Art *Acanthonus armatus*, ein Knochenfisch, hat das kleinste Hirn im Verhältnis zum Körpergewicht.[138] Ein Elefantengehirn bringt es auf 0,17 Prozent, ein Pottwalhirn lediglich auf 0,023 Prozent und ein menschliches Gehirn auf durchschnittlich zwei Prozent der Körpermasse. Was aber passiert, wenn jemand Fettmasse zulegt? Dann schrumpft das Gehirn erschreckenderweise. Untersuchungen haben gezeigt, dass das Volumen des Hirnparenchyms (der funktionelle Teil des Gehirns im Gegensatz zu seiner Stützstruktur) bei fettleibigen Menschen um 2,4 Prozent geringer ist als bei Menschen mit normalem Body-Mass-Index.[139] Auch andere Studien machen deutlich, dass bei sehr adipösen Menschen innerhalb eines Zeitraums von zehn Jahren ein Schrumpfen des Hirnvolumens zu verzeichnen ist.

In der Folge untersuchten Wissenschaftler die verschiedenen Formen der Fettleibigkeit – der Bauchfettanteil wird gemessen, indem man den Taillen- zum Hüftumfang ins Verhältnis setzt. Gefährlich wird es ab einem Taillenumfang von 102 Zentimetern bei Männern und 86 Zentimetern bei Frauen. Je höher das Verhältnis von Taillen- zu Hüftumfang, desto kleiner der Hippocampus – jene Hirnregion, die die emotionale Bewertung von Informationen, die Gedächtnisbildung und die automatischen Funktionen des Gehirns, wie Herz- und Atemfrequenz, steuert. Darüber hinaus kann ein dicker Bauch zu schlechtem Gedächtnis und 30 Jahre später zu einem erhöhten Demenzrisiko führen.[140]

Wie wir bereits gesehen haben, beruht die Evolution unserer Gesundheit auf einem Zusammenspiel von Genen und Umwelt. Es gibt ein Fettleibigkeits-Gen, genauer gesagt hat man eine genetische Komponente für Adipositas innerhalb der Varianten des FTO-Gens ausgemacht, das mit der Fettmasse und Übergewicht in Verbindung steht. Menschen, die bestimmte Hochrisiko-Allele des FTO-Gens besitzen, haben ein weitaus höheres Risiko, Adipositas zu entwickeln. Zum Beispiel bewirkte eine Kopie des A-Allels bei Jugendlichen im Durchschnitt ein um 1,2 Kilogramm höheres Gewicht und einen um einen Zentimeter größeren Taillenumfang; bei Trägern von zwei A-Allelen fiel der Effekt doppelt so hoch aus.[141] Entscheidend ist allerdings Folgendes: Träger dieser mit Fettleibigkeit assoziierten Allele wiesen beidseits ein um acht Prozent geringeres Gehirnvolumen im

Frontallappen und ein um zwölf Prozent geringeres Volumen im Okzipitallappen auf im Vergleich zu Menschen, die diese Genvariante nicht besaßen.[142] Das heißt: Wir wissen, dass mehr Körperfett das Gehirnvolumen schrumpfen lässt, doch wenn zusätzlich das FTO-Gen mit im Spiel ist, fällt dieser Effekt noch stärker aus. Und während die Daten der Gesundheitsorganisationen zeigen, dass die Menschen immer dicker werden, zeigt uns die Wissenschaft, dass unsere Gehirne dabei dünner werden!

Merkwürdigerweise dachte ich über diesen Zusammenhang das erste Mal nach, als ich die Baci Lounge eröffnete, eine Buchhandlung mit Café im neuseeländischen Auckland. (Sauber in alphabetischer Reihenfolge eröffneten wir als Nächstes eine Buchhandlung im australischen Brisbane.) Die Baci Lounge wurde 2008 im *TIME Magazine* vorgestellt und gewann sogar den Top Shop Award, Aucklands Start-up-Preis. Der Laden verwirklichte meine Vorstellung von sozialem Unternehmertum und half mir bei der Finanzierung meines Schulbildungsprogramms in wirtschaftlich benachteiligten Regionen. Anfangs war der Laden 80 Prozent Buchhandlung und 20 Prozent Café. Ich überlegte mir ein Büfett aus guten wissenschaftlichen Sachbüchern, gepfefferten Biografien und saftigen Kurzgeschichten, um dem Fett Paroli zu bieten. Doch mit der Zeit lasen die Leute weniger und aßen dafür mehr. Am Ende war die Baci Lounge 80 Prozent Café und 20 Prozent Buchhandlung – und ihre Gäste entwickelten sich zu Hobbits mit dickeren Bäuchen und dünneren Gehirnen.

Wie kann ein Büchermensch wie ich Schulden vermeiden, wenn das Grundkonzept baden geht? Klar, ich hätte den Laden einfach als Café weiterführen können. Vermutlich hätte ich sogar ein wenig Gewinn gemacht, wenn ich die hungrigen Horden gefüttert hätte. Doch ich hatte ja den Hunger nach dem geschriebenen Wort fördern wollen. Als Stammgäste mich fragten, weshalb ich meine geliebte, preisgekrönte Baci Lounge wieder schloss, sagte ich nur: »Dünne Hirne, dicke Bäuche.«

Gehirnmasse versus Bauchgröße ist tatsächlich einer der am meisten diskutierten Aspekte unserer Entwicklungsgeschichte. Der Theorie vom teuren Gewebe *(expensive tissue hypothesis)* zufolge gab es evolutionär einen Schlagabtausch zwischen diesen beiden Körperregionen. Unser Verdauungstrakt nimmt viel Energie in Anspruch, und weil das Gehirn einen großen Teil der Energie im Körper verbraucht, muss es zwischen der Größe des Gehirns und des Bauchs eine umgekehrt proportionale Beziehung geben: eine Art biologischen Kampf um Energiequellen.

Der Darm – entwicklungsgeschichtlich betrachtet

Ein Forscherteam um Dr. Ana Navarrete versuchte, dem Zusammenhang zwischen Verdauungstrakt und Gehirn auf die Spur zu kommen, indem es Hunderte verschiedener Tierarten sezierte und Gehirnmasse, Darmlänge und Körperfett zueinander in Beziehung setzte.[143] Und man fand heraus, dass die Gehirnmasse bei den meisten Säugetieren tatsächlich mit zunehmendem Körperfett geringer wurde. Doch man konnte keinen Zusammenhang mit der Größe der Leber oder der Länge des Darms feststellen, obwohl diese Organe viel Energie verbrauchen.

Primaten haben dreimal so viel Hirnmasse wie andere Säugetiere, und der Mensch hat dreimal so viel Hirnmasse wie Primaten. Das menschliche Gehirn macht beim Erwachsenen zwei Prozent der Körpermasse aus, verbraucht aber 25 Prozent der gesamten Energie. Bei Babys sind es sogar 65 Prozent. Babys haben schon mit zwei Jahren ungefähr 80 Prozent der Gehirnmasse eines Erwachsenen.

Seitdem Urmenschen begannen, ihre tägliche Kost zu verbessern und energiedichtere Nahrung zu sich zu nehmen, hat sich die menschliche Bauchgröße in den vergangenen mehr als 2,5 Millionen Jahren verkleinert. Die Hypothese vom teuren Gewebe geht folglich im Wesentlichen davon aus, dass der steigende Energiebedarf für das immer größer werdende Gehirn der Frühmenschen auf Kosten des Verdauungsapparates kompensiert wurde. Vielleicht entwickeln wir uns ja mittlerweile wieder in die Gegenrichtung – evolutionsgeschichtlich ein Rückschritt, aber ein verdauungsmäßig köstlicher Entwicklungspfad.

Wir wissen heute, dass die Vormenschen der Gattung Australopithecus zusammen mit den Schimpansen und den Bonobo-Affen von einem gemeinsamen Vorfahren abstammten. Daher erforschten Wissenschaftler Bonobos, um die Entwicklungsgeschichte und die Expression der menschlichen Fett-Gene besser zu verstehen. Und sie fanden heraus, dass Bonobo-Affen so gut wie kein Körperfett besitzen. Als man Bonobos sezierte, die eines natürlichen Todes gestorben waren, stellte man fest, dass der Fettanteil der Männchen bei 0,005 Prozent, der Weibchen bei 3,6 Prozent der Körpermasse lag. Forschungen zufolge besaßen aber wohl schon die männlichen Australopithecinen einen Körperfettanteil von zwei Prozent, die weiblichen von acht bis zehn Prozent. Die Theorie lautet nun, dass diese Vormenschen begannen, weitere Strecken zurückzulegen, sich so von ihren ursprünglichen Nahrungsquellen entfernten und deshalb Fett ausbildeten, um Energie zu speichern. Frauen haben im Allgemeinen einen höheren Körperfettanteil, weil dieser vom Reproduktionszyklus abhängt. Dadurch erhöhen sich ihre Chancen, erfolgreich ein Kind auszutragen.

Jetzt drücken wir mal auf schnellen Vorlauf, bis wir beim *Homo erectus* und *Homo sapiens* ankommen. Im Laufe dieser Entwicklung legten die Frauen kontinuierlich Fett zu – die

Frauen unserer Art brauchen einen Körperfettanteil von 12 bis 14 Prozent, um fruchtbar zu sein. Wie wir bereits gesehen haben, hat der Mensch, als er größere Strecken zurücklegte, im Zuge dessen auch ein größeres Gehirn entwickelt. Damit Frauen Babys dieser neuen, mit einem größeren Gehirn ausgestatteten Art ernähren konnten, entwickelten sie mehr Fettspeicher. Doch während der hierfür erforderliche Körperfettanteil gleich geblieben ist, weist der moderne Mensch mittlerweile weltweit eine Adipositasrate von 15 Prozent auf und sind zwei Drittel der Amerikaner übergewichtig. Heute hat eine Frau durchschnittlich 25 bis 30 Prozent Körperfettanteil, und Männer bringen es immerhin noch auf 18 bis 24 Prozent.

Wir verstehen nun, dass wir Fettpolster als effiziente Energiespeicher für Hungerzeiten und Hungersnöte entwickelt haben. Ein schlanker Mann von ungefähr 75 Kilo hat gewöhnlich rund 100 000 Kalorien in Form von Fett gespeichert. Müssten wir diese Energie ausschließlich in Form von Kohlenhydraten speichern, würde dieser Mann 125 Kilogramm wiegen. (Glykogen, die Speicherform der Kohlenhydrate, hat eine geringere Energiedichte als Fett.)

In Kapitel 3 haben wir uns schon kurz mit dem Hormon Leptin beschäftigt. Es sagt unserem Gehirn, dass wir Fett in den Speichern vorrätig haben. Das Problem ist jedoch folgendes: Je mehr Fett wir gespeichert haben, desto höher steigt der Leptinspiegel im Blut. Und dies wiederum hat zur Folge, dass sich das Gehirn darauf einstellt und diesen hohen Leptinspiegel irgendwann für normal hält. Es ist nur darauf geeicht, einen plötzlichen Abfall des Leptinspiegels auszumachen, der auf eine Hungersnot hinweisen könnte. Entwicklungsgeschichtlich ist dies sinnvoll, denn wir haben ja in den vergangenen Jahrmillionen hinweg Fett gespeichert, um es nutzen zu können, wenn es dafür gute Gründe gibt.

Wie viele Fettzellen ein Mensch besitzt, bleibt von der Geburt bis zum Tod gleich. Doch das Fettgewebe kann sich bis zum 15-Fachen seines ursprünglichen Volumens ausdehnen. Darüber hinaus besitzen Säugetiere zwei verschiedene Fettarten: weißes und braunes Fett. Weißes Fett speichert Energie (diese Art Fett hat der Mensch für Mangelzeiten entwickelt), braunes Fett dagegen verbraucht Energie und erzeugt Wärme – Tiere verbrennen nach dem Winterschlaf vorzugsweise braunes Fett.

Wissenschaftler im schwedischen Göteborg haben kürzlich zwei verschiedene Arten brauner Fettzellen entdeckt – die eine ist der sogenannte Babyspeck, also das Fett, das wir gewöhnlich in der Jugend abbauen.[144] Mittlerweile suchen viele Forscherteams nach Wegen, weißes in braunes Fett umzuwandeln, denn braunes Fett würde das Risiko senken, Diabetes und Herzerkrankungen zu entwickeln. Bruce Spiegelman, Professor für Zellbiologie an der Universität Harvard und am Dana-Farber Cancer Institute, berichtete 2012, dass das Muskelhormon Irisin weißes in braunes Fett umwandeln kann.[145] Da große Zweifel daran bestanden, ob es so einen Stoff tatsächlich gibt, wurde Spiegelman Betrug vorgeworfen. Doch er und sein Team verteidigten ihr Ergebnis überzeugend. Andere Studien hingegen zeigten, dass auch Gene wie das PRDM16-Gen bei dieser Fettumwandlung eine große Rolle spielen. Auch dies ist ein interessanter Ansatz, wenn es darum geht, gesundheitliche Risiken zu verringern, die durch einen übermäßigen Fettanteil entstehen.

Was das Gewicht unseres Gehirns angeht, sind Wissenschaftler mittlerweile dahintergekommen, dass die Anzahl der Neuronen wichtiger ist. Das menschliche Gehirn wiegt im Schnitt 1,3 Kilogramm, doch allein unsere Hirnrinde enthält ungefähr 16 Milliarden Neuronen. Ein Elefantengehirn wiegt dagegen fünf Kilo, bringt es aber nur auf circa fünf Milliarden

Neuronen. Menschen und Affen haben zwar fast das gleiche Genom, doch der Mensch verfügt über DNA-Sequenzen, die man als *human accelerated regions* (HAR) bezeichnet, die die Produktion von Neuronen steigern. Als sich der moderne Mensch also vor gut 200 000 Jahren in Afrika entwickelte, verdreifachte sich die Größe seines Gehirns, weil es mehr Neuronen sprießen lassen konnte.

Daher sind vermutlich sowohl die Gehirngröße als auch die Möglichkeit der Fettspeicherung Maßnahmen, die gegen das Verhungern helfen sollen. Das Gehirn entwickelte sich, als der Mensch lernte, auf zwei Beinen zu gehen, und dadurch mobiler wurde. Die Fettspeicher hingegen halfen ihm durch Zeiten, in denen er kaum Essbares fand. Dies erklärt unter anderem auch, warum diese evolutionäre Strategie bei Vögeln nicht funktionierte. Vögel verbrauchen beim Fliegen sehr viel mehr Energie, als wir beim Gehen verbrauchen. Daher entwickelten fliegende Tiere das sprichwörtliche »Spatzenhirn«. Da sie ja gegen die Schwerkraft ankommen müssen, können nicht mal schlanke Vögel ein größeres Gehirn haben.

Steinzeit-Ernährung damals und heute

Das Paläolithikum oder die Steinzeit beginnt mit der Altsteinzeit vor etwa 2,5 Millionen Jahren, als die Frühmenschen begannen, Werkzeuge aus Stein zu benutzen. Die Altsteinzeit ging über in die Mittelsteinzeit und dann in die Jungsteinzeit, die vor ungefähr 40 000 Jahren begann. Allerdings haben Wissenschaftler kürzlich in Kenia an der archäologischen Stätte Lomekwi 3 am Westufer des Turkanasees Steinwerkzeuge gefunden, die 3,3 Millionen Jahre alt sind. Dies lässt vermuten, dass der Mensch schon viel früher als angenommen Werkzeuge benutzte.

Als Arzt werde ich häufig nach der Paläo-Diät oder Steinzeit-Ernährung gefragt. Diese beruht auf der Vorstellung, man solle sich so ernähren wie die Menschen in der Steinzeit. Es ist richtig, dass sich unser Erbgut erstaunlich wenig von dem unserer Vorfahren unterscheidet, die vor 50 000 bis 100 000 Jahren lebten. Andererseits hat sich die Evolution, wie bereits dargestellt, in den letzten 50 000 Jahren, was den Menschen angeht, geradezu überschlagen. Die Genexpression hat sich aufgrund unterschiedlicher Umweltbedingungen und der Einwirkung von Mikroorganismen verändert. Wie es dazu kam? Weil unser Lebensstil, wie bereits erwähnt, auf unsere Genexpression starken Einfluss ausübt. Genexpression heißt, dass die Informationen in unseren Genen genutzt werden, um neue Produkte zu erzeugen – Proteine oder RNA-Stückchen, die als Gefährten der DNA beim Codieren und Übertragen der Geninformation, bei der Regulation und Expression der Gene fungieren. Folglich mag sich zwar unser genetischer Code nur wenig verändert haben, doch haben die Auswirkungen unserer Ernährung und unserer Wanderbewegungen zu vielen neuen Produkten der Genexpression und zu einer beschleunigten Evolution geführt. Unsere Genexpressionen sind wie unser Appetit gleichsam explodiert, gleichzeitig haben wir uns von einem Leben in enger Gemeinschaft mit einer Gruppe entfernt. Unsere Gene wurden speziell für unsere Art feingetunt und unvoreingenommen verbreitet. Doch egal, wie unsere genetische Prognose auch lauten mag, so können wir doch auf das genetische Karma hoffen – auf unsere Fähigkeit, unseren genetischen Code durch unser Handeln zu beeinflussen.

Denn auch wenn wir die Vergangenheit romantisch verklären und uns gelegentlich wie Höhlenmenschen benehmen, so sind wir doch definitiv nicht mehr Steinzeitmenschen, selbst wenn deren Ernährung aus weniger verarbeiteten Lebensmitteln bestimmte Vorteile haben mag. Das beginnt schon damit, dass es viele der Pflanzen und Fleischarten, die die Menschen damals aßen, heute nicht mehr gibt. Also hören wir besser auf, uns etwas vorzumachen und dem Marketingmythos »Paläo-Diät« aufzusitzen. Wenn wir uns tatsächlich so ernähren würden wie Steinzeitmenschen, würden wir uns einen Großteil der großartig ausgetüftelten Resultate entgehen lassen, die der menschliche Körper erbracht hat, indem er dank der neuen nützlichen Nahrungsquellen der modernen Ernährung gute Genexpressionen entwickelt hat. Die Evolutionsbiologin Marlene Zuk nennt dies in ihrem gleichnamigen Buch eine »Paläofantasie«:

»Paläofantasien« rufen die Erinnerung an eine Zeit wach, in der wir ganzheitlich – Körper, Geist und Verhalten – im Einklang mit unserer Umwelt standen ... doch eine solche Zeit hat es nie gegeben ... Wir und alle anderen Lebewesen sind immer durch die evolutionären Zeiten geschlingert und mussten dabei die unvermeidlichen Kompromisse eingehen, die ein Kennzeichen des Lebens sind.[146]

Woher wollen wir denn überhaupt wissen, was die ersten Menschen aßen? Wir sind, was wir essen, genauer gesagt: Wir werden dazu. Wenn man stabile Kohlenstoff-, Stickstoff- und Schwefelisotope in versteinertem Weichgewebe und mineralisiertem Gewebe, wie zum Beispiel Knochenmaterial, analysiert, kann dies bei der Rekonstruktion der jeweiligen Ernährung helfen. Dazu weicht man die Knochen in Aceton ein, um mögliche Verunreinigungen zu entfernen. Dann wird das Kollagen, der Proteinbestandteil der Knochen, extrahiert, indem man die Probe in Salzsäure einlegt, bis sich die einzelnen Bestandteile lösen und der Knochen demineralisiert ist. Nach der Kollagengewinnung (Gelatinisierung) werden die Proben mehrfach gewaschen und gefiltert. Erst dann sind sie reif für die Isotopenanalyse. Die isotopische Zusammensetzung der Funde liefert uns nun keinen exakten Menüplan. Sie ermöglicht auch keine Unterscheidung zwischen guten und schlechten Ernährungsgewohnheiten. Doch anhand der Isotopenverhältnisse können wir bis zu einem bemerkenswerten Grad die verschiedenen Nahrungsgruppen unterscheiden: Fleisch oder pflanzliche Nahrung, Landtiere oder Fisch und Meeresfrüchte als Proteinquellen usw. Man muss sich das ein bisschen so vorstellen wie *CSI* für Anthropologiefreaks.

Die frühen Jäger-Sammler-Gesellschaften ernährten sich, zumindest zu Beginn der Steinzeit, hauptsächlich von Fleisch: Mindestens 50 Prozent ihrer Kalorienzufuhr bestand daraus. Man schätzt, dass die Cholesterinaufnahme des Menschen in den letzten 100 000 Jahren etwa 500 Milligramm pro Tag betrug. Und doch lag der durchschnittliche Cholesterinwert bei Jäger-Sammlern zwischen 101 und 141 mg/dl, also deutlich unter dem des heutigen Menschen. Ein Löwe verschläft durchschnittlich 20 Stunden seines Tages, und doch liegt trotz seiner wenigen kalorienverbrennenden Bewegung und seiner rein fleischlichen Ernährung sein Blutcholesterinspiegel rund 30 mg/dl unter dem eines Menschen! Der Cholesterinspiegel muss also noch von anderen Faktoren abhängen als von der reinen Cholesterinaufnahme. Umso mehr, als der Löwe im Gegensatz zum Menschen ein reiner Fleischfresser ist und empfindlich auf einen Mangel an Aminosäuren wie Arginin und Taurin reagiert, die sich nur in frisch getöteten Tieren finden.

Aber der Zusammenhang zwischen hohem Fleischkonsum und Cholesterinwerten ist wissenschaftlich ohnehin recht interessant. Früher verzehrten die Menschen alle essbaren Teile von Wildtieren, also nicht nur das Muskelfleisch, und deckten etwa 35 Prozent ihrer gesamten Kalorienzufuhr über den Fleischkonsum. (Sie aßen also mehr Fleisch, als wir heute als gesund empfehlen würden.)

Wenn wir uns die Ernährung von Steinzeitmenschen ansehen, kommen wir auf einen möglichen maximalen Cholesterinspiegel von 150 mg/dl und einen Durchschnittswert von 125 mg/dl. Vor etwa 50 Jahren lag der durchschnittliche Gesamtcholesterinwert in den USA bei 222 mg/dl. Nach der Jahrtausendwende fiel dieser Wert auf 199 mg/dl aufgrund der Verschreibung von Statinen. Interessant ist nun vor allem der Blick auf andere Tierarten, indem wir Pflanzen-, Fleisch- und Allesfresser vergleichen und so sehen können, wie sehr der moderne Mensch aus dem Lot geraten ist.[147]

Art	Serumcholesterin (mmol/l)	Serumcholesterin (mg/dl)
Ziege	1,4–1,6	52–62
Wild	1,8–2,5	68–96
Schwein	1,9–2,5	73–98
Löwe	3,8–4,4	147–170
Schneeleopard	3,2–3,4	124–131
Jäger-Sammler	2,6–3,7	101–141
Schweizer (1999–2001)	5,8	222
US-Bürger (2005–2006)	5,2	199

Wie die Geschichte und historische Ernährungsmuster zeigen, hat die Fettaufnahme wenig mit den tatsächlichen Serumcholesterinspiegeln zu tun. Wenn es ums Fett geht, zählt die Art der Fette letztlich mehr als die Menge.

Chemisch betrachtet ist eine Fettsäure gesättigt, wenn sie ihr Maximum an Wasserstoffatomen enthält, und ungesättigt, wenn das ein oder andere Wasserstoffatom fehlt und sich deshalb Doppelbindungen zwischen den Kohlenstoffatomen der Fettsäurekette bilden. Enthält die Fettsäure nur eine solche Doppelbindung, spricht man von »einfach ungesättigt« (z. B. enthalten Erdnussbutter oder Olivenöl überwiegend einfach ungesättigte Fettsäuren). Enthalten Fettsäuren mehr als eine Doppelbindung, bezeichnet man sie als »mehrfach ungesättigt« (z. B. sind in Soja-, Sonnenblumen- und Lachsöl überwiegend mehrfach ungesättigte Fettsäuren zu finden). Die meisten Öle, die wir zum Kochen verwenden, sind eine Mischung aus diesen drei Fettsäure-Typen, in Reiskeimöl beispielsweise in nahezu gleichen Anteilen. Was nun gesättigte Fettsäuren angeht, lässt sich unser Wissensstand wie folgt zusammenfassen:

> Wenn jeden Tag gleich viel gesättigte Fettsäuren verzehrt werden, dann scheint dies auf den Serumcholesterinspiegel keinen Einfluss zu haben.
> Vergleicht man das Rehfleisch, das unsere steinzeitlichen Vorfahren verzehrten, mit dem Fleisch moderner Rinder, so hat das Wild auf den gesamten Körper bezogen einen Fettanteil von sieben Prozent, das Rindfleisch jedoch um die 40 Prozent. Selbst wenn wir nur das Muskelfleisch vergleichen, haben Rehe und Antilopen immer noch 14 Prozent weniger Fettanteil als Rindfleisch. Die Steinzeitmenschen aßen also vielleicht mehr Fleisch, trotzdem enthielt ihre Ernährung weit weniger gesättigte Fettsäuren, als wir heute zu uns nehmen (8 Prozent des gesamten Ernährungsspektrums im Vergleich zu 12 Prozent beim modernen Menschen).
> Ungesättigte Fettsäuren, die mindestens eine Doppelbindung in der trans-konfigurierten Form enthalten, bezeichnen wir als Transfette. Diese finden sich hauptsächlich in Margarine und künstlich gehärteten Ölen, die man zur Herstellung

von Keksen, Kuchen und Fastfood wie Pommes frites und Burgern verwendet. Geringe Mengen Transfettsäuren kommen auch in der Natur vor, zum Beispiel in Rindfleisch und Butter. In der Steinzeit aber nahm der Mensch weniger als halb so viel Transfette zu sich wie der moderne Mensch. Aufgrund der Transfette ist industriell verarbeitetes Fleisch so ungesund.

Auch die Veränderungen des Verhältnisses der mehrfach ungesättigten Fettsäuren im Lauf der menschlichen Evolution verdienen unsere Aufmerksamkeit. Hier geht es vor allem um das Verhältnis zwischen Omega-3- und Omega-6-Fettsäuren. Diese sind ein wichtiger Bestandteil jeder Zellmembran, was bedeutet, dass sie bei der Regulierung des Blutdrucks und entzündlichen Prozessen beteiligt sind. Der menschliche Körper kann (das gilt sowohl für Steinzeitmenschen als auch für uns Heutige) alle Fettsäuren herstellen, die er braucht – mit zwei Ausnahmen: Linolsäure (LA), eine Omega-6-Fettsäure, und Alpha-Linolensäure (ALA), eine Omega-3-Fettsäure. ALA und LA finden sich in den öligen Bestandteilen von Pflanzen und Samen. Obwohl gewöhnlich der LA-Anteil überwiegt, sind Rapsöl und Walnussöl gute Quellen für ALA. Wir brauchen beide Fettsäuren, damit Zellwachstum und Reparaturvorgänge durchgeführt werden können, doch auch, weil sich aus diesen beiden Stoffen andere Fettsäuren herstellen lassen. (Z. B. kann der Körper Arachidonsäure – AA –, die in Eigelb enthalten ist, auch aus Linolsäure herstellen.) Etwa 8 bis 20 Prozent der Alpha-Linolensäure werden in Eicosapentaensäure (EPA) umgewandelt. Diese schützt das Herz und ist hauptsächlich in Fischöl enthalten. Leinöl zum Beispiel ist reich an Omega-3-Fettsäuren, kann aber nicht so gut in EPA oder Docosahexaensäure (DHA) umgewandelt werden wie Fischöl. DHA ist ein wichtiges Strukturelement in der Haut, im Gehirn und in den Hoden. Und der Steinzeitmensch aß auch all diese Körperteile, wenn er ein Tier erlegt hatte.

Bis in die jüngere Vergangenheit stammten die tierischen Bestandteile in der Ernährung eher aus dem Meer als von Landtieren – anders als heute. Im August 1999 fand man im zurückgehenden Gletschereis des Tatshenshini-Alsek-Nationalparks in Britisch-Kolumbien die Überreste eines gut erhaltenen Körpers. Die Radiokarbondatierung ergab, dass der Mann, den man Kwäday Dän Ts'ìnchį getauft hatte (»Gefundener Mensch aus alter Zeit«), zwischen 1670 und 1850 gelebt haben musste, also noch bevor die Europäer in dieser Region aufgetaucht waren. Man extrahierte Fette aus seiner Haut und seinen Knochen und unterzog sie einer genauen genetischen und Isotopen-Analyse. Diese ergab, dass der Mann vermutlich Fleischesser war. Ungewöhnlich war nur, dass man auch langkettige Hydroxy-Fettsäuren (LCHFAs), 10- und 12-Hydroxy-Eicosapentaensäure und 10- bzw. 12-Hydroxy-Docosahexaensäure in den Knochen fand. Letztere deutete auf eine vorwiegende Ernährung aus dem Meer hin, obwohl der Mann fast 80 Kilometer von der nächsten Küste entfernt gefunden worden war.[148]

Es gibt reihenweise Belege dafür, dass in den letzten 150 Jahren die Aufnahme von Omega-6-Fettsäuren zunahm, während der Verzehr von Omega-3-Fettsäuren zurückging. Im selben Zeitraum nahm die Anzahl der Herzerkrankungen zu. Deshalb werfen wir jetzt mal einen Blick auf das Verhältnis von Omega-3- zu Omega-6-Fettsäuren in der paläolithischen Ernährung. Portulak *(Portulaca oleracea)* ist eine Sukkulente, die auch von frühen Menschen häufig gegessen wurde. Interessanterweise enthält er achtmal so viel ALA wie heutiges Gemüse (Karotten, Bohnen, Erbsen, Spinat, Tomaten etc.). Die Analyse der Ernährung unserer Vorfahren ergab, dass das Verhältnis von

Omega-6- zu Omega-3-Fettsäuren ungefähr bei 1:1 lag. Heute liegt es – zumindest für die westliche Hemisphäre – bei 15:1.

Studien zeigen, dass ein niedrigeres Verhältnis von Omega-6- zu Omega-3-Fettsäuren bei Frauen das Risiko reduziert, an Brustkrebs bzw. Alzheimer-Demenz zu erkranken.[149] Man weiß mittlerweile, dass industriell verarbeitetes Fleisch wie Speck oder Schinken einen hohen Anteil an LDL-Cholesterin enthält. Jüngere Studien der Weltgesundheitsorganisation (WHO) zeigen, dass nur täglich 50 Gramm solcher verarbeiteter Fleischsorten (das sind gerade mal zwei Scheiben Schinken) das Risiko, Darmkrebs zu entwickeln, um 18 Prozent ansteigen lassen.[150] Des Weiteren linderte ein Verhältnis von Omega-6- zu Omega-3-Fettsäuren von 2–3:1 die Entzündungen bei Patienten mit rheumatischer Arthritis, selbst ein Verhältnis von 5:1 zeigte noch positive Auswirkungen bei Asthma. Dagegen stellten sich bei einem Verhältnis von 10:1 viele negative gesundheitliche Effekte ein. Alle oben erwähnten Erkrankungen sind heute auf dem Vormarsch, im besten Einklang mit unserer modernen, immer stärker industrialisierten Ernährung. Folglich scheint eine Rückkehr zu einer traditionellen, nicht industriellen Ernährung angesagt zu sein.

In seinem Buch *Survival of the Fattest: The Key to Human Brain Evolution* (Das Überleben der Fettesten: Der Schlüssel zur menschlichen Gehirnentwicklung) beschreibt Stephen Cosgrave Cunnane, wie der Übergang zur »Küstenernährung« die Fettentwicklung beförderte. Plötzlich verzehrte der Mensch Schalentiere, Fische, Marschpflanzen und Frösche – lauter Dinge, die man nicht mehr im Laufen oder mit dem Speer jagen musste. Am Ufer zu fischen war ein eher sitzender Zeitvertreib, für den man weniger als zuvor die Beine bewegen musste, und siehe da: Schon nahm der Körperfettanteil innerhalb unserer Spezies zu.[151]

Das Interessante an den Omega-3-Fettsäuren ist, dass sie gegen viele Krankheiten schützen, die mit Adipositas verbunden sind, zum Beispiel Diabetes oder Herzerkrankungen, selbst wenn sie nicht vor Übergewicht schützen. Was heißt: Es ist durchaus möglich, pummelig *und* gesund zu sein. Wissenschaftler vom Fred-Hutchinson-Center für Krebsforschung in Seattle untersuchten Yup'ik-Eskimos in Alaska. Diese verzehren ungefähr 20-mal so viel Omega-3-Fettsäuren wie der Durchschnittsamerikaner, weil sie sich hauptsächlich aus dem Meer ernährten, vor allem viel Lachs aßen. Als man dann auch noch ihren Body-Mass-Index bestimmte, kam man zu höchst aufschlussreichen Resultaten: Der Anteil der übergewichtigen Menschen war bei den Eskimos keineswegs geringer als im US-Durchschnitt, doch der Anteil der Diabetiker war weniger als halb so groß: 3,3 Prozent bei den Eskimos, 7,7 Prozent bei den US-Amerikanern.[152]

Dem Diagramm auf Seite 171 können Sie entnehmen, welches Verhältnis der drei Fettsäuren in den am häufigsten verwendeten Speiseölen vorherrscht.

Kurz zusammengefasst: Je weniger gesättigte Fettsäuren man zu sich nimmt, desto besser (vor allem angesichts unserer heutigen bunt gemischten Ernährung). Wenn es jedoch um mehrfach ungesättigte Fettsäuren geht, sind Omega-3-Fettsäuren wichtiger als Omega-6-Fettsäuren, wie gerade das Studium der Ernährung unserer Vorfahren zeigt. Ungesättigte Fettsäuren kommen natürlich in Milchprodukten und Fleisch vor. Vermeiden sollten Sie auf jeden Fall Transfette, die entstehen, wenn man Öle zu Margarine härtet, und die man in allen möglichen industriell produzierten Lebensmitteln verwendet. Und wenn wir glauben, wir ernährten uns wie unsere Vorfahren in der Steinzeit, dann sitzen wir einem Irrtum auf, denn viele der damals verzehrten Pflanzen gibt es heute gar nicht mehr, und die Tiere, die wir zum Fleischverzehr züchten, enthalten sehr viel mehr Fett als das Wild damaliger Zeit.

Es gibt zwei verschiedene Arten von gesättigten Fettsäuren – langkettige (mehr als 12 Kohlenstoffatome in der Fettsäurekette) oder mittelkettige (unter 12 Kohlenstoffatome). Schokolade zum Beispiel enthält Stearinsäure, eine langkettige Fettsäure (LCFA). Aber Schokolade bzw. Kakaobutter erhöht den LDL-Cholesterinspiegel um 75 Prozent weniger als Butter, obwohl beide circa 60 Prozent ungesättigte Fettsäuren enthalten. Das liegt daran, dass die Stearinsäure sich im Hinblick auf den Cholesterinspiegel neutral verhält.

Eine Studie, die Dr. James Pottal in *Neurology* veröffentlichte, untersuchte den Omega-3-Spiegel bei 1000 Frauen. Man maß dabei die Konzentration von Omega-3-Fettsäuren im Rahmen sämtlicher Fettsäuren in den roten Blutkörperchen und setzte diese in Beziehung zum Gehirn. Das Resultat war höchst erstaunlich: Omega-3-Fettsäuren *vergrößerten* das Gehirnvolumen. Der Hippocampus, das Gehirnareal, das für verschiedene kognitive Funktionen verantwortlich ist, war bei Frauen mit niedrigem Anteil an Omega-3-Fettsäuren deutlich kleiner, was wiederum auf ein erhöhtes Risiko hinweist, an Alzheimer-Demenz zu erkranken. Also sind wir zum Anfang unserer Ausführungen zurückgekehrt: *Dickes Gehirn, schlanker Bauch.*

Verhältnis von gesättigten, einfach ungesättigten und mehrfach ungesättigten Fettsäuren in verschiedenen Fetten und Ölen[153]

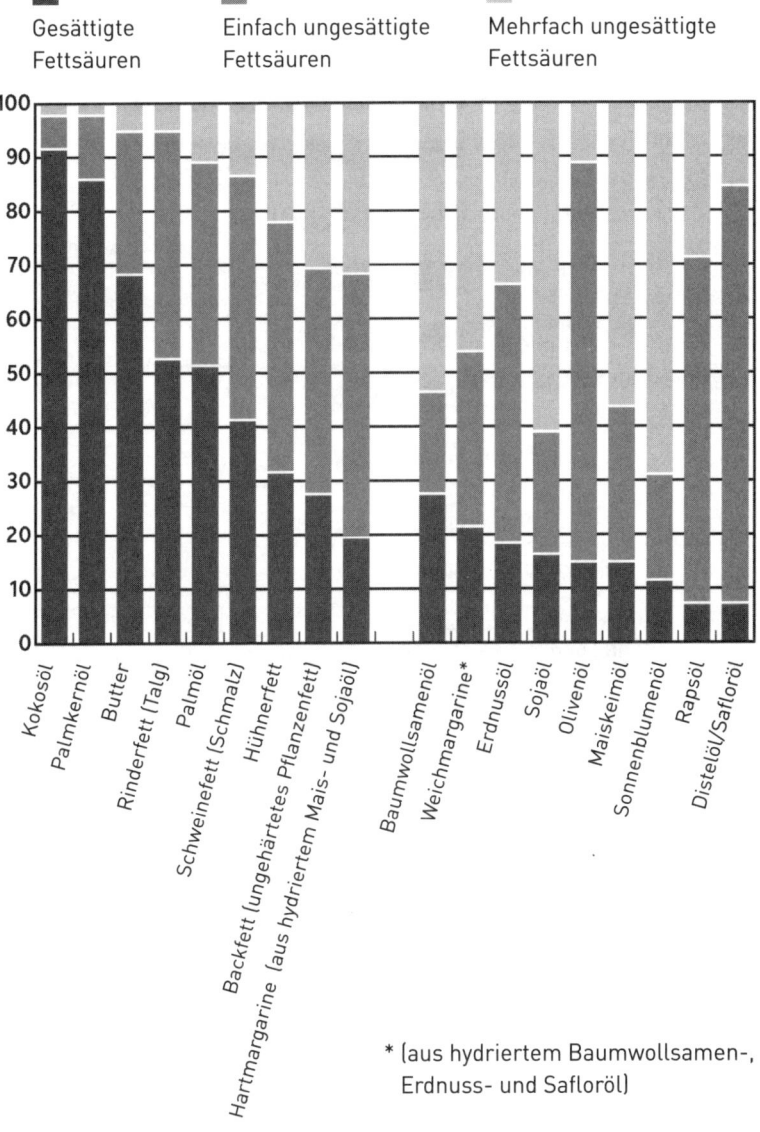

* (aus hydriertem Baumwollsamen-, Erdnuss- und Safloröl)

Das unten stehende Diagramm zeigt, wie viel Omega-3-Fettsäuren in Fisch enthalten sind:[154]

Omega-3-Fettsäuren in Fisch

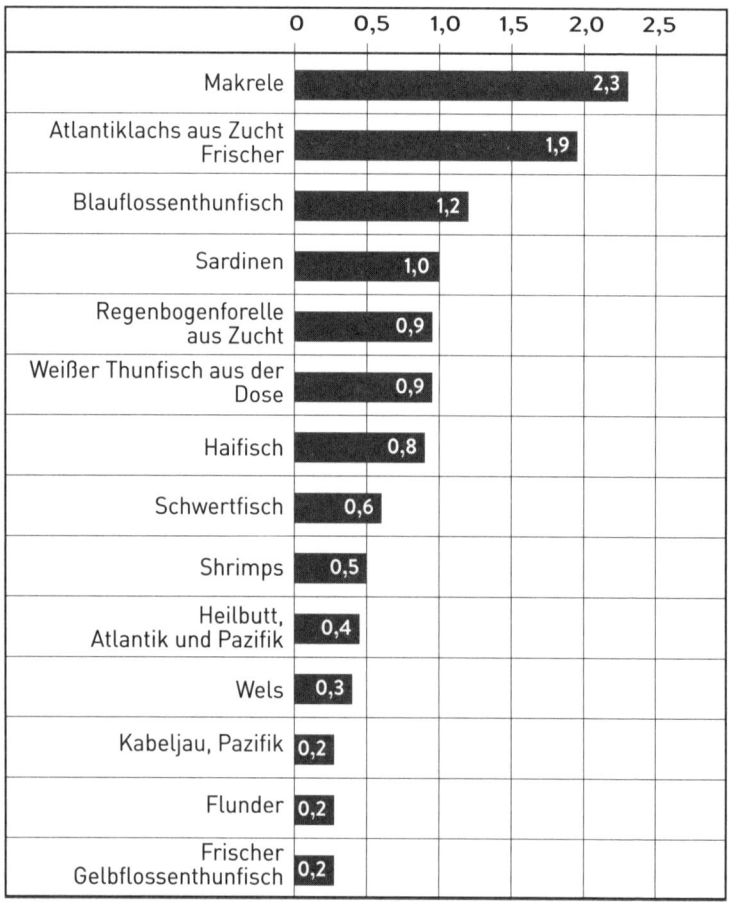

Gehalt in Gramm pro 100 g rohem Fisch: Je höher die Zahl, desto höher der Gehalt an Omega-3-Fettsäuren.

Quelle: Datenbank des US-Landwirtschaftsministeriums, Ausgabe 16 (2003)

Wenden wir uns nun den Kohlenhydraten zu. 85 Prozent unserer modernen Kohlenhydratzufuhr werden durch Getreide und Getreideerzeugnisse gedeckt. Und allein 15 Prozent unserer Kalorienzufuhr entstammen »Zuckerzusätzen«. Unsere Vorfahren in Afrika vor 50 000 Jahren bezogen 35 Prozent ihrer Kalorienaufnahme aus Kohlenhydraten. Diese aber stammten fast durchweg von Obst und Gemüse, nicht von Getreide, dessen Gewinnung zu arbeitsintensiv war. Honig war in der Steinzeit der einzige »Zuckerzusatz« und lieferte nur zwei bis drei Prozent der täglichen Kalorienzufuhr.

Über die Bedeutung der Ballaststoffe wird häufig gesprochen, allerdings wird dabei nur selten zwischen unlöslichen und löslichen Ballaststoffen unterschieden. Erstere regen die Darmbewegung an, Letztere senken den Cholesterinspiegel. In der Steinzeit stammten die löslichen Ballaststoffe aus Obst und Gemüse, heute hingegen nehmen wir die meisten Ballaststoffe über Getreideprodukte auf. Schätzungsweise nahmen unsere Vorfahren fünfmal so viel Ballaststoffe zu sich als heutige Menschen, die sich in wohlhabenden Ländern durchschnittlich ernähren.[155] Weniger als fünf Prozent der US-Amerikaner nehmen die empfohlene Tagesration an Ballaststoffen zu sich. Und wenn doch, dann stammen diese fast ausschließlich aus Getreide und Getreideerzeugnissen wie Reis, Weizen und Mais. Unsere Vorfahren hingegen verzehrten sehr viel mehr Hülsenfrüchte – tatsächlich gehören Leguminosen wie Dicke Bohnen, Kichererbsen und Linsen zu den Nahrungsmitteln mit den höchsten Ballaststoffanteilen.

Unsere genetische Vergangenheit zu rekonstruieren stellt sich also als recht schwierig heraus. Der Mensch verhält sich, als wäre er ein extrem kostbares Wesen, das auf Kosten anderer Geschöpfe erhalten werden muss. Dass wir allmählich den Planeten zerstören, von dem wir leben, scheint uns weiter nicht zu kümmern. Wir führen unser Leben in geschäftiger Intensität in verschiedenen Regionen und Ländern, produzieren Industrienahrung und -gemüter und nehmen uns nicht genügend Zeit, über die Geschichte unserer Art nachzudenken. So enthält zum Beispiel die Ernährung in westlichen Industrieländern zu wenig Omega-3-Fettsäuren und übermäßig Omega-6-Fettsäuren im Vergleich zu der Ernährung, auf deren Basis sich die Menschen – und wichtiger noch, unsere genetischen Muster – entwickelten.

Das Problem mit unserer genetischen Vergangenheit ist, dass wir ihr nicht entgehen können. Unsere Gene begleiten uns überall hin. Indem wir im Hinblick auf unsere genetische Vergangenheit das Richtige tun, eröffnen wir uns die schrankenlose Freiheit einer guten Gesundheit. Wenn wir also tatsächlich prähistorische Ernährungsmuster befolgen wollen, an die wir uns entwicklungsgeschichtlich angepasst haben, dann müssen wir die Transfette von unserem Speiseplan streichen, mehr Ballaststoffe zu uns nehmen, sicherstellen, dass wir mehr oder minder die gleiche Menge an Omega-3- und Omega-6-Fettsäuren zu uns nehmen und weniger als fünf Prozent unseres Energiebedarfs durch Raffineriezucker und Zuckerzusätze befriedigen. Und dennoch wären wir deshalb keine prähistorischen Steinzeitmenschen, sondern noch immer moderne Menschen, die sich jedoch so weit wie möglich so ernähren, wie es die Natur für uns vorgesehen hat.

Darm und Gehirn in heutiger Zeit

In den späten 1970er-Jahren, als ich ungefähr elf Jahre alt war, bat mein Vater mich, nicht so viele Eier zu essen, weil er darüber einen kritischen Artikel in einer medizinischen Fachzeitschrift gelesen hatte. »Was würde denn passieren, wenn ich jeden Tag ein halbes Dutzend Eier äße?«, fragte ich. Ich hatte nämlich gehört, dass manche Gewichtheber diese Menge verzehrten.

»Du könntest an einer Herzerkrankung sterben«, lautete die einfache und erschreckende Antwort meines Vaters, die auch ein Kind leicht verstehen konnte. Ein paar Jahre zuvor hatte das US-Ministerium für Ernährung seine Empfehlungen zum Fettverzehr veröffentlicht: Senken Sie den Konsum von Fett, sodass Sie daraus höchstens ein Drittel Ihrer täglichen Kalorienzufuhr beziehen, und schränken Sie den Verzehr von gesättigten Fettsäuren, die man über rotes Fleisch, Eier, Milch und Milchprodukte – insbesondere Käse – aufnimmt, so ein, dass Sie damit höchstens zehn Prozent Ihres Energiebedarfs decken. Wenn ich mir diese Empfehlungen heute ansehe, wundere ich mich über das Fehlen jeglicher wissenschaftlicher Grundlagen. Tatsächlich gab es weder Belege, dass diese Ernährungsempfehlungen Todesfälle verhindern würden, noch irgendeine Erläuterung, wie man zu diesen Zahlen gelangt war.

Als Arzt und Wissenschaftler weiß ich, wie fehlerhaft Statistiken sein können. Da jedoch in den USA zu jener Zeit so viele Menschen an Herzerkrankungen starben, sprang jeder auf den Fett-Zug auf. Die Empfehlungen zum Fettverzehr verbreiteten sich in Windeseile in den Arztpraxen und wurden dort wie ein Evangelium gepredigt. Aber: Für die Aufforderung an all die vielen Menschen, ihre Ernährungsgewohnheiten hinsichtlich ihres Fettkonsums drastisch zu ändern, gab es keine echte sachliche Grundlage. In einer Zeit, in der die Universitäten begannen, die Mathematik hinter Dichtung, Tanz und Ähnlichem zu erforschen, war dies eine wissenschaftliche Farce vom Feinsten – und ein Industriemythos vom Schlimmsten.

Zoe Harcombe, Ernährungswissenschaftlerin an der University of the West of Scotland, untersuchte die Empfehlungen von damals in der Zeitschrift *Open Heart* und schreibt: »Das Fazit lautet, dass es keine Belege gab, um diese Empfehlungen auszugeben ... Besonders wichtig wäre gewesen, dass die Empfehlungen durch solide ernährungswissenschaftliche Kenntnisse untermauert worden wären, aber die waren eindeutig nicht vorhanden.«[156] Der Artikel endet mit der Feststellung: »1983 gab man Ernährungsratschläge für 220 Millionen US-Amerikaner und 56 Millionen Briten aus, und zwar ohne jegliche Beweise aus randomisierten, kontrollierten Studien.«[157]

Es scheint, als würde dies auch auf Low-Fat- (Low-Energy-) Diäten zutreffen. Denn wenn es um Dicksein und Abnehmen geht, spielen konkrete Diäten wohl keine Rolle. In einer großen Meta-Analyse – einer Überprüfung mehrerer Studien – schrieben die Autoren:

Eine Meta-Analyse von mehreren randomisierten kontrollierten Studien, die die Ergebnisse von schnellem Gewichtsverlust (erzielt durch eine sehr stark kalorienreduzierte Ernährung) und langsamerem Gewichtsverlust (erzielt durch eine kalorienreduzierte Ernährung mit circa 800 bis 1200 Kalorien pro Tag) am Ende eines kurzfristigen Follow-up (< 1 Jahr) und eines langfristigen Follow-up (≥ 1 Jahr) verglichen, ergab, dass die sehr stark kalorienreduzierte Ernährung zwar mit einem signifikant höheren Gewichtsverlust am Ende des kurzfristigen Follow-up verbunden war (16,1 Prozent versus 9,7 Prozent), sich jedoch am Ende des langfristigen Follow-up hinsichtlich des Gewichtsverlustes kein deutlicher Unterschied zwischen der sehr stark kalorienreduzierten und der kalorienreduzierten Diät mehr ausmachen ließ.[158]

Das hätte uns vermutlich auch der gesunde Menschenverstand gesagt. Diäten funktionieren nicht. Basta. Fettarm, fettreich, kalorienreduziert, hochkalorisch – es ist besser, wir betrachten alles, was wir zu uns nehmen, als Nahrungsquelle, da wir ja nun mal täglich essen müssen. Die meisten Diäten unterliegen Moden und einem regelmäßigen Auf und Ab in den Medien. Wir wissen, dass einige Dinge für uns wirklich schlecht sind, zum Beispiel Transfette und raffinierter Zucker. Ansonsten aber treffen die verschiedenen Nahrungsbestandteile, also Proteine, Kohlenhydrate und Fette, in unserem Magen in einer Art »gastrischer Kollision« aufeinander. Getreu den gut bekannten Regeln des Stoffwechsels werden sie fein säuberlich zerlegt und zu verschiedenen Zellen transportiert, um die Energie zu erzeugen, die Körper und Geist am Laufen hält.

»Es ist außerordentlich gefährlich, ohne Polsterung den Pfeilen der Krankheit ausgesetzt zu sein«,[159] schreibt George Eliot in *Middlemarch*: Wir können also durchaus gesund sein, wenn wir über einen längeren Zeitraum dick sind – ungeachtet der Tatsache, dass unser Gehirn dabei schrumpft?

Vor einigen Jahren schaltete ich den Fernseher ein, als sich dort gerade Chris Christie, der Gouverneur von New Jersey, als der vermutlich »gesündeste Dicke, den Sie je gesehen haben« beschrieb.[160] Das wirft eine interessante Frage auf: Sind einige Menschen dazu bestimmt, dicker zu sein, oder haben sie die Kontrolle darüber? Nun, die Anzahl unserer Fettzellen wird in der Kindheit festgelegt und bleibt von da an gleich. Wenn wir zunehmen, werden unsere Adipozyten (Fettzellen) größer. Auch nach einem chirurgischen Eingriff gegen Adipositas, wie einer Magenverkleinerung, bleibt die Anzahl der Fettzellen gleich, aber man nimmt ab, weil die Fettzellen kleiner werden. Kristy Spalding und ihr Team vom Karolinska-Institut in Schweden fanden heraus, dass bei übergewichtigen Erwachsenen der

Aufbau der Fettzellen früher einsetzt und später aufhört als bei normalgewichtigen Menschen.[161] Im Allgemeinen werden dicke Kinder auch zu dicken Erwachsenen.[162]

Menschenbabys sind erstaunlich fett im Vergleich zu anderen Tierkindern: Ein See-Elefanten-Baby bringt es auf durchschnittlich 85 Pfund und nur zwei Prozent Körperfett bei der Geburt, eine Katze auf 130 Gramm und 1,8 Prozent Körperfett. Ein Menschenbaby hingegen wiegt im Durchschnitt 3,4 Kilogramm und hat schon einen ansehnlichen Körperfettanteil von 15 Prozent.[163] Vor einigen Jahrzehnten ging man noch davon aus, dass Fett bei Babys nur der Wärmeisolation diene. Mittlerweile wissen wir, dass Babyfett eine weitaus komplexere Angelegenheit ist und dass dieser Energiespeicher dem Kind hilft, Notzeiten zu überstehen und Infektionen abzuwehren. Und wer sollte das besser wissen als ich …

Ich wurde vorzeitig geboren und sofort in eines der wenigen Krankenhäuser in England gebracht, die zu jener Zeit für die Versorgung von winzigen Frühgeborenen ausgestattet waren. Wie vielen anderen Eltern in der gleichen Situation riet man damals auch meinen Eltern, meine Geburt nicht bekanntzugeben. Auf diese Weise würden nur sie trauern und enttäuscht sein, sollte ich aufgrund meiner unvollständig ausgebildeten Lungen letztlich doch nicht überleben.

Vielleicht wecken gerade solche Widrigkeiten den Kampfgeist. Als ich von den Krankenschwestern sanft in meinen warmen Brutkasten gelegt wurde, ließ ich mir meine Zukunft nicht nehmen – und als mich meine Eltern schließlich nach Hause holen konnten, war ich so fett, dass alle wissen wollten, womit in aller Welt sie mich fütterten. Als Arzt und Evolutionsbiologe weiß ich heute, dass mir diese großen Fettpolster als Energiespeicher dienten – eine wichtige Strategie und eine Methode, um meine Überlebenschancen in der ernährungstechnisch und immunologisch schwierigen Periode meiner ersten Säuglingszeit zu sichern. Als ich älter wurde, verlor ich das meiste Fett wieder, vor allem im Internat. Heute wiege ich mehr oder minder so viel wie zu meiner Studentenzeit. Ich nahm nur einmal zu, als ich eine kurze Zeit lang viel Coca-Cola trank. Welchen Einfluss Zucker auf unser Gewicht hat, werden wir im nächsten Abschnitt sehen.

Wir wissen also, dass Fettdepots angelegt werden, weil der Körper auf eine eventuelle Hungersnot vorbereitet sein möchte. Kann das also heißen, dass manche Menschen genetisch dazu prädestiniert sind, dick zu sein?

Hormone und Appetit

Die Entwicklungsgeschichte des Körperfetts zu studieren wäre ein guter Anfang, wenn man sich mit Übergewicht auseinandersetzt, vermutete Jeffrey Friedman, Molekulargenetiker am Rockefeller-Universitätskrankenhaus.[164] Deshalb beschäftigte er sich mit einer Studie aus dem Sommer 1949. Damals hatte man einige sehr dicke Mäuse gefunden, die die Aufmerksamkeit der Forschung auf sich zogen, da Übergewicht bei Mäusen – außer bei gelben Agouti-Mäusen – sehr selten ist. Dies führte zur Entdeckung einer rezessiven Mutation im Gen *ob* (für Obesitas, Fettleibigkeit), das 1950 vom Roscoe B. Jackson Labor in Maine in Mäusen gefunden worden war.

Voller Erstaunen darüber, dass ein einziges Gen die Mäuse dick werden ließ, klonte Friedman das ob-Gen und ein verwandtes Gen bei Menschen und entdeckte ein Hormon namens Leptin. Leptin wird von den Adipozyten abgegeben, den Fettzellen. Menschen mit einer Mutation im ob-Gen fehlt es an Leptin, daher neigen sie dazu, zu viel zu essen. Ihr Gehirn sagt ihnen nämlich ständig, dass sie noch hungrig sind. Wenn man diesen Menschen Leptin gibt, nehmen sie drastisch ab. Leptin und ein verwandtes Hormon namens Amylin sind daher bis heute die heißesten Themen in der Fettleibigkeitsforschung. Amylin hilft Menschen, die gegen Leptin bereits resistent sind.

Als Shirly Pinto, eine Postdoktorandin im Labor von Jeffrey Friedman, sich näher mit der Wirkung von Leptin auf die neuronalen Verschaltungen im Gehirn beschäftigte, fand sie heraus, dass Leptin jene Neuronen hemmt, die Tiere zum Essen und zum Anlegen von Fettdepots anregen. Gleichzeitig aktiviert es Neuronen, die Impulse geben, die Nahrungsaufnahme zu begrenzen.[165] Das Leptin verändert dabei die Synapsen, also jene Stellen, an denen unsere Zellen miteinander in Kontakt treten und kommunizieren. Anders ausgedrückt ist das Gehirn von dicken und schlanken Menschen in einigen Fällen unterschiedlich verschaltet. In der Regel ist Leptin ein gutes Maß für das Funktionieren des Fettstoffwechsels.

Findet sich kein Leptin im Blut, isst der Mensch. Steigt der Leptinspiegel dann an, dann verleidet ihm das Leptin das Essen – senkt sein Hungergefühl – und bewirkt, dass er sich mit der halben Portion zufrieden gibt. Dabei wird über den Austausch von neuronalen und Zellsignalen heftig diskutiert. Mensch und Leptin stehen sich zwar misstrauisch gegenüber und streiten auf biochemischer Basis ein wenig miteinander, aber am Ende wird ein natürliches Gleichgewicht erreicht. Solche engen Wechselspiele bestimmen letztendlich die meisten Vorgänge in unserem menschlichen Körper. Darüber hinaus hat das Leptin einen Gegenspieler: das Ghrelin, das den Appetit steigert. Man könnte kurz zusammengefasst also sagen: Leptin ist ein Hormon, das in den Fettzellen entsteht und den Appetit reduziert. Ghrelin hingegen ist ein Hormon, das den Appetit fördert. Beide spielen eine wichtige Rolle in der Aufrechterhaltung unseres Gewichts.

In letzter Zeit wurden die Auswirkungen von Zucker auf den Leptinspiegel genauer untersucht. Zucker führt zu Leptinresistenz, hat also beim Entstehen von Übergewicht einiges mitzureden. Robert Lustig, Kinder-Endokrinologe an der University of Californien in San Francisco, glaubt, dass die Zunahme übergewichtiger Menschen in den letzten 30 Jahren allein das Resultat unseres erhöhten Zuckerkonsums ist.[166] Lustig, der darüber ein Buch geschrieben hat *(Die bittere Wahrheit über Zucker)* meint sogar, Zucker sei das neue Fett.

Aber was hat das nun mit der Größe unseres Gehirns zu tun? Jüngere Studien zeigen, dass Leptin das Gehirnvolumen tatsächlich vergrößert. Eine Studie der National Institutes of Health in den USA begleitete 18 Monate lang drei Frauen, die ausgewählt wurden, weil sie eine sehr seltene rezessive Mutation des ob-Gens aufwiesen, ähnlich der bei den fettleibigen Mäusen.[167] Als man den Probandinnen Leptin verabreichte, verloren sie beinahe 50 Prozent ihres Durchschnittsgewichts, wobei hauptsächlich Fettmasse abgebaut wurde. Und als man sie im MRT untersuchte, stellte man überrascht fest, dass sich die graue Substanz in ihren Gehirnen vergrößert hatte. Ein Anwachsen des Gehirnvolumens um zehn Prozent zeigten auch vier Wochen alte fettleibige Mäuse, nachdem man ihnen zwei Wochen lang Leptin gegeben hatte. Diese Zunahme geht teilweise auf einen Anstieg der Zellzahl zurück, was sich daran zeigte, dass die gesamte Gehirn-DNA um 19 Prozent zugenommen hatte. Anders ausgedrückt: Schlanker Bauch, dickes Gehirn.

Man sollte hier vielleicht noch hinzufügen, dass ein genetisch bedingter, angeborener Leptinmangel bei weniger als einem unter 2000 Menschen vorkommt. Bei den meisten ist der dicke Bauch das Resultat mangelnder Selbstkontrolle und nicht genetisch bedingt. Leptin ist im Wesentlichen ein Sättigungshormon, das von den Fettzellen hergestellt wird, und je mehr Fettzellen Sie haben, desto mehr Leptin haben Sie merkwürdigerweise auch (wenn Sie nicht gerade diesen Gendefekt geerbt haben). Aus diesem Grund funktionieren Crash-Diäten nicht. Ich werde oft gefragt, ob Fettabsaugung den Stoffwechsel beeinflusst. Um die Wahrheit zu sagen: Fettabsaugung ist in Hinblick auf den Stoffwechsel sinnlos. Wenn Sie nämlich die Kalorienzufuhr eines Menschen drastisch herabsetzen oder seine Fettzellen absaugen, dann fällt sein Leptinspiegel ab. In der Folge entwickelt er immer mehr Hunger, schüttet weniger Schilddrüsenhormone aus, und sein Stoffwechsel verlangsamt sich. Das macht ihn sogar noch hungriger und kurbelt die Produktion von Hormonen an, die dafür sorgen, dass er wieder an Gewicht zulegt.

Fett und Cholesterin

Beim Körperfett gibt es anscheinend zwei schwerwiegende Übel mit weitreichenden Konsequenzen – Dickleibigkeit und Cholesterin. Wissenschaftliche Untersuchungen zeigen, dass 75 Prozent der adipösen Kinder auch als Erwachsene übergewichtig sind. Nur zehn Prozent der Kinder mit einem gesunden Gewicht können dieses auch in späteren Jahren halten.[168]

Wir haben bereits gesehen, dass Körperfett das Risiko steigert, an einer Demenz zu erkranken, und dass es unser Gehirnvolumen verringert. Wir haben die verschiedenen Fettarten näher betrachtet und wie sich die Fettdepots im Verlauf der Evolution entwickelt haben. Aber welchen Weg nimmt das Fett durch unseren Körper? Erst als die Wissenschaft sich mit diesem Thema beschäftigte, begann man, den Cholesterinstoffwechsel zu verstehen.

Klar ist, dass jede biochemische Veränderung, die unsere Ernährung auslöst, Folgen hat. Es war der Chemiker Robert Boyle (derselbe übrigens, der den Brief über die Elefanten-Obduktion erhielt), der als Erster herausfand, dass Tiere ein Fetttransportsystem besitzen. 1665 stellte Boyle fest, dass die Flüssigkeit in den Lymphgefäßen im Magen-Darm-Trakt von Tieren milchig wurde, wenn sie ein fetthaltiges Mahl genossen hatten, und dass diese Emulsion über den Milchbrustgang *(Ductus thoracicus)* in den Blutstrom eintrat. Der Milchbrustgang ist ein größeres Lymphgefäß, das die Lymphe aus dem Körper sammelt und sie in größere Venen überführt. Doch es sollte noch ein Jahrhundert dauern, bis François Poulletier de la Salle 1769 in Gallenflüssigkeit und Gallensteinen das Cholesterin entdeckte – eine Entdeckung, die er allerdings nie veröffentlichte. 1815 fand dann Michel Eugène Chevreul die Substanz erneut und nannte sie »Cholesterin«. 1924 stießen Simon Henry Gage und Pierre Augustin Fish auf Boyles ursprüngliche Aufzeichnungen und stellten fest, dass das Blut, das man Menschen nach einer fettreichen Mahlzeit abnahm, winzige Partikel von etwa einem Mikrometer (einem Tausendstel Millimeter) Durchmesser enthielt. Diese Partikel nannten sie Chylomikronen.

Fett wird von Molekülen transportiert, die man Lipoproteine nennt. Lipoproteine enthalten Cholesterin und Protein. Man teilt sie gewöhnlich nach ihrer Dichte ein in LDL, VLDL und HDL. Ihre Dichte wiederum hängt auch davon ab, wie viel Protein sie enthalten. Das Low-Density-Lipoprotein (LDL) besteht normalerweise aus 25 Prozent Protein, High-Density-Lipoprotein (HDL) dagegen aus 50 Prozent Protein und weniger Fett. Aus diesem Grund wünscht man sich mehr HDL als LDL. Die Leber, die immer Cholesterin herstellt, unabhängig davon, ob wir welches mit der Nahrung zu uns nehmen, produziert einen anderen Typ: Das Very-Low-Density-Lipoprotein (VLDL), das hauptsächlich Fette wie Triglyzeride und nur fünf bis zehn Prozent Protein enthält. Wenn VLDL in den Blutstrom eintritt, werden die Triglyzeride von Enzymen aufgespaltet und es wird zu LDL umgewandelt.

Cholesterin ist heute wohl der überstrapazierteste und gefürchtetste Begriff im Wortschatz der Medizin, denn es ist ein weitaus komplexeres Thema, als es auf den ersten Blick erscheint: Hier gilt es Akteure wie HDL, LDL, Omega-3-Fettsäuren, mehrfach ungesättigte und gesättigte Fettsäuren zu berücksichtigen, zudem gibt es gutes und böses Cholesterin. Wenn Sie damit falsch umgehen, können Sie auf dem OP-Tisch eines Herzchirurgen landen oder zumindest einen dicken Hintern bekommen. Was aber ist gutes und was böses Cholesterin? Der Klärung dieser Frage wollen wir uns anhand von Informationen der American Heart Association nähern:[169]

> LDL-Cholesterin (das »böse« Cholesterin) verstopft Arterien, bildet Plaques und nimmt den Arterienwänden ihre Elastizität. Wir nennen diese Verhärtung der Arterien Arteriosklerose. Wenn sich Bestandteile der Plaques lösen und die verengten Arterien ganz blockieren, kommt es zum Herzinfarkt oder Schlaganfall. Vor allem Transfette erhöhen den LDL-Spiegel.
> HDL-Cholesterin (das »gute« Cholesterin) hilft, das LDL-Cholesterin aus den Arterien zu entfernen. Experten nehmen an, dass es als sogenannter Scavenger (»Müllmann« oder »Ausputzer«) fungiert, indem es das LDL-Cholesterin aus den Adern zurück in die Leber transportiert, die es aufspaltet und dann aus dem Körper ausscheidet.
> Triglyzeride sind eine weitere Fettart. Sie dienen dazu, ein Zuviel an Energie, das wir mit der Nahrung aufnehmen, zu speichern. Hohe Triglyzeridspiegel bringt man ebenfalls mit Arteriosklerose in Verbindung. Der Triglyzeridspiegel steigt bei Übergewicht, Bewegungsmangel, Rauchen, zu viel Alkohol und zuckerreicher Ernährung (wenn Zucker mehr als 60 Prozent der Gesamtkalorienzufuhr ausmacht).
> Lp(a) oder Lipoprotein(a) ist sehr ähnlich aufgebaut wie das LDL-Cholesterin und wird von einem Gen codiert, das die

Bildung von Plaques und Blutgerinnseln auslöst. Ein hoher Lipoprotein(a)-Spiegel ist ein signifikanter Risikofaktor für die vorzeitige Bildung von Fettablagerungen in den Arterien.

Unser Gesamtcholesterinspiegel wird nach folgender Gleichung ermittelt: HDL + LDL + 20 Prozent des Triglyzeridspiegels.

Erinnern Sie sich noch an unsere dickleibigen Mäuse mit dem mutierten ob-Gen? Diese Mäuse waren steril, wurden aber viermal so dick wie ihre Artgenossen.[170] Interessanterweise schien ihr Übergewicht sich nicht negativ auf ihre Lebenserwartung auszuwirken. Diese Mäuse können fett werden und doch häufig ein gesundes Herz haben, sie sind quasi die Chris Christies der Mäusewelt. Das liegt daran, dass Wildmäusen von Natur aus das CETP- (Cholesterinester-Transferprotein-)Gen fehlt. Daher tritt ihr Cholesterin weitgehend in der gesunden HDL-Form auf, und sie laufen weniger Gefahr, dass ihre Arterien verstopft werden.

Der Wandel in der Cholesterinforschung
Ernest Becker schreibt in seinem Buch *The Denial of Death* (Die Verleugnung des Tods), der Mensch sei »ein Schöpfer mit hochfliegenden Ideen, der über Atome und Unendlichkeit spekuliert, und doch bleibt er letztlich ... ein Wurm und Futter für die Würmer.«[171] Es gibt keinen Ort, an dem man besser über Atome (und Würmer) spekulieren könnte als in Oxford, wo sich die älteste englischsprachige Universität befindet.

Wann immer ich in Großbritannien bin, nehme ich mir die Zeit, im Keble College vorbeizusehen, das zur Universität Oxford gehört. Ich besuche dort meinen Freund Jonathan (Sir Jonathan Phillips), der mittlerweile Leiter des Colleges ist und mich dort immer willkommen heißt. Bei meinem letzten Besuch gab Jonathan mir zu Ehren ein Abendessen in seinen Diensträumen, vergaß jedoch zu erwähnen, dass man von mir eine Rede erwartete. Es war vermutlich nicht meine beste Rede, doch in bester Keble-Traktarianer-Manier wurde sie zu einer unvergesslichen und geschätzten Erfahrung.

Bei diesem Abendessen lernte ich einen jungen Bengalen kennen, der Würmer erforschte, um Erkenntnisse über menschliche Langlebigkeit zu gewinnen. Er war ein echter Forschergeist, und wir diskutierten eingehend über seine Arbeit. Er untersuchte den nichtparasitären Fadenwurm *Caenorhabditis elegans*. Der im Boden lebende Wurm ist zum neuen Liebling der Forscher avanciert, die sich mit Organentwicklung, Zelltod, Verhalten und vielen anderen biologischen Prozessen beschäftigen. Der nur einen Millimeter lange Wurm ist anatomisch einfach gebaut und lässt sich leicht in der Petrischale ziehen. Sein Körper zählt nicht mehr als ungefähr 1000 Zellen, sein Nervensystem, das aus 302 Zellen besteht, schon mitgerechnet. Da er so klein ist, lässt sich seine gesamte neuronale Verschaltung gut untersuchen, ja möglicherweise sogar nachbauen. Auf den Erkenntnissen über den Wurm setzen Modelle für Neurowissenschaften und Robotertechnik auf. Dass der Körper des Wurms durchsichtig ist und die Anzahl der Zellen von Individuum zu Individuum ebenso wenig variiert wie deren Position, macht ihn zum idealen Forschungsobjekt für Medizin und Biologie.

Als im Jahr 2001 die Resultate der Erforschung des menschlichen Genoms veröffentlicht wurden, war man erstaunt, dass der Mensch nur etwa 30 000 Gene haben sollte – sehr viel weniger also als die ursprünglich vorhergesagten 150 000. Aber jetzt kommt es: *Caenorhabditis elegans* besitzt etwa 19 000 Gene. Der Mensch und dieser winzige Wurm haben rund 19 000 Gene gemein!

Dass Würmer in die Cholesterinforschung aufgenommen wurden, war mehr oder weniger Zufall. Irgendwann fand man nämlich heraus, dass sie zwar Cholesterin zum Überleben brauchen, selbst aber keines herstellen können. Fadenwürmer brauchen Cholesterin, um eine Lebensphase abzuschließen, die man als »Dauerstadium« bezeichnet und eine Art Winterschlaf ist. Indem man nun die Cholesterinzufuhr des Wurms und die verschiedenen biochemischen Botenstoffe kontrolliert, kann man die Rolle des Cholesterins eingehend studieren. Parasitäre Würmer beispielsweise erfahren über Cholesterinderivate (Moleküle, die aus Cholesterin hergestellt werden), dass sie eine biologische Grenze überwunden haben und in den Körper eines Wirts eingetreten sind. Diese Würmer (und viele parasitäre Mikroben) haben cholesterinsensible Rezeptoren. Hätte die der Mensch nur auch, wir würden uns ein Vermögen an Kardiologenhonoraren sparen!

Heute geht man in der medizinischen Forschung weitgehend davon aus, dass Cholesterin Herzkrankheiten verschlimmert. Das gilt auch für andere Faktoren wie Rauchen, hoher Blutdruck und Bewegungsmangel. Allerdings war Cholesterin vor gut 100 Jahren noch völlig unbekannt. 1913 führten Nikolai N. Anitschkow und sein Kollege Semen S. Chalatow eine Reihe von Experimenten an Kaninchen durch. Sie fütterten die Tiere mit Fleisch, Eiern und Milch und stellten bei der Obduktion fest, dass sie Defekte an den Arterien aufwiesen, die in den Augen der Wissenschaftler der menschlichen Arteriosklerose glichen. Natürlich versuchten sie daraufhin, den eigentlich Schuldigen auszumachen, und untersuchten die Auswirkungen jedes einzelnen Nahrungsmittels. Die Fütterung mit Eiern schien die Krankheit auszulösen, aber auch die Gabe von Eigelb allein. Als Nächstes isolierten sie Cholesterin aus Eigelb und lösten es in Sonnenblumenöl auf. Als sie den Kaninchen diese Mischung zu fressen gaben, bildeten die armen Tiere wiederum Ablagerungen in den Arterien aus. Sonnenblumenöl allein rief diesen Effekt nicht hervor. Und so vermuteten sie, dass der eigentlich Verantwortliche für die Schäden das Cholesterin war. Als sie den Kaninchen eine ganze Weile Cholesterin zu fressen gaben, verursachte dies die Ablagerung von faserigem Gewebe – die fettigen Schlieren wurden dick und faserig und schädigten die Arterienwände –, und dieser Prozess stand im direkten Verhältnis zur Höhe des Cholesteringehalts im Blut. Anitschkow schloss daraus:

> *Das Blut solcher Tiere zeigt einen enormen Anstieg an Cholesterin, in manchen Fällen um ein Vielfaches des Normalwerts. Man kann es also als gesichert betrachten, dass bei diesen Versuchstieren große Mengen des eingenommenen Cholesterins im Körper gebunden werden und dass die Ansammlungen dieser Substanz in den Geweben nur als Ablagerungen von den Lipoiden gedeutet werden können, die in großer Menge in den Körpersäften zirkulieren.*[172]

Anitschkow stellte die These auf, dass die cholesterinbeladenen Zellen wahrscheinlich weiße Blutkörperchen waren, die das Fett umschlossen hatten, weshalb an der arteriellen Plaquebildung auch eine Form von Entzündung beteiligt sein müsste. In Anitschkows Originalstudie wurden den Kaninchen vor der Cholesterinfütterung keine Verletzungen oder Schäden an den Blutgefäßen zugefügt, weshalb sein Diktum »Ohne Cholesterin keine Arteriosklerose«[173] kontrovers aufgenommen wurde – viele Wissenschaftler interpretierten es insofern als falsch, als sie annahmen, dass Anitschkow andere Faktoren, die Blutgefäßschäden oder Entzündungen auslösen konnten, nicht berücksichtigte und dass seine Resultate nichts weiter waren als Fettablagerungen, aber keine Plaques in den Arterien. Die Theorien des Russen wurden unter anderem auch deshalb anfänglich nicht akzeptiert, weil Bailey und seine Kollegen von der Universität Stanford das Experiment an Hunden und Ratten wiederholten, die Anitschkow-Ergebnisse aber nicht reproduzieren konnten. (Das lag daran, dass Hunde, Ratten und Menschen, anders als Kaninchen, Cholesterin in Gallensäuren umwandeln können.) Ein Kaninchen frisst ja gewöhnlich nichts, was Cholesterin enthalten würde – anders als Hunde und Menschen. Höchstwahrscheinlich aus diesen Gründen war der Rest der Wissenschaftlergemeinde nicht davon überzeugt, dass die Theorie von den Cholesterinplaques in den Arterien der Kaninchen relevant war.

1916 bemerkte C. D. de Langen, ein Kolonialbeamter in Niederländisch-Ostindien (heute Indonesien), dass die Einheimischen im Vergleich zu den holländischen Kolonisten sehr viel niedrigere Cholesterinspiegel aufwiesen. Die Holländer aßen viel Fleisch und Butter, während sich die Indonesier vorwiegend von Reis und Gemüse ernährten. Anitschkows Kaninchenexperiment hatte sich damals noch nicht bis nach Ostindien herumgesprochen, und so ersann de Langen ein eigenes Experiment – mit Indonesiern. Er setzte fünf Einheimische auf »holländische Diät« und stellte nach drei Monaten fest, dass ihr Cholesterinspiegel im Durchschnitt um 27 Prozent gestiegen war.[174] Da er jedoch seine Ergebnisse in einer wenig bekannten holländischen Fachzeitschrift veröffentlichte, blieb seine Studie weitgehend unbeachtet.

Nach dem Zweiten Weltkrieg fiel einem anderen Holländer namens J. Groen auf, dass während der Hungerjahre im Krieg auch die Anzahl der Herzinfarkte gesunken war. Er führte Experimente durch, bei denen er eine strikt vegetarische Ernährung (ohne Milchprodukte) mit einer Ernährung verglich, die auch Fleisch, Butter und Eier enthielt. Er stellte fest, dass die Vegetarier um 25 Prozent niedrigere Blutcholesterinspiegel aufwiesen.[175]

Groen war sehr penibel bei seinen Aufzeichnungen, daher fiel ihm auch auf, dass einzelne Probanden untypisch reagierten. So stieg bei einer der Versuchspersonen der Butcholesterinspiegel nicht an, obwohl sie über einen längeren Zeitraum hinweg 500 Gramm Fleisch täglich zu sich nahm. Medizinisch nennt man so etwas einen »Non-Responder«. Anders ausgedrückt: Manche Menschen konnten essen, was sie wollten, ohne dass sich ihr Cholesterinspiegel irgendwie veränderte.

In den 1950er-Jahren schrieb Ancel Keys von der University of Minnesota über die Lipidhypothese, die einen Zusammenhang zwischen Cholesterin und Ernährung sah:

Es gibt gute Gründe, weshalb man sich im Augenblick so sehr für die Auswirkungen der Ernährung auf die Blutfette interessiert. Aktuell herrscht allgemeiner Konsens, dass es zwischen der Konzentration bestimmter Lipidfraktionen im Blut und der Entwicklung von Arteriosklerose und der von ihr verursachten koronaren Herzkrankheit einen ernst zu nehmenden Zusammenhang gibt. Das Hauptmerkmal der Arteriosklerose ist das Vorhandensein von Lipidablagerungen, vorwiegend Cholesterin, in den Arterienwänden. Und sowohl beim Menschen als auch beim Tier ist die Ernährung der offensichtlichste Einflussfaktor in Bezug auf die Blutfette.[176]

Es dauerte Jahrzehnte, bis die Forscher begriffen, dass Anitschkow und tatsächlich auch de Langen ihrer Zeit weit voraus gewesen waren. So schrieb der renommierte Kardiologe Steinberg 2013 über die Lipidhypothese:

Das Hauptproblem war, dass er seiner Zeit so weit voraus war. Anitschkow kam 1885 zur Welt und veröffentlichte seinen klassischen Aufsatz 1913. Doch erst 1984 wurde die Gültigkeit der Lipidhypothese allgemein akzeptiert ... Wir, die wir in Anitschkows Fußstapfen getreten sind, ehren ihn zum 100. Jahrestag seiner bahnbrechenden Abhandlung.[177]

Vor etwa zehn Jahren sagte man Patienten noch, dass ihr LDL-Blutcholesterinwert unter 130 mg/dl liegen sollte, wenn sie ansonsten ein moderates Risiko aufwiesen (also zwei oder mehr Risikofaktoren zur Ausbildung einer Herzerkrankung, die mit einer Wahrscheinlichkeit von 10 bis 20 Prozent in den nächsten zehn Jahren zu einem Herzinfarkt führen würde). Für Menschen mit einem hohen Risiko (die bereits eine Herzerkrankung hatten oder unter Diabetes litten) gab man einen Grenzwert von 100 mg/dl an. Im Allgemeinen galt die Regel: Je niedriger der LDL-Wert, umso besser. Und man ging davon aus, dass auch das Risiko eines Herzinfarkts oder anderer kardiovaskulärer Ereignisse niedriger sein müsste, wenn man den LDL-Wert mit Statinen auf etwa 60 mg/dl und nicht nur auf circa 90 mg/dl senkt. Für Hochrisikopatienten, die bereits eine Herz- oder Gefäßoperation hinter sich hatten, lag der Zielwert bei 70 mg/dl. Für das (gute) HDL-Cholesterin hingegen peilte man einen Minimalwert von 40 mg/dl an.

Das Problem mit diesen konkreten Zielwerten war jedoch, dass es dafür keinerlei Nachweise gab, und um der Wahrheit die Ehre zu geben: Die meisten Mediziner weltweit verließen sich deshalb einfach auf grobe Schätzwerte, denn die Grenzwerte für Cholesterin waren wissenschaftlich nicht abgesichert. Die Pharmakonzerne waren über diese Empfehlungen natürlich hocherfreut. Wann hat sich die Geschäftswelt je durch das Fehlen wissenschaftlicher Belege ein gutes Geschäft durch die Lappen gehen lassen?

Beim HDL ging man von dem Grundsatz aus: Je mehr, desto besser. Doch die Idee vom guten und vom bösen Cholesterin ist problematisch. In der Theorie hört sich das alles prima an. HDL entfernt das Cholesterin aus den zum Immunsystem gehörenden Fresszellen oder Makrophagen und trägt so dazu bei, dass sich das Cholesterin nicht in unseren Blutgefäßen ablagert. Außerdem wirkt HDL als Antioxidans und darüber hinaus auch noch anti-entzündlich. Wenn das HDL hingegen nicht richtig funktioniert, kann es Blutgefäße schädigen. Es ist ein zweischneidiges Schwert, wie wir es auch bei der Stressreaktion im vorigen Kapitel gesehen haben. Und: Forschungsergebnisse belegen nun, dass emotionaler Stress tatsächlich den Cholesterinspiegel ansteigen lässt.[178]

Wie kommt es dazu? Die Plasmamembran jeder Zelle enthält Glycosphingolipide (hinter dem komplizierten Namen stecken nichts weiter als bestimmte Lipide mit einem Kohlenhydratanteil) sowie Proteinrezeptoren, die als Lipid Rafts (Lipidflöße) angeordnet sind. Man könnte sie tatsächlich als »Rettungsflöße« bezeichnen, denn ohne Cholesterin wäre Leben unmöglich. Cholesterin spielt eine wichtige Rolle in der Signalweiterleitung bei der Zell-zu-Zell-Kommunikation, bei der Instandhaltung der Zellmembranen und bei der Lungenstabilisierung durch Surfactant (eine oberflächenaktive Substanz, die z. B. bei Babys dafür sorgt, dass die Lungenbläschen beim Ausatmen nicht zusammenfallen). All diese Funktionen sind wichtig, wenn es darum geht, bei Gefahr zu fliehen oder sich zu verteidigen.

Die These vom guten bzw. bösen Cholesterin kam durch eine Studie auf, in der die Auswirkungen von Niacin (Vitamin B3) auf den Cholesterinspiegel untersucht wurden.[179] Man fand heraus, dass Niacin das (schon als böse eingestufte) LDL-Cholesterin senkte und den HDL-Wert ansteigen ließ (der herrschenden Meinung nach ja eigentlich eine gute Sache). Diese Theorie hat jedoch einen Haken, wie man in einer Medikamentenstudie über einen sogenannten CETP-Hemmer herausfand. (Wir erinnern uns: Wildmäuse hatten kein CEPT und daher mehr gutes Cholesterin im Blut.) Als man den CETP-Hemmer Torcetrapib des Pfizer-Konzerns testete, bewirkte die gemeinsame Gabe von Torcetrapib und einem Statin eine Reihe von Todesfällen, da es den Blutdruck so erhöhte, dass die Versuchspersonen Schlaganfälle oder Herzinfarkte erlitten. Das machte deutlich, dass in Hinblick auf Cholesterol im menschlichen Körper der Grat zwischen Gut und Böse hauchdünn ist.

Früher erwartete man von Ärzten, dass sie den Cholesterinwert ihrer Patienten unter 100 mg/dl senkten. Als ideal galten 70 mg/dl. Mittlerweile hat man all diese Grenzwerte widerrufen, da sie wissenschaftlich schlicht nicht plausibel sind. Man konzentriert sich nun darauf, mit Cholesterinsenkern, Statinen, das LDL zu senken – ohne vorgegebenen Grenzwert.[180] Man teilte die Statine ein in hochwirksame Präparate (senken den LDL-Wert um mindestens 50 Prozent) und moderat wirksame (senken den LDL-Wert um mindestens 30 Prozent, aber weniger als 50 Prozent).[181] Jedem Patienten der zwischen 21 und 75 Jahre alt ist und eine Herz-Kreislauf-Erkrankung hat und bei dem der LDL-Wert über 190 mg/dl liegt oder der zwischen 40 und 75 Jahren ist und an Diabetes leidet, wird ein hochwirksamer Cholesterinsenker empfohlen – zur großen Erleichterung der Pharmakonzerne, die diese Medikamente herstellen. Manche Kardiologen finden sogar, man sollte Statine als eine Maßnahme der öffentlichen Gesundheitsvorsorge ins Trinkwasser mischen. Doch auch Statine sind nicht risikofrei. Ihre vorwiegenden Nebenwirkungen sind Muskelschmerzen und Muskelschäden, Leberschäden und sogar Gedächtnisverlust. Darüber hinaus gibt es (noch) keine allgemein akzeptierte Behandlung für Statin-verursachte muskuläre Erkrankungen.

Eines der Probleme an der ganzen Cholesteringeschichte ist, dass man dabei die Stimme der Wissenschaft so lange ignorierte, dass sie heute zweifelhaft erscheint. Hieß es zuerst, der Cholesterinspiegel müsse überwacht werden, sagt man jetzt, dass er nicht so wichtig sei. Dabei wollen die meisten Menschen ja ohnehin nur wissen, wie sie ihr Leben praktisch angehen sollen, zum Beispiel ob sie Eier oder Speck essen dürfen. Wie verwirrend dies alles für die Öffentlichkeit ist, zeigt sich an einem 50-jährigen Patienten von mir, der sich Sorgen machte, weil sein Vater mit 53 Jahren einen Herzinfarkt erlitten hatte: »Herr Doktor, was ist denn nun mit Eiern? Sind die gut oder schlecht? Jahrelang hieß es, Eier seien schädlich, und jetzt sagt man uns, wir könnten ruhig Eier essen, ohne uns wegen der Cholesterinwerte sorgen zu müssen.«

Na, dann sehen wir uns doch das Ei mal an. Dem US-Landwirtschaftsministerium zufolge enthält ein großes Ei 186 Milligramm Cholesterin.[182] Das Hauptproblem mit den Eiern sind aber nicht die Eier selbst, sondern die »Beilagen«, gewöhnlich industriell verarbeitete Lebensmittel wie Speck und Schinken mit einen hohen Anteil an Transfetten. Auch andere industriell verarbeitete Lebensmittel enthalten diese grundsätzlich ungesunden Transfette. Wenn Sie gesund sind, können Sie beruhigt täglich ein Ei essen. Einem Informationsblatt der Mayo-Klinik zufolge sollte man nach Möglichkeit nicht mehr als 300 mg Cholesterin täglich zu sich nehmen, und Menschen, die an Diabetes oder einer Herzerkrankung leiden, sollten besser ihre Cholesterinzufuhr auf weniger als 200 mg pro Tag reduzieren.[183]

Als im *New England Journal of Medicine* ein Artikel mit dem Titel »Normale Blutcholesterinwerte bei einem Mann, der täglich 25 Eier verzehrt« erschien, antwortete Ancel Keys, der mittlerweile als der Vater aller Theorien zu Ernährung und Herzkrankheiten gilt:

Über die Nahrung zugeführtes Cholesterin hat eine starke Auswirkung auf den Cholesterinspiegel im Blut von Hühnern und Kaninchen, doch viele kontrollierte Studien haben gezeigt, dass über die Nahrung zugeführtes Cholesterin bei Menschen begrenzte Auswirkungen hat. Wird Cholesterin einer cholesterinfreien Ernährung hinzugefügt, steigt bei Menschen der Blutwert an. Wird es einer uneingeschränkten Ernährung zugegeben, ist der Effekt minimal.[184]

In seinem Originalexperiment fütterte Anitschkow seinen ansonsten cholesterinfrei ernährten Kaninchen Cholesterin. Das war das Problem an seiner Studie: Das Konzept war gut, doch die Schlussfolgerungen waren irreführend. Die Kaninchen bildeten Fettablagerungen aus, die sich von den menschlichen Plaques unterscheiden. Schließlich produziert beim Menschen auch die Leber Cholesterin, das für die optimale Funktionstüchtigkeit der Zellmembranen und von Hormonen unerlässlich ist. Wenn unsere Ernährung also täglich in etwa gleich ist und aus vielen verschiedenen Nahrungsmittelgruppen besteht, dann hat zusätzliches Cholesterin eine minimale Auswirkung.

Fettzellen sind nicht an Konventionen gebunden und kennen keine Scham. Die Anzahl unserer Fettzellen wird in der Kindheit festgelegt, aber die Zellen können sich bewegen, zusammenstoßen und sich enorm ausdehnen. Cholesterin hingegen kennt kein Mengenlimit, unterscheidet sich jedoch nach Typ und Ort im Körper. Cholesterin ist notwendig zur Instandhaltung unserer Zellmembranen, und offensichtlich brauchen Fettzellen oder Adipozyten, wenn sie größer werden, ihre eigene Cholesterinfabrik, um so sicherzustellen, dass sie die Struktur ihrer Membranen unversehrt aufrechterhalten können. Folglich kurbelt Fettleibigkeit die Cholesterinproduktion auch deshalb an, damit für diesen erhöhten Bedarf gesorgt ist.

Doch ein hoher Cholesterinspiegel kann zur Abnahme des Volumens der grauen Substanz im Gehirn führen. Die graue Substanz ist im Wesentlichen die Steuerungs- und Verarbeitungseinheit des Gehirns, da sie die Nervenzellkörper mit ihren Dendriten (den Fortsätzen, die in der Regel Reize und Signale aufnehmen) enthält. Im Gegensatz dazu steht die weiße Substanz, die die Axone (Fortsätze, die Reize an andere Zellen weiterleiten) enthält, welche die verschiedenen Gehirnareale verknüpfen. Wissenschaftliche Untersuchungen zeigen, dass die graue Substanz durch einen hohen Cholesterinspiegel abnimmt. Dies gilt selbst für Menschen, die nicht an Demenz leiden.[185] Dr. Jospeh I. Friedman von der Icahn School of Medicine am Mount Sinai Hospital in New York hat mit seinen Kollegen Gehirn-Scans von Patienten analysiert, die Risikofaktoren für Herz- und Gefäßkrankheiten aufwiesen, aber noch keine Symptome zeigten. Dabei fanden sie heraus, dass ein hoher Cholesterinspiegel das Volumen des Gehirns insgesamt verringerte, aber auch seinen Stoffwechsel herunterfuhr. Außerdem arbeiteten die einzelnen Gehirnteile bei diesen Patienten nicht mehr so gut zusammen.[186] Auch hier zeigte sich also, dass ein dicker Bauch zu einem dünnen Gehirn führt. Doch ebenso zeigte sich, dass es Hoffnung gibt. Änderungen am Lebensstil, zum Beispiel mehr Bewegung (Ausdauertraining mit viel Beinarbeit), konnten diese Veränderungen rückgängig machen, wenn sie rechtzeitig erkannt wurden.

Das Schlank-Gen

»Warum werden französische Frauen nicht dick?« Diese Frage stellt man sich auf Medizinerkongressen ebenso wie unter Freunden. Die Bestsellerautorin Mireille Guiliano stellt in ihrem Buch *Warum französische Frauen nicht dick werden* französische

Ernährungsgewohnheiten vor.[187] Das »französische Paradox« beschäftigt jedoch auch die Wissenschaft. So suchten Mediziner nach genetischen Anhaltspunkten – der einzige war möglicherweise ein niedriger Homocysteinspiegel. (Erhöhte Homocysteinwerte im Blut und niedrige Folsäurespiegel werden mit einem erhöhten Risiko für Herz-Kreislauf-Erkrankungen in Verbindung gebracht.)

Die Einwohner von Toulouse haben mit die niedrigsten Homocysteinwerte auf der ganzen Welt. Sowohl mit dem Homocystein- als auch mit dem Folatstoffwechsel ist das MTFHR-Gen assoziiert. In Frankreich isst man viele folsäurehaltige Gemüsesorten, es kommen kleinere Portionen auf den Tisch (man findet dort auf der Verpackung von Lebensmitteln sogar eine Warnung vor dem Essen zwischen den Mahlzeiten), Fast Food hat schlechte Karten, die Menschen bewegen sich mehr (Radfahren auf dem Land oder Treppensteigen in alten Wohnhäusern), trinken Kaffee ohne Milch, Rotwein und essen kleine Portionen Käse. (Käse wie z. B. Brie regen die Ausschüttung von Cholecystokinin an, das schneller satt macht.) Daher zeigt die Vorliebe der Franzosen für Croissants zum Frühstück nur minimale Folgen.

Es gibt zudem ein Gen, das Menschen natürlich dünn bleiben lässt – und möglicherweise kommt dieses Schlankheits-Gen häufiger in Populationen vor, die mehr dünne Individuen umfassen und in denen viele gesättigte Fettsäuren verzehrt werden. Jüngere klinische Studien haben gezeigt, dass der Einfluss von gesättigten Fettsäuren bei Adipositas von Variationen im Gen APOA2 abhängt.[188] Wenn Sie die TT- oder TC-Allelkonstellation dieses Gens besitzen, haben Sie kein erhöhtes Risiko für Fettleibigkeit, wenn Sie viele gesättigte Fettsäuren verzehren. Haben Sie hingegen die CC-Variante, dann lassen Sie besser Ihre Finger von Frittiertem und Gebackenem.

Ein erhöhter Body-Mass-Index und Bauchfett können mit einem erhöhten Homocystein-Plasmaspiegel assoziiert sein, der auch in Verbindung mit einer Abnahme der Hirnfunktion (Alzheimer-Demenz) und Insulinresistenz steht. Die Insulinresistenz kann als Vorstufe von Diabetes betrachtet werden und geht auf stark erhöhten Zuckerkonsum zurück.

Aus Studien wissen wir, dass die Verdoppelung oder Verdreifachung von gesättigten Fettsäuren in einer ansonsten gleichbleibenden Ernährung nicht zu erhöhten Cholesterinwerten im Blut führt. Hingegen fördert ein erhöhter Zuckerkonsum – vor allem von Fruktose (Fruchtzucker) –, dass sich der Cholesterinspiegel erhöht. Es ist also von entscheidender Bedeutung, raffinierten Zucker und Zuckerzusätze zu vermeiden, die in vielen industriell verarbeiteten Nahrungsmitteln stecken. Zucker gilt als das neue Fett, weil Kohlenhydrate wie raffinierter Zucker eine Leptinresistenz verursachen. Und diese macht – wie wir bereits gesehen haben – dick und hungrig.

Jegliche Zweifel daran, dass Zucker schädlicher ist als Fett, zerstörte schließlich eine Studie über die Auswirkungen eines Blutzuckerspiegels im höheren Normalbereich bei Menschen in ihren Sechzigern. Sie zeigte, dass bereits ein hoher Normalwert (der fast Diabetikerniveau erreicht) mit abnehmendem Gehirnvolumen und Demenz assoziiert ist.[189] Auch hier heißt es wieder: Dicker Bauch, dünnes Gehirn, wenngleich hierfür Zucker die Ursache ist. Gerade Fruchtzucker (Fruktose) spielt dabei eine enorme Rolle, denn viele Süßigkeiten enthalten »High Fructose Corn Syrup« (HFCS), ein Zuckerkonzentrat aus Maisstärke mit einem hohen Fruktosegehalt. Sowohl Glukose als auch Fruktose kurbeln die körpereigene Produktion von Triglyzeriden an, die an Arterienerkrankung und Diabetes beteiligt sind. Fruktose ist deshalb so schädlich, weil sie im Gegensatz zu Glukose den Abbau dieser Fette beeinträchtigt.[190] Aus diesem Grund verursacht im direkten Vergleich Fruktose eine höhere Fettproduktion als Glukose.

Und noch ein Problem ergibt sich, wenn man versucht, Cholesterin weitestmöglich aus der Ernährung zu streichen: Cholesterin spielt biologisch eine Rolle bei der Instandhaltung der Plasmamembranen, die den Transport von Neurotransmittern regeln, und bei der Bildung von Synapsen, die die Nervenzellen verbinden. Mittlerweile ist belegt, dass es eine wichtige Rolle in Bezug auf den Neurotransmitter Serotonin spielt, der – wie wir bereits gesehen haben – unsere Stressreaktion und unsere Stimmung beeinflusst. Ein niedriger Serumcholesterinspiegel führt dazu, dass auch unser Gehirn weniger Cholesterin zur Verfügung hat, was sich auf den Serotonintransporter (SERT) auswirkt. Weitere Studien zeigen, dass die Serotonin-vermittelte Neurotransmission unter anderem in engem Zusammenhang mit gewaltbereitem Verhalten und Suizid steht. Beatrice Golomb, Assistenzprofessorin für Medizin an der University of California in San Diego, hat mit ihrem Team über ein Jahrzehnt lang die Auswirkung der cholesterinsenkenden Statine auf die Stimmung der Patienten untersucht. In einer Studie an 843 Patienten, die Statine einnahmen, berichteten fast zwei Drittel (65 Prozent) der Probanden, sie hätten vermehrt unter Ängsten und Reizbarkeit gelitten. 32 Prozent gaben an, depressive Symptome verspürt zu haben.[191] Eine andere von Golomb durchgeführte Studie zeigte, dass Männer und Frauen unterschiedlich auf Statine reagierten. In ihrem wissenschaftlichen Aufsatz heißt es: »Statine senkten bei Männern allgemein die Aggression und steigerten allgemein die Aggression bei Frauen.«[192]

Weitere wissenschaftliche Untersuchungen belegen, dass Menschen unter dem Einfluss fettarmer Ernährung allgemein mehr nichtritualisiertes Aggressionsverhalten mit Körperkontakt zeigten. Also zusammengefasst: Es zeigte sich ein deutlich erkennbarer Zusammenhang zwischen niedrigen Cholesterinwerten und gewalttätigem Verhalten. Außerdem stellte man fest, dass es bei Menschen unter Statin-Medikation zur Senkung des Cholesterinspiegels öfter zu gewaltsamen Selbsttötungen bzw. Selbsttötungsversuchen kam.

Aus entwicklungsgeschichtlicher Sicht hat es natürlich Gründe, dass die Natur uns lieber schlank und zornig als dick und glücklich sah, denn das Leben war gefährlich und der Mensch von vielen Raubtieren bedroht. Als die frühen Menschen mehr Nahrung konsumierten und sich mehr bewegten, wurde ihr Gehirn größer. Waren während einer Hungerzeit die Fettspeicher geleert und der Cholesterinspiegel niedrig, dann brachte die erhöhte Gewaltbereitschaft die Menschen dazu, sich auf riskantere Unternehmungen wie zum Beispiel gefährliche Jagden einzulassen. Ein Mangel an cholesterinhaltiger Nahrung funktionierte also wie ein Alarm, der über den Serotoninspiegel übermittelt wurde und die Menschen dazu brachte, für und um ihre Nahrung zu kämpfen. Oder wie John Naish in der *Daily Mail* schreibt: »Der Zusammenhang zwischen Statinen und Aggression ist seit mehr als zehn Jahren bekannt, da er von amerikanischen und italienischen Forschern klar belegt werden konnte (obwohl dies auf der Webseite NHS Choices [der britischen Gesundheitsbehörde] über die Nebenwirkungen der Statine keinerlei Erwähnung findet).«[193]

Einige Kardiologen würden am liebsten jedem Menschen Statine verabreichen, doch man sollte sich über die Gefahren der Cholesterinsenker und ihre Auswirkungen aufs Gehirn im Klaren sein. Wenn Sie eine genetisch bedingte Neigung zu hohen Cholesterinwerten haben, dann können Statine sich als hilfreich erweisen. Wenn nicht, dann könnten möglicherweise auch eine gesündere Ernährung und mehr Sport helfen. Tatsächlich bilden sich die ersten arteriosklerotischen Plaques schon im Teenager-Alter. Die Erziehung unserer Kinder zu gesundem Verhalten ist deshalb entscheidend für kommende Generationen. Das Streben nach Wohlbefinden ist uns Menschen vielleicht nicht angeboren, doch es kann erlernt und erarbeitet werden.

Fazit

Gewichtsverlust, Body-Shaping und Fettleibigkeit sind Dauerthemen in den Medien. Doch eine ganze Legion von Fett-Abstinenz-Kriegern kämpft möglicherweise die falsche Schlacht, da sie sorgfältig das offensichtliche Zuckerproblem übersehen. Ja, es gibt Übergewicht, und es gibt Cholesterin – beide haben entwicklungsgeschichtliche Gründe, und wir können viel daraus lernen. Unterm Strich entsteht Übergewicht aber immer aus einem Zuviel an Kalorien. Doch letztlich sollte Essen keine Schuldgefühle erzeugen. Ein köstlich gegrilltes Steak mit eingelegten Artischocken ist in Ordnung, selbst wenn wir dazu eine dick mit Butter bestrichene Ciabatta essen. Diäten aber wie die Low-Carb-Ernährung oder die Paläo-Diät arbeiten immer mit Schuldgefühlen.

Der alte Homo erectus aß mehr Fleisch als der Homo sapiens und war damit näher an der Paläo-Diät, und er war auch athletischer. Aber wissen Sie was? Diese Paläo-Gourmets waren zwar schlank, aber sie sind auch ausgestorben. Wenn die Lebensweise der Ackerbauern nur schlecht wäre, hätte sie nicht jahrtausendelang unser Überleben als Spezies gesichert. Aus entwicklungsgeschichtlicher Sicht arbeiten unsere Gene immer so ökonomisch wie möglich: Ein übergewichtiger Mensch war langsamer und daher gefährdeter, von einem Raubtier getötet zu werden. Und nach dem Grundsatz »Je höher das Gewicht, desto kleiner das Gehirn« war es unwahrscheinlich, dass die Schlauen zurückblieben und ihm aus der Patsche halfen. Jüngere

Untersuchungen haben gezeigt, dass jede Kalorie, die Sie einsparen, Ihnen 30 Sekunden mehr an Lebenszeit bringt, was zu der entscheidenden Frage führt: Sind Sie bereit, für einen Extratag in Ihrem Leben auf ein Stück Kuchen zu verzichten?

Wenn wir aus der Vergangenheit etwas lernen können, dann dass Mäßigung der alles entscheidende Punkt ist. Aristoteles sagte einst, es sei besser, sich aus dem Leben wie von einem Bankett zu verabschieden – weder durstig noch betrunken. Aber »genug« scheint in unserer Zeit das schwierigste Wort überhaupt zu sein.

> **Aus der Praxis: Spaß mit der Familie**
> Wenn Sie schon in der Kindheit einen gesunden Body-Mass-Index hatten, haben Sie auch als Erwachsener ein geringeres Risiko für Übergewicht. Achten Sie also darauf, dass Ihre Kinder wenig Zucker zu sich nehmen und regelmäßig Sport treiben. Geeignet ist zum Beispiel hochintensives Bewegungstraining zwei- bis dreimal die Woche. Dabei sollten idealerweise verschiedene Bewegungen kombiniert werden: Laufen, Springen, Kniebeugen, Klettern. Als Erwachsener geht man möglicherweise gern ins Fitnessstudio, aber wie wäre es denn, wenn Sie mal einen Hindernislauf mit der ganzen Familie machten? Verwenden Sie Stühle als Hürden, stellen Sie Schachteln so auf, dass die Kinder hindurchkriechen können, machen Sie zwischendrin den Hampelmann und Kniebeugen, oder klettern Sie über Ihren Gartenzaun. Oder Sie suchen einen Hindernis-Parcours in Ihrer Nähe. Besorgen Sie sich eine Stoppuhr und messen Sie die Zeit für jedes Familienmitglied. Dann können Sie sehen, wer am schnellsten ist, oder versuchen, Ihre Bestzeit zu überbieten.

Eine andere gute Möglichkeit ist Hip-Hop-Tanzen. Hip-Hop enthält viele Elemente für die Muskelresistenz, Beinbewegungen, Bewegungsvariationen und ist zugleich ein gutes Ausdauertraining.

Kerngedanken

1. Die Anzahl der Fettzellen wird in der Kindheit festgelegt und ändert sich später nicht mehr.
2. Übergewichtige Kinder sind meist auch als Erwachsene zu dick. Erziehung spielt hier eine entscheidende Rolle.
3. Zwischen Körperfettanteil und Gehirnvolumen besteht eine umgekehrt proportionale Beziehung – ein dicker Bauch führt zu einem »dünnen« Gehirn und umgekehrt.
4. Ein hoher Body-Mass-Index und ein hoher Bauchfettanteil können mit einem erhöhten Homocysteinspiegel im Blut assoziiert sein, der das Risiko erhöht, an einer Demenz oder Diabetes zu erkranken.
5. Viel Cholesterin zu verzehren ist nicht schlimm, solange Ihre Ernährung gleichbleibend vielfältig ist.
6. Das Verhältnis von Omega-3- zu Omega-6-Fettsäuren ist wichtig: Je höher der Anteil der Omega-3-Fettsäure, desto größer das Gehirnvolumen und desto geringer das Risiko für Herzerkrankungen und Diabetes; darüber hinaus ist auch das Risiko für Alzheimer-Demenz und rheumatische Arthritis vermindert.
7. Transfette – ungesättigte Fettsäuren in gehärteter Margarine, Frittiertem und Gebratenem sowie in industriell verarbeitetem Fastfood – sind besonders schädlich. Ein hoher Zuckerkonsum macht hungriger und dicker.

5
Die Pigment-Gene: Der Mythos von den Rassen

Dermokratie – die Haut macht uns alle gleich.
Ich sage »Dermokratie« und spreche von Gleichheit.
Die Welt tritt nicht ein für Brüderlichkeit –
    denn sie spricht ja kein Wort.
Weder die Epidermis noch die Dermis noch die Gene
trennen uns. Diese wissenschaftliche Wahrheit aber
    findet kein Gehör.
Ich sage: »Rette deine Haut«, und ich rede von Schönheit.
Braun tritt nicht ein dafür, dass es schön ist –
    denn es spricht ja kein Wort.
Ich sage Wissenschaft und sehe Gefühle.
Die Haut ist nicht verantwortlich für Ihre Partnerwahl –
    denn sie spricht ja kein Wort.
Aber wenn wir uns nach einem Menschen sehnen,
    sehnen wir uns nach der Haut dieser Person, sei sie
    nun dunkel oder hell.
Sharad P. Paul

Mein Großvater war evangelisch-lutherischer Pastor und der erste Inder in Britisch-Indien, der einer Kirche vorstand. Da er aus dem südindischen Bundesstaat Andra Pradesh – dort spricht man Telugu – stammte, war er, typisch für Südinder, von sehr dunkler Hautfarbe.

Im Sommer 1942 besuchte er die USA. Während er sich auf seine erste Reise ins große, laute und reiche Amerika vorbereitete, bekam er einen Brief mit einer merkwürdigen Bitte vonseiten seiner freundlichen Gastgeber: Ob es ihm wohl etwas ausmachte, einen Turban zu tragen, damit man ihn von Afroamerikanern (die man zu jener Zeit noch als Neger bezeichnete) unterscheiden könne? Der Turban sollte meinen Großvater sofort als einen akzeptableren Schwarzen erkennbar machen und ihm so eine sichere Reise gestatten, während er in den Südstaaten der USA unterwegs war. Da die Menschen in Südindien (anders als die Sikhs im Pandschab) normalerweise keinen Turban tragen, musste er sich einen kitschigen Zeremonialturban kaufen, der golden glitzerte und aussah wie ein Requisit aus einem Kostümfundus oder einer knallbunten Bollywood-Hochzeit. In seiner Begeisterung über seine Einladung in die USA kam er dieser merkwürdigen Bitte jedoch gerne nach, und die Geschichte wurde Teil unserer Familiensaga.

Da ich mich als Mediziner und Wissenschaftler in erster Linie mit dem Thema »Haut« beschäftige, fand ich diese Geschichte immer hochinteressant. Die Pigmentierung unserer Haut kann sich nach Ende der Kindheit verändern, und zwar grundlegend infolge von körperlichem Stress – entweder durch Hormone (natürliche und Schwangerschaftshormone oder in Form von oralen Verhütungsmitteln), Umwelteinflüsse (Sonneneinstrahlung), Medikamente (z. B. bestimmte Antibiotika wie Tetrazykline) oder auch durch emotionalen Stress. Schätzungen zufolge lassen sich jährlich fünf Millionen Amerikaner, und zwar überwiegend Frauen, wegen Pigmentierungsstörungen behandeln.[194]

Die Haut ist uns immer noch ein Rätsel, denn als Organ ist sie einzigartig und unterscheidet sich von allen übrigen Organen. Jedes andere Organ kann seine Schwäche unter – genau – der Haut verstecken. Ist die Leber oder eine Niere nicht hundertprozentig gesund, findet man das vielleicht nie heraus, außer man lässt seine Werte testen und sich untersuchen. Ich sage immer, die Haut trägt ihre Gesundheit offen zutage – alles wird ohne jede Scham auch fremden Blicken kundgetan.

Die Evolution der Hautpigmentierung

Charles Darwin fiel auf, dass die Hautfarbe der Menschen sich nicht annähernd so sehr unterscheidet wie die »Außenhülle« der Tiere:

> *Die Farbe des Gesichtes ist bei den verschiedenen Arten von Affen viel mehr verschieden als bei den Rassen des Menschen, und wir haben einigen Grund zu der Annahme, […] dass die Farben der verschiedenen Rassen später als die Entfernung des Haars erlangt wurden, was, wie früher angeführt wurde, in einer sehr frühen Periode eingetreten sein muss.*[195]

Es ist schon erstaunlich, dass allein das Pigment Melanin für sämtliche Hautfarben des Menschen verantwortlich ist – und obendrein noch für die dunklen Streifen auf der Haut und im Fell von Tieren. All dies wird durch unterschiedliche Melaninkonzentrationen bewirkt. Und Melanome, die Tumore unserer Melanin produzierenden Zellen, erscheinen oft nur als einfacher dunkler Fleck auf der Haut und können doch tödlicher Hautkrebs sein. In Amerika stirbt jede Stunde ein Mensch an einem Melanom. Wozu aber haben wir überhaupt Melanin im Körper?

In einem der ersten Kapitel haben wir uns mit der Seescheide beschäftigt. Die Seescheide erinnert uns an die Frühzeit der Erde, als die Geschöpfe gegen die Herrschaft der Sonne rebellierten und nicht mehr von anderen Kreaturen gefressen werden wollten. Manteltiere wie die Seescheide isolieren jeden Parasiten oder Pilz, der in ihren Organismus eindringt, sofort in einer Kapsel aus Pigmentmolekülen und Blutzellen. Es bilden sich pigmentgefüllte »Narben«. Und um welches Pigment handelt es sich dabei? Richtig geraten: um das Melanin. Dieses hat die geradezu unheimliche Fähigkeit, einfach aufzutauchen und das Aussehen der Lebewesen zu verändern, und zwar über den gesamten Verlauf der Evolution. Melanin ist das ultimative Antioxidans. Wenn der Körper sich bedroht sieht und die mitochondriale Aktivität hochfährt, dann werden mehr reaktive Sauerstoffspezies (ROS) – die »freien Radikale« – als Nebenprodukt gebildet. Melanin fängt die ROS ein und verteidigt die Zellen und Gewebe leidenschaftlich gegen die schädlichen Auswirkungen dieser freien Radikale. Wie ein winziger Fürst der Finsternis ist das Melanin fieberhaft aktiv, zettelt ständig molekulare Kriege an oder hält biochemische Beratungen ab, um biologische Schlachten zu verhindern. Neuere Studien über das Melanin in Pilzen zeigen, dass deren Melaninpigmente hochgradig antioxidativ wirken und dass Melanin fast omnipräsent ist. Wenn es um unsere Haut geht, dann ist die Aufgabe des Melanins, uns vor Umweltgiften wie Sonnenlicht zu schützen.

Um die Evolution des Hautpigments zu verstehen, müssen wir uns zunächst mit der Geschichte der verschiedenen Theorien beschäftigen, die im Lauf der Zeit aufgestellt wurden. Traurigerweise spekulieren viele dieser Theorien über die Gründe für die verschiedenen Hautfarben und kommen dabei zu ausgesprochen rassistischen Schlussfolgerungen. Es hat lange gedauert, doch mittlerweile kann die Wissenschaft Hautpigmente wirklich biologisch erklären: Letztlich geht es dabei um zwei Vitamine, die wir in diesem Kapitel genauer unter die Lupe nehmen werden.

Die Geschichte der Pigmenttheorien

Das 15. und 16. Jahrhundert war die Zeit der großen Entdeckungen. Europäische Nationen wie Spanien, Portugal, England und Frankreich sandten Schiffe aus, um neue Länder und Schätze zu suchen, und entdeckten dabei auch »exotische« Völker. Der berühmte Pariser Anatom Jean Riolan der Jüngere konnte sich die Ursache für schwarze Haut nicht erklären, sezierte deshalb die Haut eines schwarzen, »äthiopischen«, Menschen und stellte fest, dass dessen Haut genauso aus zwei Schichten bestand wie seine eigene. Riolan nannte die obere – schwarze – Schicht *petite peau* (Hornhaut, wörtlich: »kleine Haut«) und die untere *cuir* (Dermis, wörtlich: »Leder«, die Lederhaut). Diese sei, so Riolan, »weiß wie Schnee«.

Später entdeckte der italienische Arzt und Biologie Marcello Malpighi mithilfe eines Mikroskops, dass die Dermis und das Stratum corneum (die verhornte obere Schicht der Epidermis, die Hornschicht) bei schwarzer und weißer Hautfarbe gleichermaßen farblos war. Daraus schloss er, dass die schwarze Farbe der Afrikaner nicht in der Haut entstehe, sondern in der darunterliegenden Schleimschicht (die er *rete mucosum* nannte). Malpighi war zwar ein origineller Denker, aber leider versuchte er ein physiologisches Faktum theologisch zu begründen: Er entwickelte die Theorie, dass alle Menschen ursprünglich wahrscheinlich weiß gewesen seien, die Sünder jedoch schwarz geworden waren, weil sich ihre Schleimschicht verfärbt hatte. Er begründete diese Erklärung der schwarzen Hautfarbe, indem er sich auf eine Ableitung des hebräischen Wortes *ham* (was »Hitze«

oder »dunkel« bedeutet) und die vorherrschende Lehre über den 9. Abschnitts der Genesis bezog, demzufolge Noah die Nachfahren seines Sohnes Ham verflucht und zu einem Leben in Sklaverei verdammt hatte. Diese Theorie sollte sich noch bis vor weniger als 100 Jahren behaupten. Die jüngere Forschung unterstützte Malpighis anatomische Theorie von der Entstehung der schwarzen Haut nicht, sondern man ging vielmehr davon aus, dass es sich bei den Schwarzen um eine andere Menschenart – natürlich ohne Seele – handele, was letztlich eine Weiterentwicklung von Malpighis religiöser Theorie war.[196]

Claude-Nicolas Le Cat, der um 1700 geboren wurde (also sechs Jahre nach Malpighis Tod), war Chefarzt im Hôtel Dieu im französischen Rouen, dem bedeutendsten Krankenhaus der Stadt. Er stellte eine ganz neue und revolutionäre Theorie über die schwarze Haut auf: Diese enthalte eine schwarze Substanz, die er *ethiops* nannte (nach dem altgriechischen *aithiops*, »Brandgesicht«, früher die allgemeine Bezeichnung für Dunkelhäutige und Bewohner von Aithiopia, in der Antike die Region südlich von Ägypten, zu der auch das heutige Äthiopien gehört). Er vermutete, alle Lebewesen enthielten dieses *ethiops* in unterschiedlichem Umfang und dass ein Mensch umso dunklere Haut hätte, je mehr *ethiops* er besitze. Außerdem vertrat er eine für seine Zeit bemerkenswert fortschrittliche Theorie: dass dieses *ethiops* in einer bestimmten Körperzellart enthalten sein müsse (Le Cat kam also dem Konzept des Melanins und der Melanozyten oder Pigmentzellen schon recht nahe).

Nur in einer Hinsicht stützte sich Le Cat auf Malpighi: Auch er ging davon aus, dass das *rete mucosum* (Schleimschicht) unter der Haut für die schwarze Hautfarbe eines Menschen verantwortlich und das *ethiops* möglicherweise in den Nervenenden enthalten sei. Le Cat brachte viel Zeit damit zu, andere Tiergewebe unter dem Mikroskop zu betrachten. Der Tintenfisch faszinierte ihn besonders. Dort hatte er zuerst die dunkel pigmentierten Zellen bemerkt.

Le Cat war also der Erste, der die vorherrschenden Theorien über den Ursprung der Hautfarbe beim Menschen widerlegte. Und dies zu einer Zeit, als unter anderem der Anatomieprofessor Giovanni Morgagni an der renommierten Universität Padua glaubte, schwarze Menschen seien ursprünglich weiß gewesen, weil manche von ihnen weiße Stellen auf ihrer Haut besaßen. Andere, wie der deutsche Arzt Bernhard Siegfried Albinus und der italienische Anatom Giovanni Domenico Santorini, waren überzeugt, dass nur der Gallensaft die Hautfarbe beeinflussen konnte: Zu viel Sonne lasse die Galle nachdunkeln, und dadurch werde ein Mensch schwarz. Der französische Naturforscher Pierre Barrère schrieb 1741, die Galle von Schwarzen sei schwarz und daher auch ihre Hautfarbe. Le Cat selbst hatte einen Schüler namens Jean Charles Grossard, der meinte, bei schwarzhäutigen Menschen sei nicht die Galle, sondern die Lymphe schwarz. Als er schwarze und weiße Menschen obduzierte, fiel ihm allerdings auf, dass die Lymphe bei beiden dieselbe Farbe hatte. Es sollte noch zwei Jahrzehnte dauern, bis Barrère von Le Cat widerlegt wurde. Dessen Theorien aber galten zeitgenössischen britischen Wissenschaftlern als »wilde Hypothesen«, obwohl das *Gentlemen's Magazine* 1753 meinte, Le Cat müsse »allgemein gelesen werden«.[197]

Wenn wir Le Cats frühe Beobachtungen mit dem Mikroskop zusammenfassen wollten, läse sich das in etwa folgendermaßen: Melanozyten sind Zellen, die Melanin *(ethiops)* enthalten; diese verteilen sich in der gesamten Epidermis (Oberhaut), sind in der Dermis (Lederhaut) jedoch – ungeachtet der Rasse – nicht enthalten. Epidermis und Dermis sind durch eine wandartige Basalmembran getrennt, welche die Nerven nicht durchdringen können.

Letztlich waren Wissenschaftler wie Malpighi und Le Cat forschende Geister, die gegen bestehende Theoriemodelle anstürmten und zeigten, dass die Hautfarbe eines Menschen das unwillkürliche Ergebnis natürlicher Vorgänge ist – nämlich der jeweiligen Stärke der Sonneneinwirkung – und außerdem ein Instrument tierischer Zellen, um sich die nötigen Enzyme und Organellen zu erwerben. Derweil sich die Gene weiterhin weder um neue Gesinnungen noch gesellschaftliche Tendenzen scherten.

1823 schrieb der deutsche Anatom Karl Friedrich von Heusinger eine Abhandlung über die Ursprünge der Hautpigmentierung, in der er darlegte, dass in allen Tieren gegensätzliche Phänomene vorhanden sind – Zentrum und Peripherie, Eingeweide und Haut, Verdauung und Atmung.[198] Gemäß dieser Vorstellung ging er davon aus, dass Energie vom Zentrum an die Peripherie transportiert wird, und schloss daraus, dass in der Haut dunkelhäutiger Menschen Kohle abgelagert sei, die aus modifiziertem Blutfarbstoff stamme. Das verursache die unterschiedlichen Hautfarben der Menschen.

Die Biologie der Haut aus heutiger Sicht

Wir wissen heute, dass Heusinger falsch lag. Das geschätzte Gewicht aller Pigmentzellen im Körper beträgt nur rund 1,5 Gramm, und den Großteil dieser Masse bilden die Melanozyten in der Dermis. So klein und lächerlich ist also die Grundlage für vermeintliche rassische Über- bzw. Unterlegenheit. Das in den Melanosomen, speziellen Organellen der Melanozyten, gebildete Pigment wird in die äußeren Hautzellen, die Keratinozyten, geschleust, wo sie sich in der Zelle ausbreiten und dadurch bewirken, dass sich die Haut bräunt oder sich Sommersprossen bilden (jeder Melanozyt »bedient« 36 Keratinozyten). Wir Menschen verwechseln nur einfach die »Expression von Melanin« mit Farbe. Also gucken wir uns das winzige Molekül doch einmal an. Chemisch gesehen handelt es sich um ein Indolchinonpolymer, eine kettenartige chemische Verbindung, die bei allen Tieren für Farbe sorgt. Dass es schwarz ist, hängt damit zusammen, dass es praktisch das gesamte sichtbare Spektrum absorbiert. Das gilt auch für Strahlung mit niedriger quantenoptischer Energie. Im Grunde ist es unser ureigenes zelluläres Schwarzes Loch.

Viele moderne Theorien über die Haut und insbesondere die Hautfarben sind immer noch rassistisch voreingenommen. So behaupteten beispielsweise viele Forscher, weiße Haut sei kälteresistenter als dunkle. Und das, obwohl Ethnien wie die Inuit sowohl eine dunkle Hautfarbe besitzen als auch gut an ein kaltes Klima angepasst sind.

Die äußerst unbequeme Wahrheit ist, dass in Zeiten der Sklaverei, in denen man Menschen mit anderer Hautfarbe als unterlegen ansah, riesige Reichtümer angehäuft wurden. Theorien über Wohlstandsunterschiede sind auf den Kapitalmärkten und in der Wirtschaft gang und gäbe. Deshalb ist es in den Augen mancher Menschen extrem gefährlich, die Hautfarbe als das anzusehen, was sie ist, nämlich schlicht als Resultat eines biologischen Pigments und keine menschliche Währung – weil Wissenschaft und Vernunft ganze Systeme der rassistischen Profilerstellung und Sklaverei ins Wanken bringen können.

Die Evolution aus heutiger Sicht

Der Mensch und seine engsten Verwandten – Affen, wie die Schimpansen und Bonobos – begannen vor etwa sechs Millionen Jahren, entwicklungsgeschichtlich getrennte Wege zu gehen. Erst ab da kam es zur Ausdifferenzierung der verschiedenen Menschen- und Affenarten. Unser gemeinsamer Vorfahr war mit dunklem Haar bedeckt und hatte darunter eine helle Haut. Etwa vier Millionen Jahre später – also vor rund zwei Millionen Jahren – begann sich der Homo erectus von Afrika aus zu verbreiten.

Homo erectus hatte ein größeres Gehirn und geschicktere Hände als sein Vorfahr, was ihm allerdings auch eine Reihe von Problemen eintrug. Der Körper musste mehr Arbeit leisten, um das Gehirn kühl zu halten (ähnlich wie Computer ja auch einen kühlenden Ventilator brauchen), weil die körperliche Aktivität und der Gebrauch von Werkzeugen zunahmen. Homo erectus war zwar nicht der erste Hominide, der aufrecht ging, er bewegte sich jedoch schneller und legte längere Strecken zurück als seine Vorfahren. Auch dies erforderte, dass er sich kühlen konnte, doch dazu musste er schwitzen. Um jedoch ordentlich schwitzen zu können, brauchte er viele Schweißdrüsen und einen unbehaarten Körper. Indigene Völker in heißen Regionen – wie die australischen Aborigines, die indigenen Bewohner der indischen Andamanen-Inseln oder einige Ethnien auf den Philippinen – haben besonders viele Schweißdrüsen im Vergleich zu Menschen, die nicht an ein heißes Klima angepasst sind.

Affen, wie zum Beispiel die Schimpansen, haben schwarzes Haar, aber eine hellrosafarbene Haut. Als der Mensch sich weiterentwickelte, verlor er sein Fellkleid und spazierte nun nackt herum. Die Entwicklung hin zum nackten Affen erforderte eine dunklere Epidermis, um sie vor Schäden durch UV-Strahlung zu schützen. Natürlich kommen uns beim Thema »UV-Schäden« sofort Hautkrebs, Falten und sonstige Zeichen des Alterns in den Sinn. Doch Krebs oder äußerliche Schönheit sind für die Evolution unerheblich. In all ihrer Weisheit weiß die Natur, dass Schönheit vergeht, eine Spezies aber überleben muss. Wissenschaftlich lässt sich die Tatsache, dass die Haut unserer Vorfahren in Afrika dunkler wurde, nur mit einem Begriff erklären: Photolyse. Das Sonnenlicht bewirkt, dass durch Photolyse die Folsäure (Folat) im Körper aufgespalten wird. Doch dieses Vitamin ist unentbehrlich, um angeborenen Fehlbildungen vorzubeugen. Zum Schutz der Folsäure vor Photolyse, und damit zur Erhaltung der Reproduktionsfähigkeit der Art, wurde die Haut dunkler.

Wie aber schützt dunklere Haut – bzw. eine erhöhte Melaninproduktion – vor UV-Schäden? Im Regelfall kann Sonnenstrahlung nur dann biochemische Schäden anrichten, wenn sie absorbiert wird. Melanin fungiert hier als sowohl optischer (durch einen Streueffekt) als auch chemischer Filter, der das Eindringen aller UV-Wellenlängen in das subepidermale Gewebe verhindert. Tatsächlich kommt es in Afrika nur selten zu einem Folsäuremangel, selbst dort, wo die Versorgung über die Nahrung schlecht ist. Offensichtlich schützt die stark melaninhaltige Haut vor dem UV-verursachten Folsäureabbau.

Es ist also kein Zufall, dass Neuralrohrdefekte wie Spina bifida oder Anenzephalie, die beide durch Folsäuremangel verursacht werden, unter dunkelhäutigen Menschen in den Tropen weitaus seltener auftreten als in gemäßigten Klimazonen. Es ist ebenfalls kein Zufall, dass Länder in Afrika und Asien verglichen mit westlichen Industrienationen bevölkerungsreicher sind, obwohl sie einen schlechteren Lebensstandard haben und die ärztliche Versorgung schwangerer Frauen zu wünschen übrig lässt: Sie verzeichnen weniger Reproduktionsprobleme durch Folsäuremangel. Als ich vor 25 Jahren in Indien meinen Abschluss in Medizin machte, wurden Ärzte nicht darin ausgebildet, Frauen, die eine Schwangerschaft planten, routinemäßig Folsäure zu empfehlen. Im Westen hingegen war dies aufgrund des viel höheren Risikos von Neuralrohrdefekten bereits üblich.

Sonnenlicht spaltet die Folsäure auf, andererseits trägt es zur Vitamin-D-Bildung bei. Dieses braucht der Körper zur Absorption von Calcium. Je dunkler Ihre Haut ist, desto höher Ihr Folsäurespiegel. Aber desto niedriger ist entsprechend auch Ihre Fähigkeit, Vitamin D zu bilden.

Als die ersten modernen Menschen vor 100 000 Jahren von Afrika aus nach Europa wanderten, wo die Sonne übers Jahr weniger Stunden scheint, wurde ihre Haut immer heller, damit die Sonnenstrahlen besser eindringen konnten und leichter Vitamin D gebildet werden konnte. In kälteren, polaren Klimazonen war es noch wichtiger, genug Vitamin D zu produzieren, denn dort ist die Sonne während des Jahres über lange Zeiträume hinweg ganz verschwunden. Der Mangel an Sonnenlicht aber führte zu neuen Problemen. Als die dunkelhäutigen Menschen nach Europa kamen, entwickelten sie aufgrund von Vitamin-D-Mangel Rachitis, weil ihre Haut einfach nicht durchlässig genug für das Sonnenlicht war, das der Mensch braucht, um das Vitamin zu bilden.

Rachitis verursacht nicht nur Skelettprobleme und Knochendeformationen, sondern auch Unfruchtbarkeit. Das war ein herber doppelter Schlag, sowohl was die sexuelle als auch die natürliche Selektion anging. Menschen mit Missbildungen werden seltener als Partner gewählt, und durch die Unfruchtbarkeit wurden sie letztendlich »herausgezüchtet«. Deshalb wurde die Haut mit der Zeit immer heller, damit genügend Vitamin D produziert werden konnte. In Afrika gab es gute Gründe für dunkle Haut, im europäischen Klima aber war sie nicht sinnvoll.

In der dunklen Haut, die sich in Afrika entwickelte, existiert Vitamin D in Form von Vitamin D3, einer Vorform von Vitamin D. Darin zeigt sich die Schönheit der vorausschauenden Intelligenz der Evolution. Als die nackte Haut der Menschen in Afrika über Millionen von Jahren hinweg allmählich dunkler wurde, war vorhersehbar, dass der Körper deshalb an Vitamin-D-Mangel leiden würde, und so gab ihm die Evolution eine höhere Dosis des Provitamins D3 mit.

Als Menschen mit weißer Haut später von Europa aus nach Osten auf den indischen Subkontinent wanderten und noch weiter in das südliche Asien mit seinen mehr tropischen Klimata vordrangen, wurde die Haut wieder dunkler, um die Folsäure zu schützen. Dies aber erfolgte erst, nachdem sich zuvor in Europa die helle Haut gebildet hatte. Dieser Anpassungsprozess erstreckte sich über mehrere Jahrtausende und erfolgte erst vor 4000 bis 10 000 Jahren. Der Körper hatte daher noch keine Zeit, mehr Provitamin D3 anzuhäufen, da dieses erneute Dunkelwerden eine *adaptive Antwort* war, eine Anpassung an veränderte Umweltbedingungen, um die Folsäure vor der tropischen Sonne zu schützen – und keine *evolutionäre Antwort*, wie sie in Afrika stattgefunden hatte. Daher haben Asiaten, vor allem wenn sie vom indischen Subkontinent stammen, sehr niedrige Vitamin-D-Werte.

Um diese entwicklungsgeschichtliche Theorie zu bestätigen, untersuchte Martine Luxwolda die Vitamin-D-Spiegel bei afrikanischen Bevölkerungsgruppen, vor allem an Orten, wo sich die Frühmenschen entwickelt haben und sich die heutige Bevölkerung noch traditionell ernährte. Sie rechnete zwar mit hohen Werten, doch dass sie so hoch sein würden, war dennoch überraschend. Luxwolda meint:

> *Die gegenwärtige Studie zeigt einen Calcifediol-Wert (25-OH-Vitamin D) von 115 nmol/l für traditionell lebende Populationen mit einer Sonnenexposition, die mit der unserer afrikanischen Vorfahren vor ihrer Diaspora jenseits von Afrika vergleichbar sein könnte.*[199]

Bei ihrer Untersuchung »traditionell lebender Populationen« in Tansania fanden Luxwolda und ihr Team heraus, dass sie durchschnittlich 115 nmol pro Liter (nmol/l) der Vitamin-D-Vorstufe Calcifediol (25-Hydroxy-Vitamin-D oder 25-OH-Vitamin D) im Blut hatten, Menschen in westlichen Industrieländern hingegen nur zwischen 30 und 60 nmol/l. Hingegen leiden Menschen in Indien fast durch die Bank unter Vitamin-D-Mangel. Da Vitamin D auch die Muskelkraft fördert und zu schnellerer Genesung nach Verletzungen führt, hat das Vitamin auch positive Auswirkungen auf sportliche Leistungen. Das erklärt, weshalb Afrikaner und Afroamerikaner in der Leichtathletik regelmäßig durch herausragende Leistungen glänzen. Und warum Indien es trotz seiner Milliarde Einwohner noch nie geschafft hat, bei Olympischen Spielen eine Leichtathletik-Medaille zu erringen!

Während die ursprünglich dunkle Haut in Afrika eine evolutionäre Anpassung war (zum Schutz der Folsäure), nachdem die frühen Menschen den größten Teil ihrer Körperbehaarung verloren hatten, sind spätere dunkle Hauttönungen als umweltbedingte Anpassung zu verstehen. Dazu schreibt Darwin in *Die Abstammung des Menschen*:

> *Von allen Verschiedenheiten zwischen den Menschenrassen ist die Hautfarbe die augenfälligste und eine der bestmarkierten. Verschiedenheiten dieser Art glaubte man früher dadurch erklären zu können, dass die Menschen lange Zeit verschiedenen Climaten ausgesetzt gewesen seien; aber Pallas zeigte zuerst, dass diese Ansicht nicht haltbar ist, und ihm sind fast alle Anthropologen gefolgt. Die Ansicht ist vorzüglich deshalb verworfen worden, weil die Verbreitung der verschieden gefärbten Rassen, von denen die meisten ihre gegenwärtigen Heimatländer lange bewohnt haben müssen, nicht mit den entsprechenden Verschiedenheiten des Climas übereinstimmt.*[200]

Eine der Ungereimtheiten, auf die man bei der evolutionären Theorie der Hautfarben zum Schutz der Folsäure und zur Bildung von Vitamin D unweigerlich stößt, ist die Tatsache, dass die Inuit eigentlich hellere Haut haben müssten als die Skandinavier, da sie ja weiter nördlich leben. Doch die Inuit haben dunklere Haut. An diesem Punkt zeigt sich die von der Ernährung beeinflusste adaptive Anpassung.

Die Ernährung der Inuit ist extrem reich an Vitamin D, weil sie viel Lachs und andere fetthaltige Fische verzehren. In Europa basierte die Ernährung hingegen auf Getreide und war deshalb arm an Vitamin D. Auch deshalb musste sich die Haut mit der Zeit in Europa anpassen, damit sie besser Vitamin D bilden konnte. Bei den Inuit war dies nicht nötig: Lebertran zum Beispiel, der in der Hauptsache von Kabeljau, Dorsch und Schellfisch kommt, bringt es auf 1200 IE (internationale Einheiten) Vitamin D pro Esslöffel. In circa 30 Gramm Lachsfleisch finden sich immer noch 300 IE Vitamin D. Im Vergleich dazu enthält das (nicht angereicherte) Getreide vom europäischen Speiseplan gar kein Vitamin D, Käse bringt es auf gerade mal 4 IE pro 30 Gramm. In den baltischen Ländern – Estland, Lettland und Litauen – leben mit die hellhäutigsten Menschen auf dem europäischen Kontinent, denn frühe Siedler entdeckten schnell, dass das Klima dort im Vergleich zu den umliegenden Regionen ein bisschen wärmer war und man daher Getreide anbauen konnte. Im benachbarten Norwegen und auf Island hingegen ernährte man sich hauptsächlich von Lachs, Walen und Haien und nahm daher mehr Vitamin D mit der Nahrung auf. In meinem TEDx-Talk habe ich darauf hingewiesen, dass dies die wissenschaftliche Erklärung dafür war, warum bei einer Miss-World-Wahl (die ich mir natürlich aus rein wissenschaftlichen Gründen angesehen hatte) Miss Norway eine dunklere Haut hatte als Miss Estland.

Die Ernährung trägt auch zur Erklärung von Hautfarbe und Kastensystem in Indien bei. Die Oberschicht der Brahmanen ernährte sich vegetarisch, also größtenteils von Getreide und Milchprodukten. Menschen, die Fisch essen, zum Beispiel

Fischer, gehörten einer niedrigeren Kaste an, hatten aber höhere Vitamin-D-Spiegel. Über die Jahrhunderte wurde die Haut der höheren Kasten heller, damit diese mehr Vitamin D abbekamen. Auch dieser Prozess dauerte mehrere Hundert Jahre.

Während die Hominiden bereits vor 2,4 Millionen Jahren entstanden, verließen Abkömmlinge des modernen Menschen Afrika erst vor gut 100 000 Jahren. Doch evolutionäre Anpassungsvorgänge dauern gewöhnlich viel länger. Aus diesem Grund hatten die Afrikaner in Luxwoldas Studie immer noch deutlich mehr Vitamin D als die Europäer, obwohl diese der Sonne nicht aus dem Weg gingen und nicht die meiste Zeit im Haus verbrachten wie die modernen Asiaten. Die evolutionäre Uhr tickt eben sehr langsam.

Die Geschichte der unterschiedlichen Hautfarben ist also letztlich die Geschichte von zwei Vitaminen: Folsäure und Vitamin D. Wir wissen nun, warum die Hautfarbe der Menschen sich änderte und was ihre unterschiedlichen Schattierungen bewirkt: Melanin. Aber welche Gene vermittelten dies? Denn schließlich steuern Gene den gesamten Stoffwechsel der Hormone, Vitamine und Enzyme.

Ein für die Hautfarbe wichtiges Gen ist SLC24A5, das am »Farbwechsel« von den afrikanischen zu den europäischen Populationen herausragend beteiligt war. SLC24A5 ist ein sogenannter Transporter (ein spezialisiertes Protein, das den Transportprozess von bestimmten Substanzen durch die Zellmembran erleichtert) und wird bei Menschen vom SLC24A5-Gen codiert. Die Wissenschaft ist sich bis heute noch nicht sicher, wie sich dieses genau auf die Hautfarbe auswirkt, doch es scheint mit dem Transport von Calcium in die Zellen zu tun zu haben. Vitamin D, Calcium und Sonnenlicht spielen also zusammen. Das SLC24A5-Gen tritt in zwei Varianten auf, einer dunklen und einer hellen. Menschen mit zwei »Dunkel«-Allelen (DD) sind schwarz. Menschen mit zwei »Hell«-Allelen (LL) sind weiß. Menschen mit der DD-Allelkonstellation entwickeln deshalb mit einer höheren Wahrscheinlichkeit Rachitis als Menschen mit der LL-Version. Und natürlich treten diese beiden Varianten auch gemischt auf und führen zu brauner Haut.

Fische wie der Stichling wechseln häufig die Farbe, wenn sie von Flüssen durch deren Mündungen ins Salzwasser ziehen oder umgekehrt. Das ist eine Form der Tarnung. Diese Farbwechsel werden von einem Gen namens KITLG vermittelt, das auch der Mensch besitzt. Menschen mit zwei Kopien der afrikanischen Form des KITLG-Gens haben eine dunklere Hautfarbe verglichen mit Menschen, die ein oder gar zwei Kopien der neueren KITLG-Genvariante haben, die in Europa gängig ist. So ist auch das KITLG-Gen ein Hauptregulator bei der Anpassung der Hautfarbe beim Menschen und beim Fisch. Die Hautfarbenveränderung wird also über die Artgrenzen hinweg vom gleichen Gen reguliert, vom kleinen Stichling bis hin zum modernen Menschen. Das ist die wahre »Dermokratie« der Hautfarbe. Sie sagt uns, dass die Evolution und die Hautfarbe nicht nur bloße Wörter sind, auf die wir in Büchern stoßen, sondern uns Einblicke in die Geschichte unserer natürlichen Ursprünge gewähren.

Als die Natur den Kampf der beiden Vitamine Folsäure und Vitamin D entwickelte, hat sie wohl vergessen, die menschliche Ignoranz zu berücksichtigen. Der Ruf der Evolution ist verpflichtend, und als sie befahl, die Art voranzubringen und zu vermehren, gehorchte die Haut einfach. Im Gegensatz zum Menschen kennt die Biologie keine Vorurteile.

Calcium verstehen

Vitamin D ist eine Kuriosität, da es im Grunde nicht zur Familie der Vitamine gehört. Denn Vitamine nennt man nur Stoffe, die der Körper selbst nicht herstellen kann. Wie wir aber bereits gesehen haben, wird Vitamin D im Körper erzeugt, wenn unsere Haut der Sonne ausgesetzt ist. Ich persönlich begann, mich für den Calciumstoffwechsel zu interessieren, als ich mich mit der Bedeutung von Vitamin D für unsere Gesundheit und die Entwicklung der Hautfarben beschäftigte.

Wenn wir auf anderen Planeten nach Leben suchen, forschen wir zuerst, ob es dort Wasser gibt. Das zeigt uns, dass der Planet bewohnbar wäre. Man geht heute davon aus, dass das Leben seinen Ursprung vor rund 3,9 Milliarden Jahren tief unter Wasser in Schloten nahm. Zu jener Zeit lag der pH-Wert des Ozeanwassers im sauren Bereich, und es steckte voller positiv geladener Protonen. Aus Schloten am Boden der Tiefsee sprudelte dagegen bittere basische Flüssigkeit, die reich an negativ geladenen Hydroxid-Ionen war. Die gegensätzlichen Ladungen bildeten gleichsam eine Art Batterie, die die Energie für die chemischen Reaktionen lieferte, die zur Erhaltung des Lebens nötig waren. Meine Neugier war geweckt, als ich herausfand, dass Unterwasserwesen wie Seestern und Seescheide Vitamin-D-Rezeptoren besitzen. Wir Menschen können durch das Sonnenlicht Vitamin D herstellen, aber warum brauchen urzeitliche Geschöpfe auf dem tiefen Grund des Meeres Vitamin-D-Rezeptoren? Tatsächlich hängt dies mit dem Calciumstoffwechsel zusammen.

Im Allgemeinen liegt in der Mehrzahl der Zellen eine Calciumkonzentration von 0,1 µmol/l (Mikromol pro Liter) vor, und die meisten Strukturen innerhalb der Zellen, wie die Mitochondrien zum Beispiel, enthalten eine Konzentration von 0,001 µmol/l. Lebewesen mit Exoskeletten (Schalenpanzern) oder Endoskeletten (Knochen, Knorpelgewebe) brauchen Calcium, um eben diese Skelette stabil zu halten. Meerwasser hat eine viel höhere Calciumkonzentration als Süßwasser. Als Lebewesen vom Meer mit seiner Calciumkonzentration von 0,01 µmol/l ins Süßwasser wechselten (mit Calciumkonzentrationen von 0,0005 bis 0,001 µmol/l), waren ihre Zellen noch an die alte Konzentration angepasst und wussten nicht, wie sie mit ihrem Calcium zurechtkommen sollten – vor allem, als die Kreaturen begannen, in unterschiedliche Umwelten zu wandern. Und so entwarf die Evolution einen kühnen biochemischen Plan: Warum keinen Calciumregulator schaffen?

Hier nun betritt das Vitamin D die Bühne. In meinen Augen ist dieser Stoff möglicherweise das älteste *Hormon*. Wenn Ihr Vitamin-D-Spiegel niedrig ist, kann dies Ihrer Gesundheit schaden, denn dann tritt Calcium aus Ihren Knochen aus, um die Calciumkonzentration in Ihren Zellen aufrechtzuerhalten – ohne einen Regulator wird dies jedoch zu einer unmöglichen Aufgabe. Vitamin-D-Mangel führt zu Calciummangel. Und wenn wir einen niedrigen Calciumspiegel haben, kurbelt unser Körper die Produktion zweier Hormone an: Parathormon und Calcitriol. Beide sorgen dafür, dass mehr Calcium aus dem Darm aufgenommen wird. Dann haben wir bald wieder mehr Calcium in den Zellen (intrazelluläres Calcium). Ein hoher intrazellulärer Calciumspiegel erhöht den Blutdruck und führt zu mehr Fett in den Zellen. Diese Erkenntnis – dass eine niedrige Zufuhr von Calcium über die Ernährung letztlich das intrazelluläre Calcium ansteigen lässt – nennt man das »Calcium-Paradox«. Man nimmt mittlerweile an, dass dieser Mechanismus auch bei Arteriosklerose, Alzheimer-Demenz, Diabetes und Muskeldystrophie eine Rolle spielt. In Indien, wo viele Menschen sich vegetarisch ernähren und eine dunkle Haut haben, ist mittlerweile ein enormer Anstieg an Herzkrankheiten, Diabetes und Arterienerkrankungen zu verzeichnen, auch bei Menschen, die sich gesund ernähren.

Als ein uraltes, entwicklungsgeschichtlich bedeutsames Hormon spielt Vitamin D eine einzigartige Rolle. Das Konzept vom Überleben des Bestangepassten ist unvollkommen, und viele Organe und chemische Stoffe werden im Laufe der Entwicklung überflüssig. Das Vitamin D aber, das sich sowohl in Pflanzen wie auch in Tieren findet, hat es geschafft, sich evolutionär unentbehrlich zu machen. Ohne Vitamin D verlieren die Zellen ihren Talisman, gerät der Calciumstoffwechsel aus dem Gleichgewicht und können Menschen nicht richtig wachsen. Vitamin D hat einen Ausnahmestatus inne, weil es in Pflanzen und Tieren in unterschiedlicher Form vorkommt. Pflanzen enthalten Vitamin D2 oder Ergocalciferol, während man im menschlichen bzw. tierischen Gewebe Vitamin D3 findet, Cholecalciferol. Vielleicht nennen wir den Stoff ja auch nur deshalb Vitamin D, weil Cholecalciferol so schwer auszusprechen ist. Aber auch wenn es einem kaum über die Lippen geht, so hat es im Körper doch wichtige Funktionen.

Hautpigmentierung heute

Heute scheint die ganze Welt Probleme mit der Hautpigmentierung zu haben. In Australien und Neuseeland wollen die Menschen plötzlich »olivfarbene« Haut haben, damit sie weniger hautkrebsanfällig sind. Als Hautarzt in Asien fragen mich die Leute ständig, ob ich ihnen irgendetwas verschreiben kann, damit ihre Haut heller wird – ein Erbe des Kastensystems und des Kolonialismus. Wir haben uns ja schon mit den entwicklungsgeschichtlichen Ursprüngen der Hautfarben beschäftigt. Aber was bringt unseren Körper nun eigentlich dazu, Melanin zu produzieren?

Interessanterweise ist die jeweilige Menge an Melanin für all die unterschiedlichen Hauttöne der Menschen verantwortlich – und nicht nur für diese, sondern auch für die Farben von Tierfellen und Vogelfedern, sei es für das blauschwarze Gefieder der Krähen oder das braune von Spatzen.

Die Bezeichnung »Melanin« ist von dem griechischen Wort *melanos*, »dunkel«, abgeleitet und wurde erstmals von dem schwedischen Chemiker Jöns Jacob Berzelius verwendet. Berzelius kam 1779 im schwedischen Linköping zur Welt und verlor schon in jungen Jahren beide Eltern. Trotzdem machte er seinen Schulabschluss und studierte Medizin. Am Ende seines Lebens widmete er sich der experimentellen Chemie. Berzelius setzte sich leidenschaftlich dafür ein, in der Wissenschaft Fakten und Meinungen zu trennen. Er schrieb: »Die Gewohnheit einer Meinung führt oft zu der vollständigen Überzeugung, dass diese wahr ist, ihre Schwächen werden überdeckt und wir werden unfähig, Beweise, die ihre Richtigkeit widerlegen, zu akzeptieren.«[201]

Interessanterweise ist Melanin auch für die Farbe der *Substantia nigra* (wörtlich »schwarze Substanz«) im Gehirn verantwortlich, wo sich dopaminerge Neuronen (Zellen, in denen Dopamin als Botenstoff fungiert) finden. Die dopaminergen Neuronen machen zwar nur etwa fünf Prozent der Substantia nigra aus, doch sie beeinflussen stark unsere Belohnungs- und Angstreaktionen. Einschießendes Dopamin in den Hypothalamus kann unseren Appetit und unsere Nahrungsaufnahme senken. Erinnern Sie sich noch, was wir über Dopamin als Lustpartikel sagten?

Fallen diese dopaminergen Neuronen aus, führt dies zur Parkinson-Krankheit, die bekanntermaßen Tremor (Muskelzittern) verursacht. Leider ist diese Erkrankung mittlerweile auf dem Vormarsch. Sind die dopaminergen Neuronen in der Substantia nigra hingegen überaktiv, kann man Schizophrenie entwickeln, die mit bizarren Verhaltensweisen und Wahnvorstellungen einhergeht. Als Hautkrebsspezialist weiß ich aber auch, dass die Gefahr, ein tödliches Melanom zu entwickeln, (bis zu siebenfach) höher ist, wenn man an der Parkinson-Krankheit leidet, und vermindert, wenn man an Schizophrenie erkrankt ist.

Melanin mag zwar der unerwartete Verteidiger unserer Zellen, der Ritter in schwarz schimmernder Rüstung sein, doch das Problem mit diesem kleinen Pigment ist: Wann immer wir Wissenschaftler glauben, ihm auf die Spur gekommen zu sein, zeigt es sich von einer neuen, unbekannten Seite.

Alle Zellsysteme, ob nun menschlich oder nicht, werden von dem komplexen Molekül ATP (Adenosintriphosphat) mit Energie versorgt. Die Energie wird über das ATP-Molekül durch eine Reaktion bereitgestellt, bei der eine der drei Phosphat-Sauerstoff-Gruppen abgespalten wird. Dadurch entsteht ADP (Adenosindiphosphat), das, wie der Name schon sagt, zwei Phosphate enthält. Das ADP wird dann in den Mitochondrien recycelt – den Batterien, die alle lebenden Zellen mit Energie versorgen. Wie Geld, das unsere Gesellschaft in Gang hält, ist es das »An- und Abkoppeln dieses letzten Phosphates [am ATP], das die ganze Welt am Laufen hält«.[202] Alle biologischen Prozesse wie die Photosynthese der Pflanzen, die menschliche Atmung oder die Hefegärung brauchen ATP als energetische Währung.

Zellen enthalten zudem »Lysosome« genannte Organellen, in denen sich wiederum viele Enzyme finden. Wir wissen mittlerweile, dass die Melanosome – jene Organellen, die das Pigment Melanin enthalten – nichts anderes sind als Lysosome, die statt Enzymen Pigmente sezernieren. Diese Pigmente färben unsere Haare und unsere Haut.

Melanin mag zwar das ultimative Antioxidans sein, es ist aber auch ein doppelschneidiges Schwert. In Stresssituationen und bei Entzündungen steigt die Melaninproduktion, und wie wir bereits in dem Kapitel über Stress gesehen haben, werden dieselben Zellveränderungen bei seelischem Stress, körperlichen Verletzungen und beim Altern angestoßen. Sie alle können zu einer verstärkten Pigmentierung der Haut führen.

Studien zeigen, dass Raucher mit mehr als doppelt so hoher Wahrscheinlichkeit Falten entwickeln wie Nichtraucher. Als ich kürzlich in Europa war, bemerkte ich zu meinem Erstaunen, wie viele junge Frauen dort stark rauchten. Allein das Rauchen richtet mehr Schäden in der Haut an, als man mit Kosmetika reparieren könnte. Auch das Trinken von viel Alkohol trocknet die Haut aus und macht sie faltiger. Je mehr Ihre Zellen (und Sie) gestresst werden, desto schlechter sieht Ihre Haut aus. Schlechte Gesundheit führt immer auch zu schlechter Haut.

UV-Strahlen schädigen unter anderem tieferes Bindegewebe, weil sie die Bildung von reaktiven Sauerstoffspezies (ROS) verursachen. Zu den ROS, von denen wir bereits gehört haben, zählen Hyperoxid-Anionen, Peroxid und Singulett-Sauerstoff, aber auch Wasserstoffperoxid. Unter UV-Strahlung steigt der Wasserstoffperoxidgehalt in der menschlichen Haut und deren Keratinozyten innerhalb von 15 Minuten an und nimmt noch rund 60 Minuten lang nach Ende der UV-Strahlung weiter zu. UV-Schäden bauen auch das Kollagen ab und reduzieren die Prokollagen-Genexpression – und siehe da, schon wieder sehen wir älter aus.

Philip Larkin schreibt in seinem Gedicht über die Haut, sie sei *the unfakeable surface*, »die ehrliche Oberfläche«.[203] Unsere Haut lässt sich nicht täuschen. Wenn wir die Regeln der gesunden Ernährung vernachlässigen, wenn wir unseren Körper mit Alkohol und Zigaretten traktieren, wenn wir ewig in der Sonne braten, dann sollten wir nicht anderen die Schuld zuschieben, wenn unsere Haut nicht gut aussieht.

Vitamin D und Folsäure in der heutigen Ernährung

Wie ich bereits sagte, weiß ich aus praktischer Erfahrung, dass scheinbar alle meine Patienten vom indisch-subkontinentalen Hauttyp unter Vitamin-D-Mangel leiden, gleichgültig, wo ihre

Wiege stand. Bei Erwachsenen kann dies nicht nur zu brüchigen Knochen und schlechten Zähnen führen, sondern auch allerlei andere gesundheitliche Schwierigkeiten mit sich bringen. Doch auch Kinder sind vom Vitamin-D-Mangel betroffen. So kann Stillen bei einer Mutter mit Vitamin-D-Mangel dazu führen, dass das Kind ebenfalls einen solchen Mangel entwickelt, der mit vielen gesundheitlichen Problemen verknüpft ist. Daher wird Säuglingsanfangsnahrung heute häufig Vitamin D zugesetzt.

Menschen vom indisch-asiatischen Hauttyp sind anfälliger für Vitamin-D-Mangel, weil sie der Sonne aus dem Weg gehen (um nicht noch dunklere Haut zu bekommen), aufgrund ihrer Ernährung (großer Anteil von Vegetariern) und weil dunkle Haut unzulänglich Vitamin D bildet.

Der traditionellen Lehrmeinung zufolge ist Calciumzufuhr gut für die Knochenentwicklung, deshalb verschrieb man Frauen in Indien und im restlichen Asien häufig Calcium. Doch groß angelegte klinische Studien (wie die Harvard Nurses' Health Study) haben ergeben, dass zur Vorbeugung gegen Hüftfrakturen die Vitamin-D-Zufuhr wichtiger ist als eine hohe Calciumaufnahme. Denn ohne einen Calciumregulator hat es keinen Sinn, Calcium einzunehmen. Die Stärke der Hüftknochen korreliert mit dem Risiko für Osteoporose – Knochendichte-Aufnahmen zeigen, wie hoch das Risiko einer Hüftfraktur tatsächlich ist.

Der evolutionäre Kampf zwischen Folsäure und Melanin bzw. Vitamin D und Melanin hatte einige unbeabsichtigte Folgen, denn die verschiedenen Hauttypen neigen zu bestimmten Problemen. Wir wissen heute, dass genau wie der Mensch auch der Bär aus Afrika kam. Eisbären sind also Abkömmlinge von Braunbären. Als diese den Nordpol erreichten, blich ihr Fell durch die grelle arktische Sonne aus – je weiter man sich einem Pol nähert, desto stärker sind die UV-Strahlen. Die Arktis ist im Wesentlichen ein gewaltiger Klumpen Eis, der auf dem Meer treibt. Der Schnee reflektiert 20 bis 100 Prozent aller Wellenlängen von Licht, je nachdem, welchen Reinheitsgrad er aufweist, das Wasser dagegen nur 6 bis 12 Prozent des sichtbaren Lichts und etwa die Hälfte der UV-Strahlung. Die Ernährung von Eisbären enthält jedoch viel Lachs und Fischöl, sodass ihre Haut nicht hell werden musste. Eine lachsreiche Ernährung führt zu einem hohen Vitamin-D-Spiegel – und dadurch erkannte man auch vor rund 50 Jahren die positive Wirkung von Fischöl, als man über die niedrige Rate von Herzerkrankungen bei den Inuit forschte. Die Wissenschaftler fanden heraus, dass die Ursache dafür die langkettigen Fettsäuren in der fischreichen Ernährung waren. Diese Entdeckung führte in der Folge zu einer ganzen Industrie, die Fischölkapseln und Fischöl-Nahrungsergänzungsmittel herstellte. Aber wirkt Fischöl genauso wie der Verzehr von Fisch?

Eine Wissenschaftlergruppe unter Prof. Francesco Visioli untersuchte die gesundheitlichen Vorzüge von Fischölkapseln im Vergleich zu echtem Fisch. Die freiwilligen Versuchspersonen bekamen sechs Wochen lang entweder 100 Gramm Lachs oder ein bis drei Fischölkapseln pro Tag. Die Resultate zeigten, dass Fettsäuren besser absorbiert und ins Plasmafett integriert werden, wenn wir Fisch zu uns nehmen statt der Fischölkapseln.[204] William S. Harris und andere Wissenschaftler wiederholten diese Studie mit einem ähnlichen Aufbau. Und es zeigte sich erneut, dass Mikronährstoffe in natürlicher Form besser verwertet werden können.[205] Denn in Kapselform gehen viele der anti-entzündlichen Eigenschaften des Fischöls verloren.

Häufig werden Vitamin D und Omega-3-Fettsäuren auch verwechselt. Fischöl enthält beides, daher nehmen viele Menschen an, es handele sich um denselben Stoff oder die beiden Moleküle hätten zumindest dieselben biochemischen Eigenschaften. Denn ohne Calciumregulator fördert ein Vitamin-D-Mangel die Entwicklung von Herzerkrankungen, und da wir wissen, dass sich Fischöl positiv aufs Herz auswirkt, werden beide Stoffe häufig verwechselt.

Im Kapitel über unsere Fett-Gene habe ich die Bedeutung der Omega-3-Fettsäuren bereits erklärt. Essenzielle Fettsäuren sind Linolsäure (LA), eine Omega-6-Fettsäure, und Alpha-Linolensäure (ALA), eine Omega-3-Fettsäure. Aus der ersten wird Arachidonsäure hergestellt, die bei entzündlichen Reaktionen eine Rolle spielt. Viele anti-entzündliche Medikamente setzen an dem Punkt an und verhindern diesen Stoffwechselvorgang. ALA hingegen kann in die Omega-3-Fettsäuren Eicosapentaensäure (EPA) und Docosahexaensäure (DHA) umgewandelt werden, die beide das Herz schützen. Leinöl, das häufig empfohlen wird, wenn man seine Nahrung mit Omega-3-Fettsäuren ergänzen will, ist in Bezug auf die Bildung von EPA nur etwa ein Sechstel so wirksam wie Fischöl. Da EPA und DHA beide aus ALA synthetisiert werden und Leinöl und Walnussöl ebenfalls ALA enthalten, wurden diese beiden Öle in Berichten als gleichwertiger Ersatz für Fischöl empfohlen. Dies stellte sich jedoch als nicht richtig heraus, weil der Mensch ALA nicht effizient in DHA umwandeln kann.

Die Wissenschaft beschäftigt sich jedoch zunehmend mit den beiden schützenden Omega-3-Fettsäuren EPA und DHA. Man hat herausgefunden, dass beide nicht genau gleich wirken und daher nicht in einer Kategorie zusammengefasst werden können. EPA zum Beispiel drosselt die Produktion der Arachidonsäure und senkt so deren entzündliche Auswirkungen, die unsere Arterien ebenso schädigen wie unsere Gelenke. DHA hingegen hemmt die Arachidonsäure nicht und hat daher wenig Einfluss auf das zelluläre Entzündungsgeschehen. Doch wenn EPA ins Gehirn gelangt, wird es dort oxidiert. Daher ist DHA besser für die Hirnentwicklung und spielt eine wichtige Rolle für die

Nervenfunktion. Sowohl EPA als auch DHA wirken sich kaum auf den Cholesterinspiegel aus, aber sie senken beide zu hohe Triglyzeridspiegel.

Wir wissen heute, dass DHA eine positive Wirkung bei der Entwicklung von Gehirn und Nervensystem des ungeborenen Kinds im Mutterleib und in der frühen Kindheit besitzt. Es wird im letzten Schwangerschaftsdrittel im Uterus hergestellt, um die Hirnentwicklung und das schnelle Wachstum des künftigen Erdenbürgers zu unterstützen. Das Ungeborene kann DHA nämlich nicht selbst produzieren, sondern erhält diese Fettsäure von der Mutter. Und tatsächlich zeigt sich bei Frühgeburten ein niedriger DHA-Spiegel, da die Fähigkeit, ALA in DHA umzuwandeln, erst in den letzten Schwangerschaftswochen ausreift.

1992 veröffentlichen Alan Lucas und seine Kollegen von der MRC Dunn Nutrition Unit an der Universität Cambridge im Fachmagazin *Lancet* eine Studie, die zeigte, dass die untersuchten gestillten Babys einen höheren IQ hatten als Babys, die Säuglingsnahrung erhielten. Man führte dies auf den DHA-Gehalt in der Muttermilch zurück.[206] Eine andere Studie an 29 Frauen zeigte, dass Kinder, deren Mütter während der Schwangerschaft DHA-Ergänzungsmittel erhalten hatten, im Alter von neun Monaten eine deutlich bessere Problemlösungskompetenz besaßen. Heute empfiehlt man werdenden Müttern routinemäßig die Einnahme von DHA.[207] Interessanterweise zeigte die Studie aber auch, dass DHA zwar die Problemlösungsfähigkeit stärkt, nicht aber das Gedächtnis. Letzteres scheint durch EPA gefördert zu werden.

Seit 2010 empfiehlt das US-Gesundheitsministerium werdenden oder stillenden Müttern, »wöchentlich 240 bis 360 Gramm Fisch oder Meeresfrüchte unterschiedlicher Arten zu verzehren«.[208] Das entspricht etwa 300 bis 900 Milligramm EPA und DHA täglich.

EPA schützt das Herz, seine neurologische Wirkung zeigt sich in späteren Jahren, wo es sich in einem gewissen Grad positiv gegen Gedächtnisverlust und Demenz auswirkt. In einer Veröffentlichung der *Harvard Health Publications,* die wissenschaftlich abgesicherte Empfehlungen der Universität Harvard für eine gesunde Lebensweise geben, heißt es: »In großen Mengen (von mehreren Gramm pro Tag) lenkt Fischöl erwiesenermaßen bestimmte Risikofaktoren für Herzerkrankungen (»gutes« HDL-Cholesterin, Triglyzeride, Blutdruck) in die richtige Richtung. Geringere Mengen (von einem Gramm pro Tag) (können) gegen Herzrhythmusstörungen – vor allem Vorhofflimmern – wirken.«[209] Bislang legen die Beweise allerdings insgesamt nahe, dass DHA wirksamer ist als EPA, wenn es um die Senkung von Blutdruck, Herzfrequenz oder Blutplättchenaggregation geht.[210]

Wir wissen also, dass Vitamin D und Omega-3-Fettsäuren zusammenspielen, dass es sich dabei aber um unterschiedliche Stoffe handelt. Manche Fische wie Lachs und Kabeljau enthalten beides besonders reichlich. Lebertran, das Fischöl des Kabeljaus, enthält rund 1200 IE Vitamin D pro Esslöffel, Lachs hingegen rund 300 IE pro 30 Gramm. Wilder Silber- oder Coho-Lachs enthält rund 900 Milligramm Omega-3-Fettsäuren pro Portion (ca. 150 g). Der australische Barramundi enthält 833 Milligramm pro Portion, gefolgt vom Schwertfisch mit 600 Milligramm pro Portion. Neuere Studien bestätigen heute, dass Omega-3-Fettsäuren Vitamin D aktivieren. Das mag einer der Gründe sein, weshalb sie sich positiv auf unser Herz auswirken. Eine Studie aus Südkorea kommt zu folgendem Schluss:

Eine Omega-3-Supplementation reduziert erwiesenermaßen das Risiko für Herz-Kreislauf-Erkrankungen. Darüber hinaus hat der aktive Metabolit des Vitamins,

*1,25(OH)D, anti-entzündliche, anti-proliferative und anti-
fibrotische Wirkung sowohl im Endothelgewebe als auch
in der glatten Muskulatur der Gefäßwände. Folglich kann
auf Basis unserer vorliegenden Studie die herzschützende
Wirkung der Omega-3-Fettsäuren teilweise durch die
Aktivierung von Vitamin D erklärt werden.*[211]

Die wissenschaftliche Erforschung von Fischöl und Calcium führt uns also zunehmend zurück zu den Ursprüngen des Lebens im Wasser. Eine Wahrheit so mächtig, dass unsere Zellen sie nicht verbergen können. Die ernüchternde Erkenntnis ist, dass die Evolution eine durch und durch diktatorische Kraft ist – sie lässt uns bei unserer Schöpfung keine Wahl, sondern nur die Möglichkeit zur Veränderung. Unsere Freiheit ist also bestenfalls partiell.

Jenseits der Pigmente: Melanin

Die Dramatikerin Josefina López beschreibt in ihrem Stück *Unconquered Spirits* Gott als Plätzchenbäcker. Manchmal sind seine Plätzchen verbrannt (schwarz), manchmal nicht ganz durch (weiß) und manchmal gerade richtig (braun).[212]

Vielleicht hätte Gott darüber gelächelt und zugegeben, dass er keinen Backofen besitzt, weil er ja schon die Sonne geschaffen hat. »Und ich habe nur eine einzige Zutat gebraucht, um alle Farben der Menschenhaut zu schaffen«, hätte er dann wohl noch gesagt. »Und diese Zutat macht auch, dass Tiger Streifen haben und Leoparden Flecken.«

Melanin ist ein uraltes Antioxidans. Wir wissen, dass Zellen, die sich ständig erneuern, wie die am Gebärmutterhals oder an den Lippen, ein erhöhtes Krebsrisiko tragen. Die Melanozyten, die Melanin produzierenden Zellen, erneuern sich ebenfalls periodisch. Haare, die sehr viel Melanin enthalten, durchleben drei Phasen: die aktive Wachstumsphase (Anagen), die Umbauphase (Katagen) und die Ruhephase (Telogen). Wenn wir jemandem zwei Haare ausreißen, dann könnte eines in der Anagen-, das andere in der Telogenphase sein.

Die Melanozyten in der Haarzwiebel, der verdickten unteren Haarwurzel, teilen sich bei jedem Haarzyklus und spielen möglicherweise bei der Entwicklung von Melanomen eine wichtige Rolle. Dagegen vermehren sich die Melanozyten in der Epidermis, der Oberhaut, als Reaktion auf UV-Strahlung, zum Beispiel nach einem Sonnenbrand. In der Tiefe aber, in der Haarzwiebel, an einem Ort, an dem sich Stammzellen sammeln, geht die Wucherung von Melanozyten möglicherweise auf einen Gendefekt zurück. Wo es zu UV-Schäden kommt, häufen sich die DNA-Schäden in den Melanozyten so an, dass die DNA-Reparaturarmee überrannt wird.

Melanozyten machen nur etwa fünf bis zehn Prozent der Zellen im Stratum basale der Epidermis aus. Obwohl ihre Größe variieren kann, ist ein Melanozyt gewöhnlich sieben Mikrometer (sieben Millionstel Meter) lang. Diese winzige Zelle kann vieles – leider gehört auch Mord dazu.

In meiner Hautkrebspraxis biete ich ein kostenloses Ganzkörper-Screening an. Da viele Menschen es sich nicht leisten können, zum Dermatologen zu gehen, und Hautkrebs in Australien und Neuseeland mittlerweile epidemische Ausmaße annimmt, kontrolliere ich jährlich ungefähr 7000 Patienten kostenlos. Ich habe also bis heute ungefähr 100 000 Gratis-Untersuchungen gemacht, bei denen ich Premierminister und Minister, Ärzte und Anwälte, Köche und Büroangestellte buchstäblich unter die Lupe nahm.

Der spanisch-amerikanische Koch José Andrés Puerta, der in Amerika das Tapas-Essen und damit das *Small Plate Dining* (das Essen kleiner Gerichte) einführte, meinte einmal: »Ich glaube, kein Küchenchef wird je zu dem, was er ist, ohne den Einfluss anderer Menschen.«[213] Dasselbe gilt für die Medizin.

Einer meiner bemerkenswertesten Patienten war Mike. Ich habe Mike über die Jahre hinweg wegen zahlreicher Hautkrebsarten behandelt: Basalzellenkarzinom, Plattenepithelkarzinom und Melanom auf der Kopfhaut. Und er kam jedes Jahr an meinem Geburtstag, der auf den Saint Patrick's Day fällt, mit einer Flasche Wein vorbei. »Weil Sie mein Leben gerettet haben«, sagte er dabei immer. Um die Wahrheit zu sagen: Ich bin mir nicht sicher, ob ich wirklich sein alleiniger Lebensretter war, doch so etwas zu hören schmeichelt natürlich der Eitelkeit jedes Arztes.

Denn dass Mike so lange durchhielt, war vermutlich das sprichwörtliche Glück der Iren. Melanome sind völlig unberechenbar. Manche Patienten sterben an winzigen Tumoren, die vollkommen harmlos aussehen, und bisweilen fallen dicke, als tödlich angesehene Tumore in eine sogenannte »Tumor Dormancy«, einen Schlafzustand, und stellen ihr Wachstum ein. Es ist, als würde das Melanom keinen klaren Anfang und kein klares Ende kennen. Vielleicht ist diese Unbestimmtheit Teil eines großen Plans: Wenn wir die Diagnose »Melanom« erhalten, sind wir gezwungen, jeden Augenblick bewusst zu erleben und das Beste aus unserem Leben zu machen, ohne zu wissen, was als Nächstes geschieht.

Vor einigen Jahren brachte *Sunday,* ein neuseeländisches TV-Magazin über das aktuelle Zeitgeschehen, eine Geschichte über mein facettenreiches Leben. Dabei wurde auch Mike interviewt. »Was würden Sie denn über Dr. Paul sagen?«, fragte man ihn.

»Dass er mein Leben gerettet hat«, meinte Mike stolz und sah mich an.

Mike hatte die Entfernung eines Melanoms sowie seiner Lymphknoten am Hals überlebt. Er hatte die Bestrahlung nach der Entfernung eines aggressiven Plattenepithelkarzinoms überstanden und daneben noch eine Menge anderer Hautkrebsformen. Er trug seine Narben stolz, selbst wenn ich einige eher ästhetisch-chirurgisch behandelt hätte, statt sie zur Schau zu stellen.

»Wie kann so ein kleiner Fleck einen umbringen?«, fragte Mike mich, als er zum ersten Mal die Diagnose »Hautkrebs« hörte und ich ihn über die möglichen Folgen informierte.

»Ich weiß, es scheint furchtbar weit hergeholt, sogar für einen Arzt«, antwortete ich. »Aber dieses dunkle Pigment ist Melanin. Es ist ein Tumor der Melanozyten, der Zellen, die Melanin enthalten.«

»Wenn ein Melanozyt Melanin enthält, woher kommt der Melanozyt dann?«, wollte Mike wissen.

»Das ist eine komplizierte Angelegenheit«, sagte ich und erklärte ihm kurz die janusköpfige Natur von Antioxidantien. »Wenn ich Ihnen das genau auseinandersetze, dann sitzen wir den ganzen Tag hier. Erzählen Sie mir lieber, wie der Umzug in das Pflegeheim gelaufen ist.«

»Ruhestands-Village, *nicht* Pflegeheim«, korrigierte Mike mich.

Mike und seine Frau waren kürzlich in diese Siedlung für Ruheständler gezogen. »Es geht ja nicht um mich«, erklärte Mike mir. »Aber wenn mir was passiert, möchte ich, dass Betty versorgt ist. Und ich möchte nicht, dass meine Tochter mit der Sorge um ihre alten Eltern belastet wird.«

Das war typisch für Mike – er sorgte sich immer um andere. Ein typischer Sorger. Wir führten lange Gespräche über Irland, seine Meisterschaft auf der Irish Flute und die Band, die er in seinem »Ruhestands-Village« gegründet hatte. Und wir sprachen über Töchter, denn Mike hatte eine und ich habe eine. Natürlich waren wir beide vollkommen hingerissen von unseren Mädchen.

Väter und Töchter … das kann ganz schön kompliziert sein … die genetische Trigonometrie der Liebe.

In der Baci Lounge, meiner Buchhandlung mit Café in Auckland, gab es regelmäßig abendliche Live-Konzerte, und ich versprach Mike, dass er mit seiner Band dort auftreten dürfe – sie sollten ein paar Songs spielen und danach das Abendessen dort genießen.

Am Saint Patrick's Day kam Mike wie üblich mit einer Flasche Wein vorbei. Er sah besorgt aus. »Meine Tochter wird ihr Haus verlieren«, sagte er. Sie war einem Betrüger aufgesessen, der sich gezielt die Eltern von Kindern auf der Privatschule als Opfer suchte, die auch Mikes Enkelin besuchte. Die Familie hatte das Haus als Sicherheit für ein Investment verwendet, das sich als Schwindel herausstellte. Mike war am Boden zerstört. Plötzlich sah er alt aus. Stress beschleunigt den Alterungsprozess genauso, wie er Krankheitssymptome verschlimmert.

Das war der erste Saint Patrick's Day, an dem wir uns kaum unterhielten. Jedenfalls erinnere ich mich nicht daran. Es schien, als hätten wir beide Angst, das Schweigen zu brechen. Einige Monate später kehrte Mikes Melanom zurück. Er war über zehn Jahre lang krebsfrei gewesen, und plötzlich tauchte in dieser sorgenvollen Zeit der Krebs wieder auf. Man rief mich zu seiner Untersuchung in ein Pflegeheim, in das Mike verlegt worden war, weil Betty ihn nicht mehr versorgen konnte. Sein Zustand hatte sich beinahe über Nacht dramatisch verschlechtert. Mike wirkte erschöpft. Das Schlimme am Krebs ist, dass er nicht an seinem Ursprungsort bleibt, sondern von da aus im ganzen Organismus Verheerungen bewirkt. Mikes Melanom hatte seinen Geist und sein Gedächtnis angegriffen. All unsere Gespräche und unser gemeinsames Lachen waren vergessen.

Ich konnte nur zusehen, wie Mikes Frau und Tochter ihm zu erklären versuchten, wer ich war. Er erkannte mich nicht. Er wusste nicht einmal, wo er war. Das war eine Art Schlusspunkt, der unumgängliche Fanfarenstoß, der das Ende unserer Freundschaft ankündigte. Er schien zu nicken, als ich ihn begrüßte, aber das bildete ich mir vielleicht auch nur ein. Seine Hände zitterten. Der Mike, den ich gekannt hatte, war nicht mehr da. Ich verließ das Heim schnellen Schrittes mit Tränen in den Augen. Ich brauchte eine Zeit, bis ich meinen Wagen gefunden hatte, und als ich ihn endlich entdeckte, blieb ich eine ganze Weile reglos darin sitzen. Ich schluchzte. Der ganze Besuch erschien mir auf eine merkwürdige Weise unvollendet.

Ich sah Mike nie wieder. Ich hatte nie Gelegenheit, das Abendessen für seine Band auszurichten. Wieder einmal erinnerte mich das Leben daran, dass man, wenn man etwas für einen anderen Menschen machen möchte, es sofort tun sollte.

Wo immer Mike ist, ich bin mir sicher, dass dort Irland ist und dass seine Band am Saint Patrick's Day spielen wird, an meinem Geburtstag.

Als Arzt schätze ich mich glücklich, dass ich am Alltag meiner Patienten teilnehmen darf, ihre Krankheitsgeschichten kenne, ihre Familiengeschichten und ihre Erinnerungen. Ein Grund, warum ich die Ausbildung zum praktischen Arzt nachholte, nachdem ich bereits meinen Facharzt für ästhetische Chirurgie gemacht hatte, war, dass ich diese Geschichten meiner Patienten liebe, auch wenn sie von der Kürze der Arztbesuche regelmäßig in kleine Häppchen zerteilt werden. Gute Geschichten. Großartige Geschichten. Traurige Geschichten. Letzten Endes verdichten sich die medizinischen Aufzeichnungen und Untersuchungsergebnisse eines jeden Patienten zu einem guten Roman – unvorhersehbar bis zum Schluss. Wenn wir alle die letzte Seite in unserer Lebensgeschichte lesen könnten, würden wir unser Leben ändern? Letztlich enden wir als Figur in dieser Geschichte, und eben darin liegt unsere Unsterblichkeit.

Hautkrebs

Der Evolution ist Hautkrebs egal – sie findet nur die Fortpflanzung wichtig, und da Hautkrebs gewöhnlich erst in höherem Alter auftritt, wenn es mit der Reproduktion schon vorbei ist, hat die Evolution keine Veränderungen angestoßen, um uns besser vor Hautkrebs zu schützen.

Die Evolution der Haut lässt sich besonders gut in Australien studieren, wo der UV-Index hoch ist, die Sonne lange scheint und viele Menschen mit europäischem Hintergrund leben, deren Haut nicht für so hohe UV-Strahlung geschaffen ist, denn die meisten von ihnen stammen aus »keltischen« Ländern wie Schottland oder Irland. Viele Jahrzehnte lang betrieb das Land eine Einwanderungspolitik, die ganz offen auf ein »weißes Australien« abzielte und die Immigration von Menschen europäischer Herkunft bevorzugte. Doch die weißen Australier passten sich nie an das Land an, stammten sie doch von Menschen ab, deren Haut allmählich immer heller geworden war, weil in Europa die Sonne nicht so lange schien. Dies erklärt, weshalb Australien zu den Ländern mit der höchsten Hautkrebsrate gehört. Unter den australischen Ureinwohnern, deren Vorfahren sich vor 65 000 Jahren aus Afrika aufgemacht haben, ist Hautkrebs so gut wie unbekannt. Geografie ist also ebenso entscheidend wie unsere Gene. Wie ich in meinem Buch *Skin. A Biography* ausführlich erklärt habe, werden Sie rothaarig, wenn Sie zwei Kopien des MC1R-Gens haben (also von jedem Elternteil eine). Weniger als zwei Prozent der Weltbevölkerung sind rothaarig, aber in keltischen Ländern liegt der Prozentsatz höher. In Schottland gibt es weltweit mit 13 Prozent der Bevölkerung am meisten von Natur aus rothaarige Menschen, gleich danach kommt Irland mit zehn Prozent. In diesen Ländern tragen 40 Prozent der Menschen das entsprechende Gen, jedoch nur etwa ein Viertel besitzt es in doppelter Kopie. Menschen mit zwei

MC1R-Genen haben Sommersprossen, werden kaum braun und bilden viele weitere Mutationen aus, wenn sie der Sonne ausgesetzt sind. Das liegt daran, dass ihre Haut an das Leben in Regionen mit geringer UV-Strahlung angepasst ist.

Die UV-Strahlung wird in Typen unterteilt: UV-A (die am Alterungsprozess und der Ausbildung von Melanomen beteiligt ist), UV-B (die Sonnenbrand und andere Hautkrebsformen verursacht) und UV-C (die grauen Star verursachen kann, auch wenn diese Strahlung meist nicht bis zur Erdoberfläche vordringt).

Unsere DNA ist ein Doppelstrang, sie besteht aus zwei parallelen, schraubenförmig gewundenen Nukleinsäurebändern. Die Grundbausteine oder Nukleotide der Nukleinsäure – Adenin (A), Thymin (T), Guanin (G) und Cytosin (C) – sind typischerweise in einer bestimmten ATGC-Sequenz angeordnet, gleich einem Yin und Yang biologischer Verbindungen, die für das Leben vonnöten sind. Wenn die Haut UV-Strahlen ausgesetzt ist, verursachen die Fotonen in der Strahlung Schäden in der DNA, indem sie die Nukleinsäuresequenzen verändern. Dann kommt es zu AT-AT-Gruppierungen, sogenannten Dimeren, abnormalen Yang-Yang/Yin-Yin-Nukleinsäuresequenzen. Das ist biologisch gesehen Hochverrat. Werden solche Sequenzen nicht repariert, teilt sich die kaputte DNA auf abnorme Weise, und das führt zu einem späteren Zeitpunkt zur Bildung von Krebszellen. Darum mobilisiert der Körper bestimmte Enzyme, um solche Sequenzen wieder in ihre Normalanordnung zu bringen.

In dunkler Haut, die viel Melanin enthält, entstehen gewöhnlich nicht viele Dimere (weil die großen Melanosomen den Zellkern mit der DNA schützen), sodass die Enzyme durchaus in der Lage sind, eventuelle Schäden zu reparieren. Aber bei rothaarigen, weißhäutigen Menschen beispielsweise fehlen diese großen Melanosomen, die den Zellkern abschirmen, weitgehend, sodass die DNA durch das UV-Licht geschädigt werden kann – woraufhin Dimere entstehen. Der Körper mobilisiert auch hier Enzyme, doch meist reicht ihre Zahl nicht aus, um den Schaden ordentlich zu reparieren. Daher haben die Betroffenen ein höheres Risiko, später Hautkrebs zu entwickeln.

Wenn ich meinen Studenten von der DNA-Theorie erzähle, verwende ich häufig das Beispiel vom Diabetes. Jeder Mensch kann eine gewisse Menge Insulin in der Bauchspeicheldrüse herstellen. Manche Menschen aber kommen mit einem genetischen Defekt zur Welt, was zu Diabetes Typ 1 führt, der schon in der Kindheit ausbricht, aber die seltenere Form der Zuckerkrankheit darstellt. Diese Menschen brauchen ihr Leben lang Insulininjektionen. Viele Menschen, die Diabetes Typ 2 entwickeln, haben lange Zeit zu viel gegessen. Dieses Übermaß sorgt dafür, dass nicht mehr genug Insulin produziert wird. Daher müssen sie Medikamente einnehmen, die die Insulinproduktion steigern oder dafür sorgen, dass das Insulin besser im Gewebe aufgenommen wird. Einige dieser Menschen brauchen schließlich ebenfalls Insulininjektionen. Mit unserer Vorliebe für Kohlenhydrate und unserer Neigung, zu viel zu essen, ist Diabetes Typ 2 mittlerweile weit verbreitet.

Ähnlich kommen manche Menschen mit einem genetisch bedingten Mangel an DNA-Reparaturenzymen zur Welt, die durch UV-Strahlung verursachte Hautschäden reparieren können. Diese Erbkrankheit heißt Xeroderma pigmentosum, und die Betroffenen leiden unter verschiedenen Hautkrebserkrankungen. Menschen mit weißer Haut haben zwar solche Enzyme, aber übermäßiges Sonnenbaden, auch im Solarium, oder schwere Sonnenbrände schädigen die Haut so, dass die Reparatursysteme irgendwann nicht mehr nachkommen und sich in der Folge Hautkrebs entwickelt. Im australischen Queensland war es früher für Teenager ein Sport, sich nach einem Tag am Strand gegenseitig die Haut abzuziehen, weil man einen Sonnenbrand hatte, der Blasen warf! Kein Wunder, dass Queensland weltweit mit die höchste Melanomhäufigkeit aufweist – die Rate liegt bei jährlich etwa 80 Neuerkrankungen pro 100 000 Menschen. Glücklicherweise sind sich die Menschen heute der Hautkrebsgefahr bewusster und verhalten sich vorsichtiger.

Noch einmal in aller Kürze: Unsere Haut wird unter UV-Einstrahlung dunkler, weil dies ein angeborener Schutzmechanismus ist und das Melanin wie ein Sonnenschutzmittel wirkt. Eine Sonnencreme mit Lichtschutzfaktor 2 erlaubt Ihnen, doppelt so lange, wie die Eigenschutzzeit Ihrer Haut es erlaubt, an der Sonne zu bleiben, ohne einen Sonnenbrand zu bekommen. Den Lichtschutzfaktor des Melanins haben unter anderem Nobuhiko Kobayashi und James J. Nordlund untersucht. Ihren Forschungen zufolge liegt er zwischen 2 und 4. Das bedeutet, dass Melanin 25 bis 75 Prozent der UV-Strahlen (in brauner Haut üblicherweise 50 Prozent) absorbiert.

Doch selbst unter Experten gibt es immer noch Unklarheiten, was die Bräune und den Sonnenschutz angeht. Da mein Team und ich selbst Sonnenschutzmittel untersuchen und herstellen, wollte meine Freundin Rachel McAdam, wissenschaftliche Kommunikationschefin bei La Roche-Posay, einer Kosmetikfirma unter dem Dach von L'Oréal Australien, wissen, ob es stimmt, dass nur UV-B-Strahlen die Vitamin-D-Produktion anregen.

Das stimmt nur teilweise. Studien zeigen, dass UV-A- und UV-B-Strahlen kurzfristig die Produktion anregen. Ist die Haut jedoch länger der Sonne ausgesetzt, kann es beispielsweise schon nach neun Minuten im Gegenteil dazu kommen, dass durch die UV-A-Strahlen Vitamin D abgebaut wird. Wenn Sie UV-B-Strahlen ausgesetzt sind, haben Sie immer noch ein erhöhtes Risiko, einen Nicht-Melanom-Hautkrebs, insbesondere ein Basalzellen- oder Plattenepithelkarzinom, zu entwickeln. Setzen

Sie sich nur gelegentlich der UV-B-Strahlung aus, dann hängt die Vitamin-D-Produktion vom Cholesterin- und Vitamin-D-Spiegel vor dem Beginn der Bestrahlung ab, nicht aber vom Hauttyp und der Pigmentierung Ihrer Haut. Damit geht die Lichtschutzfaktor-Rechnung den Bach hinunter, weil sie sich nicht gleichermaßen auf alle Menschen anwenden lässt.

Die Lehre von den Sonnenschutzmitteln ist ohnehin nicht so einfach, wie man gemeinhin annimmt. Es ist jedoch klar, dass Sonnenschutzmittel zur Hautkrebsvorbeugung beitragen, weil sie Sonnenbrände reduzieren – vorausgesetzt, sie werden korrekt und so oft wie nötig aufgetragen.

Dennoch verwenden viele Menschen keine Sonnenschutzmittel, weil sie einen Vitamin-D-Mangel befürchten. Doch nicht Sonnenschutzmittel haben auf den Vitamin-D-Spiegel Einfluss – sondern der prozentuale Anteil der Körperoberfläche, die der Sonneneinstrahlung konkret ausgesetzt ist. UV-B-Strahlen gelten als wichtige Quelle für die Vitamin-D-Herstellung. Doch für die meisten diesbezüglichen Studien wurden nicht konkrete Messungen der UV-Strahlen auf der Haut verwendet, sondern Berechnungen auf Basis von Breitengrad oder Zeit, die tatsächliche UV-B-Strahlung wurde also nicht ermittelt. Morten K.B. Bogh hat 2011 nachgemessen. In seinen Experimenten setzte er die Haut seiner Probanden unterschiedlichen UV-Dosen aus. Signifikante Vitamin-D-Anstiege als Reaktion auf UV-B-Strahlen waren messbar, wenn 6 bis 12 Prozent der Hautoberfläche den Strahlen ausgesetzt waren, doch bei 24 Prozent erreichten die Reaktionen ihren Höhepunkt und stiegen nicht mehr weiter an.[214] Diese Studie zeigte, dass wir, um genug Vitamin D abzubekommen, etwa 18 Prozent unserer Körperoberfläche der Sonne aussetzen müssen. Das entspricht in etwa beiden Armen oder beiden Beinen unterhalb der Knie. Entscheidend ist also der Anteil der Hautoberfläche, auf den die Sonne trifft. Und es reicht völlig aus, wenn dies zweimal täglich 20 bis 30 Minuten lang erfolgt. Mehr Sonnenstrahlung führt hingegen zur Abnahme des Vitamin-D-Spiegels.

Darüber hinaus bilden Menschen, die bereits einen hohen Vitamin-D-Spiegel haben, weniger wahrscheinlich noch sehr viel mehr Vitamin D aus, wenn sie sich der Sonne aussetzen. Auf diese Weise reguliert der Körper den Regulator.

Fazit

Nach meinem letzten TEDx-Talk kam eine Dame auf mich zu und fragte, ob Multiple Sklerose mit einem niedrigen Vitamin-D-Spiegel zusammenhängen könne, wie in einem Artikel zu lesen war, den sie im Internet gefunden hatte. Ihre Mutter habe nämlich einen niedrigen Vitamin-D-Spiegel und sei an Multipler Sklerose erkrankt. Ich erklärte ihr, dass es in der medizinischen Literatur keinen Hinweis auf einen derartigen Kausalzusammenhang gäbe. Ähnliche Fragen stellen meine Patienten in Bezug auf das Melanom, weil dieses doch durch intensive Sonnenbestrahlung verursacht wird und Sonnenlicht schließlich auch nötig sei, um Vitamin D herzustellen. Eine umfassende Studie an 872 Melanompatienten über fünf Jahre zeigte, dass der Vitamin-D-Spiegel im Blut in Stadium IV der Erkrankung niedriger war als im frühen Stadium I.[215]

Viele Krankheitszustände gehen mit einem verringerten Vitamin-D-Spiegel einher, aber letztlich bestätigt dies nur, dass gute Vitamin-D-Werte bei gesunden Menschen auftreten: Das »Sonnenschein-Vitamin« könnte insofern ein Barometer unseres allgemeinen Gesundheitszustands sein. Das Leben hat sich im Wasser entwickelt, und für Geschöpfe, die an Land leben wie der Mensch, sind Vitamin D und Omega-3-Fettsäuren wie biologische Andenken an unsere Ursprünge. Wir wissen, dass alle

Vitamine lebenswichtig sind, aber gilt das auch für Vitamin D, ein uraltes Hormon, das sich als Vitamin verkleidet hat? Ist dieser Stoff wirklich ein Wunder der Evolution? Wissenschaft und medizinische Praxis jedenfalls scheinen sich in dieser Schlussfolgerung zunehmend anzunähern.

Der Untertitel für dieses Kapitel, »Der Mythos von den Rassen«, stammt übrigens aus einem anderen TEDx-Talk, in dem ich darüber sprach, welche Rolle Vitamin D und Folsäure bei der Entwicklung der menschlichen Hautfarben spielten. Ich beendete den Vortrag mit den Worten: »Wenn die Welt farbenblind wäre, dann könnte jeder Mensch in jedem Land dieser Welt sein Potenzial voll entfalten, und wir würden endlich verstehen, dass der Mythos von den Rassen der Menschheit einen Bärendienst erwiesen hat.«

Aus der Praxis:
Seien Sie großzügig beim Sonnenschutz
Berechnen Sie mit der unten stehenden Tabelle, welche Zeit Sie unbeschadet in der Sonne verbringen können, und wählen Sie dann einen Sonnenschutz, der Ihre Haut gesund erhält. Dermatologen orientieren sich dabei häufig an den Hauttypen nach Fitzpatrick:

> Typ I (keltischer Typ): bekommt immer Sonnenbrand, wird nie braun (Haarfarbe häufig rot oder platinblond)
> Typ II (nordischer Typ): bekommt leicht Sonnenbrand, wird kaum je braun (üblicherweise blond und blauäugig)
> Typ III (Mischtyp): bekommt selten Sonnenbrand und wird schnell braun (üblicherweise braunes oder schwarzes Haar und braune Augen)

> **Typ IV (mediterraner Typ)**: bekommt äußerst selten Sonnenbrand und wird leicht braun (üblicherweise aus den Mittelmeerländern oder hellhäutiger Inder)
> **Typ V (dunkler Typ)**: dunkelbraune Haut, die niemals Sonnenbrand bekommt und schnell noch dunkler wird (üblicherweise dunkler indischer Typ oder Nordafrikaner)
> **Typ VI (schwarzer Hauttyp)**: sehr dunkle Haut, die sehr viel Melanin enthält und daher keinen Sonnenbrand bekommt. Die Bräunung unter Sonneneinstrahlung ist meist aufgrund der dunklen Hautfarbe nicht sichtbar.

Wenn Sie Ihren Hauttyp kennen und wissen, welcher UV-Index an Ihrem Urlaubs- oder Heimatort herrscht, können Sie sich sicher der Sonne aussetzen, auch wenn Sie zu Typ I bis IV gehören. Für die Typen V und VI ist kein Sonnenschutz nötig, da sie ohnehin keinen Sonnenbrand bekommen. Das Diagramm unten liefert Ihnen Schätzwerte für Ihre Sonnenbrandgefährdung.

HAUTTYP I	HAUTTYP II
Maximale Zeit in der Sonne: 67 Minuten, geteilt durch den UV-Index	Maximale Zeit in der Sonne: 100 Minuten, geteilt durch den UV-Index
HAUTTYP III	**HAUTTYP IV**
Maximale Zeit in der Sonne: 200 Minuten, geteilt durch den UV-Index	Maximale Zeit in der Sonne: 300 Minuten, geteilt durch den UV-Index

Nun können Sie Ihren Schutzfaktor leicht selbst ausrechnen. Zum Beispiel: Das Diagramm besagt, dass ein Mensch vom Typ IV 300 Minuten lang in der Sonne sein kann, je nach UV-Index. Liegt der UV-Index für Ihre Stadt im Sommer bei 10, dann gilt: 300 geteilt durch 10 ergibt 30. Sie können 30 Minuten in der Sonne bleiben, ohne braun zu werden. Wenn Sie eine Sonnencreme mit Lichtschutzfaktor 15 benutzen, dann dürfen Sie diese Zahl mit 15 multiplizieren, aber nur dann, wenn Sie die Sonnencreme nach jedem Baden und auch ohne Bad alle paar Stunden neu auftragen. Daher ist es am sichersten, sich für einen Lichtschutzfaktor 30 zu entscheiden, denn dann können Sie länger in der Sonne bleiben, ohne zu cremen.

Nach 20 bis 30 Minuten Aufenthalt in der Sonne steigt Ihre Vitamin-D-Produktion nicht mehr weiter an. Also gehen Sie möglichst mehrmals täglich kurz an die Sonne und vermeiden Sie die Stunden, in denen die UV-Strahlen gerade auf die Erdoberfläche auftreffen, also in etwa die Zeit zwischen 12 und 15 Uhr.

Kerngedanken

1. Alle Menschen stammen ursprünglich aus Afrika. Die Vorstellung, dass es verschiedene Rassen gebe, die man je nach Hautfarbe klassifizieren könne, ist ein Mythos.
2. Jede Hautfarbe bildete sich als Resultat des Konkurrenzkampfes zwischen Vitamin D und Folsäure.
3. In den letzten 50 000 Jahren beeinflusste auch unsere Ernährung die Hautfarbe, vor allem aufgrund des unterschiedlichen Vitamin-D-Gehalts von Nahrungsmitteln.
4. Für sämtliche existierenden Hautfarben ist das Pigment Melanin verantwortlich. Je mehr Melanin Sie haben, desto besser werden Sie braun.

5. Melanin hat einen Sonnenschutzfaktor von 2 bis 4. Je heller Ihre Haut ist, desto höher ist Ihr Risiko, an Hautkrebs zu erkranken.
6. Vitamin D ist unser Calcium-Regulator. Ein normaler Vitamin-D-Spiegel ist Ausdruck einer guten Gesundheit. Die Einnahme von Calcium-Ergänzungsmitteln oder eine Ernährung mit hohem Calciumgehalt kann gesundheitliche Risiken fördern, wenn nicht zuvor gegebenenfalls ein zu niedriger Vitamin-D-Spiegel korrigiert wurde.
7. Die Haut ist Grenzschicht und Spiegel unseres Gesundheitszustandes zugleich. Daher ist es wichtig, dass Sie sowohl auf äußere Belastungen achten (weniger Sonnenbäder, keine Zigaretten) als auch auf innere (Stress).

6
Die Ernährungs-Gene: Dem Gentyp entsprechend essen

Dies über alles: Sei dir selber treu,
Und daraus folgt so wie die Nacht dem Tage,
Du kannst nicht falsch sein gegen irgendwen.
William Shakespeare, Hamlet

Patienten befragen mich häufig über Nahrungsmittelallergien oder wollen von mir wissen, was sie essen können (oder nicht), um ihr Hautbild zu verbessern. Unser Verdauungssystem ist nicht nur deshalb so wichtig, weil es uns die nötige Energie liefert, sondern auch, weil es die innere Umgebung unserer Zellen, den Intrazellularraum, prägt. Wir haben bereits erörtert, dass Umwelt und Gene eng miteinander verknüpft sind. Das gilt noch mehr, wenn es um unsere Verdauung geht, denn Nahrungsmittel, die schon unsere Vorfahren verzehrten, mögen zwar in uns ihren genetischen Fingerabdruck hinterlassen haben, doch moderne Lebensmittel werden häufig mit für unseren Körper neuen synthetischen chemischen Stoffen hergestellt, die Auswirkungen auf unser Wohlbefinden haben können.

Wie Sie mittlerweile wissen, bin ich kein Freund rigoroser Diäten. Denn zu jeder Diät gehören auch Verbote, die zwanghaftem Verhalten, Gewissensbissen und Schuldgefühlen Vorschub leisten. So weit, so gut. Doch die Menschheit ist so übergewichtig wie noch nie, und dieses Übergewicht wirft Fragen auf wie:

Sind gesättigte Fette per se schlecht?
Wie viel Zucker darf ich essen?
Soll ich meine Pommes lieber frittieren oder backen?

Großbritannien hat erst kürzlich eine Zuckersteuer eingeführt. Früher gab es Salzsteuern und die Prohibition, die den Alkohol verbot. Höhere Steuern auf bestimmte Konsumgüter erhöhen die Preise und können so den Verbrauch senken, allerdings zielen Gesetze darauf ab, etwas zu unterbinden, und nicht, über dessen Gefahren aufzuklären. Letztlich führen solche gesetzlichen Regelungen nur dazu, dass der Schwarzhandel zunimmt und die Industrie einfach nach Tricks sucht, um sie zu umgehen. Doch unsere Ernährung ist unsere Basis – wir sollten sie nicht der Politik und der Industrie überlassen. Was wir zu uns nehmen, soll unserem Körper ein gesundes Leben ermöglichen. Also Schluss mit Hunger und Schuldgefühlen. Wir informieren uns, damit wir uns künftig gesünder ernähren.

Das alte Sprichwort, demzufolge Liebe durch den Magen geht, macht Essen zur Währung der Liebe – und für manche Menschen förmlich zur neuen Religion. Die Italiener dienen ihr mit Genuss, die Franzosen beherrschen den kulinarischen Katechismus perfekt. Und doch gibt es Nahrungsmittel, die uns glücklich machen, und andere, die bei bestimmten Menschen Unverträglichkeiten oder gar Krankheiten auslösen. Das hängt letztlich mit den genetischen Variationen zusammen, die für unseren Stoffwechsel zuständig sind. Dies gilt vor allem, wenn wir uns nicht ausgewogen ernähren. In Sachen Ernährungsetikette arbeiten unsere Gene nach dem Konzept von Gut und Böse und nicht nach den Prinzipien der Höflichkeit. Daher werden wir uns in diesem Kapitel mit verschiedenen Ernährungstypen und ihren genetischen Voraussetzungen auseinandersetzen.

Die großen drei: Salz, Zucker und Stärke

Jennifer Donnelly schreibt in *Revolution:* »Je abwegiger unsere Interessen, desto mehr zeugen sie von unserem Genie.«[216] Es gibt einen Namen für den Geschmack von so unterschiedlichen Dingen wie Kaffee, Parmesan, Hefepaste, Pilze oder geräuchertes Fleisch: *umami*. Man nimmt an, dass dieser Geschmack vorzugsweise von Glutamat vermittelt wird, einer Aminosäure, die wir für die Hirnfunktion brauchen. Mononatriumglutamat (MSG), eine chemische Substanz, die sich in vielen industriell verarbeiteten Nahrungsmitteln findet, besitzt diesen Geschmack selbstverständlich, aber auch die menschliche Muttermilch.[217] Entwicklungsgeschichtlich betrachtet haben sich die Rezeptoren für den Umami-Geschmack gebildet, damit wir das gehirnstärkende Glutamat in Nahrungsmitteln aufspüren können. Die Rezeptoren für die bittere Geschmacksrichtung haben sich hingegen entwickelt, damit wir Gifte erkennen.

Ich beginne im nächsten Abschnitt mit dem Salz, denn es führt uns zurück zu den Ursprüngen des Lebens, in die Tiefen des Ozeans. Ist Leben ohne Salz überhaupt möglich? Vermutlich nicht. In unterschiedlichen Dosierungen verwendete man Salz früher als Medikament, um die Wundheilung zu unterstützen oder auch als Brechmittel. Und selbstverständlich wurde es weithin als Konservierungsmittel genutzt. Es ist wichtig, dass wir unsere salzigen und anderen Ursprünge kennenlernen und die Ursprünge unserer Nahrung verstehen, das sind wir unserem Körper schuldig.

Salz

Bevor es Jagdwerkzeuge und -waffen gab, ernährten sich die Menschen von Früchten und Gemüsen oder fingen kleine Insekten. Selbst als der Mensch anfing, Fleisch zu essen, und es zu seinem Hauptnahrungsmittel machte, nahm er täglich vermutlich weniger als 1500 Milligramm Salz zu sich. Bis heute verzehren beispielsweise die Yanomani, die im brasilianischen Regenwald leben und noch alte Ernährungsmuster beibehalten haben, weniger als 500 Milligramm Salz pro Tag. Im Gegensatz dazu kann bereits eine Dose mit fertiger Tomatensuppe insgesamt 880 Milligramm Salz enthalten.[218]

Die ursprüngliche Ernährung der waffenlosen Hominiden war also sehr salzarm. Mit dem Aufkommen der Jagd und des Fleischverzehrs rückte das Salz hingegen in den Vordergrund, weil die Menschen herausfanden, dass es als Konservierungsmittel verwendet werden konnte. Daher darf man den Erwerb der Geschmacksempfindung für Salziges in der menschlichen Frühzeit als umweltbedingt betrachten, bevor die Gene das ihre dazu taten. Aber das ist nicht der einzige Grund, weshalb heute so viel Salz in industriell verarbeiteten Lebensmitteln und in künstlichen Aromen enthalten ist. Salz in hoher Konzentration unterdrückt den bitteren Geschmack, und da die chemischen Stoffe in industriell hergestellten Lebensmitteln bitter schmecken,[219] setzt man diesen Salz in mitunter alarmierend hohen Mengen zu. Dabei steigert ein hoher Salzverzehr eindeutig das Vorkommen von Herzerkrankungen sowie die Zahl der Todesfälle durch Herzerkrankungen und Schlaganfälle. Trotz der klaren Beweislage haben Lobbygruppen der Lebensmittelindustrie, wie das Salt Institute in Naples, Florida, es geschafft, dass der Salzzusatz bei der Lebensmittelproduktion nicht begrenzt werden muss, weil es angeblich keine klaren statistischen Belege für dessen negative Wirkung gibt.[220]

Ein Experiment zeigte, dass Schimpansen, die salzreich ernährt wurden, hohen Blutdruck entwickelten, im Gegensatz zu ihren Artgenossen, die normale Kost erhielten. Wir wissen, dass Salz unumstößlich mit der Nierenfunktion verbunden ist. Die Nieren halten entweder das Salz im Körper oder scheiden es aus, Regie führen dabei bestimmte Hormone. Den engen Zusammenhang zwischen hohem Salzkonsum und Nierenleiden belegt die Tatsache, dass alle Erbkrankheiten, die Nierenprobleme verursachen, tendenziell die Salzaufnahme der Nieren steigern. Metastudien konnten zeigen, dass eine Verringerung des Salzkonsums zu niedrigerem Blutdruck führte.[221] Interessanterweise ist die Geschmacksempfindung für Salziges unmittelbar nach der Geburt noch nicht präsent, trotzdem entwickeln Kinder zwischen vier und 23 Monaten eine gewisse Vorliebe für mild salzige Lösungen. Zu viel Salz bei Kindern kann übrigens auch schon im Alter von sieben Jahren zu Bluthochdruck führen.[222]

Professor Graham MacGregor vom Wolfson Institute of Preventive Medicine und beratender Arzt am Saint George's Hospital in London erklärte in einem Vortrag mit dem Titel »Salz – Neptuns vergifteter Kelch« unter anderem: »Säugetiere sind dafür geschaffen, außerhalb des Meeres zu leben und kein Salz zu essen.«[223] Meeressäuger, die sich von Fisch ernähren, nehmen Nahrungsmittel mit einem Salzgehalt zu sich, der in etwa dem ihres Blutes entspricht. Auf diese Weise bleibt ihr Wasserhaushalt stabil, es kommt weder zu Ansammlungen noch zu Verlust von Flüssigkeit im Körper. Zusätzliches Salz verzehren diese Tiere nicht. Professor MacGregor fuhr fort:

Unglücklicherweise entdeckten die Chinesen vor 5000 Jahren, dass Salz die magische Fähigkeit besitzt, Nahrungsmittel zu konservieren. Salz erlangte eine enorme wirtschaftliche, religiöse und politische Bedeutung, doch dafür haben wir

mit erhöhtem Blutdruck bezahlt. [Es ist darüber hinaus]
die Hauptursache für Schlaganfälle, Herzversagen und
Herzinfarkte. Wir nehmen heute 20- bis 50-mal mehr der
Menge Salz zu uns, für die unser Körper ausgelegt ist.[224]

Noch einmal: Wir verzehren so viel Salz, weil es unserer Nahrung als Konservierungsmittel zugesetzt wird oder weil es den bitteren Geschmack anderer Stoffe verdecken soll. Durch Salz bleiben Lebensmittel länger genießbar, jedoch mit unbeabsichtigten Folgen für den Menschen, wie Professor MacGregor weiter erläuterte:

Ein Teil des Salzes bleibt im Körper und erhöht unseren
Blutdruck; 60 Prozent der Bevölkerung haben im Alter
von 60 Jahren einen erhöhten Blutdruck.
Die Nahrungsmittelindustrie zeichnet für 80 Prozent
unserer Zufuhr von Salz verantwortlich, [das] in industriell
verarbeiteten Lebensmitteln, Fastfood etc. versteckt ist;
deshalb muss sie Verantwortung übernehmen für Tausende
unnötige Todesfälle und Leid, die sie verursacht. [...]
Jedes Gramm weniger Salz rettet ungefähr 6000 Menschen-
leben.[225]

Das ist doch eine ganze Menge geretteter Leben! Viele Fertiglebensmittel und Getränke enthalten Kochsalz (Natriumchlorid). Wenn man sich heute salzarm ernähren will, setzt man einen Grenzwert von 1600 Milligramm täglich an. Das hört sich wenig an, aber denken Sie daran, dass unsere Vorfahren weniger als 1500 Milligramm pro Tag zu sich nahmen. Man möchte meinen, allein diese Information würde die Menschen dazu bringen, ihren Salzkonsum drastisch zu reduzieren. Und doch, wir alle kennen Menschen, die viel Salz essen. Mein Vater isst mehr Salz als jeder andere in der Familie, trotzdem hat er mit seinen 83 Jahren einen normalen Blutdruck. Klinische Studien haben bestätigt, dass die Auswirkungen des Salzkonsums von Variationen im ACE-Gen (ACE = Angiotensin-konvertierendes Enzym) beeinflusst werden.[226] Ich wollte natürlich wissen, welche ACE-Genvariante ich habe: Die GA- und AA-Variationen dieses Gens erhöhen das Risiko für hohen Blutdruck, wenn man viel Salz zu sich nimmt, die GG-Variante hingegen nicht. Es stellte sich heraus, dass ich die AA-Variante habe und daher auf meinen Salzkonsum achten muss.

ACE reguliert den Blutdruck als Reaktion auf die Salzzufuhr. ACE-Hemmer sind bekannte Medikamente zur Senkung des Blutdrucks und zur Behandlung von Nierenleiden und Diabetes. Doch heute wissen wir auch, dass die Variante des ACE-Gens, die ein Mensch hat, sich jeweils auf sein Risiko auswirkt, aufgrund seines Salzkonsums hohen Blutdruck zu entwickeln.

Afroamerikaner zum Beispiel haben ein weit höheres Risiko, erhöhten Blutdruck zu entwickeln. Das geht zum einen darauf zurück, dass sie öfter industriell verarbeitete Lebensmittel essen, zum anderen ist dies ein Erbe ihrer Ausbeutung als Sklaven. Es heißt, die Sklavenhändler in Afrika hätten ihren Gefangenen das Gesicht abgeleckt, weil sie feststellen wollten, ob diese körperlich in der Lage waren, die unmenschlichen Bedingungen der Gefangenschaft und der anstehenden Überfahrt über den Atlantik zu überleben. Salziger Schweiß galt als ein schlechtes Zeichen, weil es darauf hindeutete, dass der Körper der betroffenen Person eine geringere Fähigkeit hatte, Salz zurückzuhalten. Durch diesen Geschmackstest versuchte man herauszufinden, welche der Gefangenen eine gute Salzretention aufwiesen und damit robust genug waren, die lange Überfahrt zu überleben. Durch diese Form der Selektion haben Afroamerikaner mit höherer Wahrscheinlichkeit Gene, die die Salzrückhaltung im Körper begünstigen, und damit ein gesteigertes Risiko für erhöhten Blutdruck.

Ein Kupferstich von Serge Daget (um 1725) zeigt einen Sklavenhändler bei einem solchen »Salztest«. Morris Brown hat ihn in seinem Aufsatz über hohen Blutdruck in bestimmten ethnischen Gruppen veröffentlicht.[227] Die »Sklaverei-Hypothese« erklärt die Ursprünge für das gesteigerte Risiko für erhöhten Blutdruck bei Afroamerikanern: Menschen, die aufgrund ihrer besseren Fähigkeit zur Salzretention ausgewählt wurden, wurden auf einen Kontinent verschleppt, wo sie gemeinsam mit anderen Sklaven (mit der gleichen Veranlagung, Salz zurückzuhalten) lebten, und so entstand letztlich eine Bevölkerungsgruppe mit einem höheren Anteil von Menschen, deren Körper Salz eher zurückhält. Diese Erkenntnis stammt noch aus den Tagen, bevor das menschliche Genom kartiert wurde; doch da wir wissen, dass unser Salzstoffwechsel von unseren Genen abhängt, könnte dies ein triftiger Grund sein, warum Afroamerikaner eine genetische Disposition für hohen Blutdruck aufweisen. So hat man bei 74 Prozent der Afroamerikaner (und nur bei 4 Prozent der Amerikaner europäischer Abstammung) eine Variation des MYH9-Gens auf Chromosom 22 gefunden, das mit Nierenleiden und Salzretention in Verbindung steht.[228]

Im Folgenden habe ich den Salzgehalt verschiedener Lebensmittel aufgelistet. Ich nehme mal an, einiges davon wird auch Sie überraschen.

Salzgehalt gängiger Lebensmittel[229]

Lebensmittel	Menge	Natrium-gehalt (mg)
Bagel mit Ei	1 Stück (ca. 125 g)	449
Limonade	1 Dose (330 ml)	48
Blauschimmelkäse	30 g	416
Feta	30 g	333
Käsekuchenschnitte vom Bäcker	1 Stück (70 g)	350
Hähnchenschenkel, in Teig ausgebacken	1 Stück	194
Schoko-Vollmilch	250 ml	160
Brot	100 g	ca. 1300
Cracker aus Weizen oder Roggen	15 g	100
Alaska-Königskrabbe	100 g	1066
Spiegelei	1 großes	94
Pizza, Fastfood	1 Stück	670
Burrito mit Fleisch und Bohnen, Fastfood	1 Stück	668
Cheeseburger, Fastfood	1 Stück	1051
Hot Dog, Fastfood	1 Stück	670
Lachs, geräuchert	100 g	780
Grapefruitsaft, gesüßt, mit Vitamin C	250 ml	16

Lebensmittel	Menge	Natrium-gehalt (mg)
Schinken, extra mager	2 Scheiben	627
Kiwi	1 mittelgroße	2
Lammkeule, gebraten	100 g	72
Zitronensaft in der Flasche	100 ml	21
Dicker Schoko-Milchshake	250 ml	347
Kitkat-Waffel	1/2 Riegel (20,7 g)	50
M & M Schokolinsen	10 Stück	4
Austern (roh oder gekocht)	6 mittlere	177 bzw. 354
Jakobsmuschel, gebraten	6 große	432

Wenn Sie sich jetzt fragen, wie viel Salz Sie mit der Ernährung aufnehmen müssen, dann lautet die Antwort: sehr, sehr wenig. Unsere Vorfahren kamen mit 1500 Milligramm aus. Die Weltgesundheitsorganisation WHO empfiehlt weniger als fünf Gramm pro Tag. Das ist nicht ganz ein Teelöffel. Diese Empfehlungen gelten für alle Menschen, ob sie nun hohen Blutdruck haben oder nicht (auch für schwangere und stillende Frauen). Ausgenommen sind nur Menschen mit Krankheiten, die einen Zuckerersatz erfordern, oder die Medikamente einnehmen müssen, die den Natriumspiegel senken, was bei einigen Antidepressiva der Fall ist.

Zucker

Wenn wir von Zucker sprechen, denkt jeder gleich an den weißen, kristallinen Haushaltszucker. Dieser besteht aus Saccharose (Sucrose), die aus Zuckerrohr oder Zuckerrüben gewonnen wird, je nachdem, in welchem Teil der Welt Sie leben. Saccharose enthält Glukose und Fruktose, beides Monosaccharide (Einfachzucker). Glukose ist der natürliche Zucker in unserem Körper. Sie hält den Stoffwechsel in Gang und liefert uns Energie. Fruktose oder Fruchtzucker hat hingegen einen schlechten Ruf, denn sie verursacht häufig Übergewicht. Der Körper verwendet Glukose zur Energieerzeugung, wird jedoch die überschüssige Energie aus Fruktose nicht durch Aktivität aufgebraucht, bildet unser Körper Insulin, das die Fruktose in Fett umwandelt. Für Wissenschaftler ist der hohe Fruktosekonsum ein wichtiger Kausalfaktor für die Entwicklung des sogenannten metabolischen Syndroms – Diabetes, Übergewicht, Insulinresistenz und gestörtes Fettprofil –, für das sie den neuen medizinischen Terminus *diabesity* erfunden haben.[230]

Doch über Zucker gilt es noch viel mehr zu wissen. Zum Ersten ist Glukose lebenswichtig. Der Mensch ist durch die Evolution darauf programmiert, sich mit wohlschmeckender, energiereicher Nahrung vollzustopfen. Dieser Mechanismus stammt noch aus einer Zeit, als Essen für uns nicht ständig und überall verfügbar war und wir mit dem auskommen mussten, was immer wir gerade erwischten, ohne Garantie auf eine nächste Mahlzeit. Selbst primitive Zellen nutzen Glukose. In einer Studie entdeckte man, dass sich bei Hefezellen durch das Vorhandensein von Zucker die Zellkooperation verbesserte:[231] War wenig Zucker vorhanden, kooperierten die Zellen und nahmen den vorhandenen Zucker nicht für sich allein in Beschlag. In den ersten 1,5 Milliarden Jahren des Lebens auf der Erde gab es nur Einzeller, die sich über die ganze Erde ausbreiteten. Angesichts dessen, dass sie Ressourcen gemeinsam nutzten und ausschöpften, hält man diese Zuckerkooperation für einen der Gründe, warum sie sich irgendwann zu Zellklumpen zusammenschlossen. Nachdem sie sich verklumpt hatten, übernahmen einzelne Zellen bestimmte Aufgaben – und siehe da: Schon waren komplexere Organismen entstanden!

Zum Zweiten ist Glukose zwar lebenswichtig, der Verzehr von Zucker jedoch *nicht*. Der Körper kann Zucker selbst herstellen, und zwar aus Proteinen (indem er Aminosäuren in Zucker umwandelt) und aus Fetten (indem sie in Fettsäuren und Glycerin gespalten werden, Letzteres ist für die Produktion von Glukose erforderlich). Viele Lebewesen können Zucker gar nicht schmecken.

Menschen nehmen Geschmack über die sogenannten G-Protein-gekoppelten Rezeptoren (T1R) wahr. Beim Menschen ist T1R1 für den Umami-Geschmack verantwortlich, T1R2 und T1R3 für Süße, die sowohl natürlich als auch künstlich sein kann. Tests an Mäusen, bei denen man diese Rezeptoren ausschaltete, zeigten, dass die Tiere dann Süßes nicht mehr wahrnehmen konnten.

Da der Mensch so scharf auf Zucker und Süßes ist, begann die Lebensmittelindustrie, künstliche Süßstoffe herzustellen. Es brauchte den zauberhaften Kolibri, um hinter die Evolutionsbiologie des Geschmackssinns für Zuckriges und Süßes zu kommen. Kolibris lieben Zucker, doch wenn man ihnen künstlichen Süßstoff gibt – wie er beispielsweise in industriell hergestellten Limonaden enthalten ist –, spucken sie ihn genauso aus wie Pflanzengift.[232] Kluge Tierchen, denn künstlicher Süßstoff ist für Menschen noch ungesünder als Zucker. Warum aber sind Kolibris in dieser Hinsicht schlauer als wir? Im Wesentlichen deshalb, weil sie ihre alten Umami-Rezeptoren in Rezeptoren für Süßes umgewandelt haben. Wieso taten sie das? Weil Vögel von fleischfressenden Dinosauriern abstammen, doch indem die Kolibris dazu übergingen, sich von süßem Blütennektar zu ernähren – wofür sie Süße-Rezeptoren brauchen –, konnten sie sich weit verbreiten, denn süße Früchte und Nektar gab es überall.

Auch wir Menschen haben uns verbreitet und mittlerweile die ganze Welt besiedelt – und wir können unseren Nektar selbst in Massen produzieren. Damit leben wir den ultimativen Traum eines jeden Kolibris – jedoch mit katastrophalen Folgen für unsere Gesundheit.

Die Zuckerdiskussion ist geprägt von Mythen und Irrtümern. Die Fruktose zum Beispiel hat generell eine schlechte Presse. Tatsächlich kann Fruktose eine höhere Fettproduktion im Körper verursachen als Glukose. Aber liegt das letztlich am Stoff selbst oder an der Menge, die wir davon verzehren? Maissirup aus Massenproduktion, auch HFCS *(high-fructose corn syrup)* genannt, der in vielen Fertiglebensmitteln steckt, wurde lange als Übeltäter angesehen. Aber unsere Geschmacksrezeptoren können nicht zwischen den verschiedenen Fruktosequellen unterscheiden, weshalb die Zuckersteuer in Großbritannien nicht nur auf Limonade, sondern auch auf Honig erhoben wird.

Mehrere wissenschaftliche Untersuchungen haben versucht, verschiedene Zuckerarten zu ersetzen, nur um am Ende feststellen zu müssen, dass das eigentliche Problem nicht der Stoff selbst ist, sondern die Menge, die wir verzehren. Wir wissen, dass zu viel Zucker Übergewicht und Diabetes verursachen kann. Und wir wissen, dass unsere Softdrinks hauptsächlich mit Fruktose gesüßt sind. Doch letztlich geht es immer darum, wie viel Zucker wir zu uns nehmen. Viele Softdrinks enthalten zudem Koffein – und sobald Koffein vorhanden ist, geben die Hersteller automatisch mehr Zucker zu, weil Koffein die Süß-Rezeptoren abstumpft. Dass in Getränken wie Coca-Cola Koffein enthalten ist, heißt also, dass sie der Hersteller extrem süßen muss, damit Sie die Süße überhaupt wahrnehmen können. Mittlerweile ist auch klar, dass Süßes umso süchtiger macht, je jünger der Mensch ist, den man an eine zuckerhaltige Ernährung gewöhnt. Bei kleinen Kindern funktioniert Zucker sogar als Schmerzmittel, und aufgrund dieser schmerzlindernden Wirkung wurden früher Medikamente mit dem sprichwörtlichen Löffel Zucker verabreicht.

In den USA, wo viele Softdrinks und Fertig-Backwaren mit Maissirup gesüßt werden, macht Fruktose aktuell zehn Prozent der täglichen Kalorienzufuhr aus und trägt damit zu Gewichtszunahme, körperlicher Inaktivität und Körperfettablagerungen bei.[233]

Traurigerweise sind stark zuckerhaltige Limonaden heute selbst an Orten mit einer schlechten Nahrungsversorgung zu finden. Wissenschaftliche Untersuchungen zeigen, dass Menschen, die an übermäßig hohe Zuckerdosen gewöhnt sind, sich verhalten »wie drogenabhängige Ratten«. Das liegt an Veränderungen in den Opiod-ausschüttenden Teilen des Gehirns.[234] Auch Fette können süchtig machen, doch mit einem entscheidenden Unterschied: Symptome wie bei einem Opiat-Entzug treten auf, wenn man eine stark zuckerhaltige Ernährung beendet – dagegen nicht nach erhöhtem Konsum von Fetten. Es ist also vor allem der süße Geschmack, der suchtähnliches Verhalten hervorruft, zu dem auch Entzugserscheinungen gehören. Deshalb ist es weit schwieriger, auf Zucker zu verzichten als auf Fett – und darin liegt das Problem.

Da der süße Geschmack suchterzeugend wirkt, gelangte man in einigen Studien zu dem Schluss, dass die Vorliebe für Süßes proportional mit der Neigung zum Alkohol ansteigt. Als ich dies las, kam mir aus irgendeinem Grund Irland in den Sinn. Nicht zuletzt, weil ich, als ich dieses Buch schrieb, zusammen mit dem Schriftsteller Malcolm Gladwell zum Dalkey Book Festival geladen war. Die meisten Iren, die ich kenne, sind schlank, aber die Wissenschaft behauptet, dass ihr legendärer Hang zum Alkohol mit einer gewissen Vorliebe für Süßes einhergeht. Also sah ich mir die Statistiken zum Übergewicht der Iren an, mit einem für mich überraschenden Ergebnis: In Irland sind 56,8 Prozent der

Einwohner übergewichtig. (Im Vergleich dazu: In Australien sind es 49 Prozent, in Brasilien 40,6 Prozent, in China 18,9 Prozent und in Dänemark 41,7 Prozent.)[235] Doch während ich immer noch Zweifel an den wissenschaftlichen Resultaten hegte, erhielt ich dieses Angebot von einem Reisebüro: »Sie sind ein Süßschnabel? Dann müssen Sie nach Irland!«[236] Aber vergessen Sie das Guinness-Bier. Mittlerweile haben Studien gezeigt, dass die Wahl unserer Weißweinsorte verrät, wie es um unsere Vorliebe für Zucker steht und welcher Persönlichkeitstyp wir sind. Trinken Sie lieber süßen Weißwein, sind Sie eher ein impulsiver, aber auch verschlossener bzw. wenig offener Mensch. Wenn Sie also Ihr nächstes Date planen, sollten Sie den oder die Auserwählte vielleicht zur Weißweinverkostung mitnehmen, und sei es nur, um ein Persönlichkeitsprofil zu erstellen.[237] Wenn Ihre Zuckervorliebe genetisch verankert ist, dann wissen Sie einfach nicht, wann Sie aufhören müssen – beim Zuckerverzehr und beim Weißweinkonsum.

Mittlerweile wissen wir zudem, dass unsere Eingeweide auch als Zuckersensoren fungieren. Das heißt, die Glukosewahrnehmung im Gehirn ähnelt der in den Bauchspeicheldrüsenzellen. Neuere Forschungsergebnisse zeigen, dass Menschen mit einer bestimmten genetischen Anomalie eher Gefahr laufen könnten, eine Zuckersucht zu entwickeln.[238] Das heftige Verlangen nach Zucker hat damit zu tun, wie Glukose in unseren Eingeweiden transportiert wird. Dies erfolgt über zwei Wege: über den traditionellen Natriumkanal in der Zellmembran in die Zelle hinein und über einen Glukose-Transporter Typ 2 (GLUT-2), der die Ausschleusung der Glukose aus der Zelle ermöglicht, wieder hinaus. Sowohl Kolibris als auch Menschen besitzen diesen Transporter. Das ließ sich anhand der Expression des GLUT2-Gens in Gehirnregionen, die dafür sorgen, dass wir Zucker mögen oder eben nicht, zeigen.

Wenn Sie die CT- oder TT-Variante des GLUT2-Gens besitzen, können Sie Ihre Vorliebe für Süßes auf Ihre Gene schieben: Einer von fünf Erwachsenen hat diese Genvarianten. Wenn Sie dazugehören, ist es wichtig, dass Sie Ihren Konsum von Zuckerzusatz niedrig halten. In der Tabelle unten finden Sie stark zuckerhaltige Lebensmittel, die nicht gut für unseren Körper sind. Ich habe ja bereits erwähnt, dass koffeinhaltige Limonaden aus Geschmacksgründen mehr Zucker als andere enthalten müssen. Kein Wunder also, dass Cola die Liste anführt!

Die Weltgesundheitsorganisation (WHO) empfiehlt, nicht mehr als fünf Prozent der täglichen Kalorienzufuhr aus Zucker zu beziehen. Für einen Menschen mit einem normalen Body-Mass-Index (unter 25) wären dies etwa sechs Teelöffel oder 25 Gramm täglich. Das heißt, dass Sie mit einer Dose Coca-Cola oder zwei Esslöffeln Ahornsirup Ihr tägliches Limit schon überschritten hätten.

Stark zuckerhaltige Lebensmittel[239]

Lebensmittel	Zuckergehalt (g)
Cola (1 Dose, 330 ml)	36
Orangensaft, industriell hergestellt (100 ml)	9,7
Karamellbonbons (40 g)	26
Milchschokolade (100 g)	52
Jellybeans (10 Stück)	20
Marmelade (1 Esslöffel)	10
Speiseeis (1 normal große Kugel)	60
Ahornsirup (2 Esslöffel)	24

Stärke

Warum verdauen manche Menschen stärkehaltige Nahrung besser als andere? Macht unsere Abstammung von Jägern oder Bauern einen genetischen Unterschied aus? Wissenschaftler haben in Hinblick auf diese Frage frühe Bevölkerungsgruppen mit einer stärkereichen Ernährung, wie europäischstämmige Amerikaner und Japaner, mit Angehörigen von Ethnien, deren Ernährung wenig Stärke enthielt, verglichen. Zu Letzteren gehörten die Mbuti und Biaka, im Regenwald lebende Jäger-Sammler, sowie die Datooga und die Jakuten, ausgesprochene Hirtenvölker. Die Ergebnisse waren eindeutig: Je höher die Stärkezufuhr, desto mehr die Stärke spaltendes Enzym Amylase enthält der Speichel. Hier läuft die Evolution zu »kulinarischer Hochform« auf, indem sie an unseren Erbanlagen herumtüftelt, damit wir keine Verdauungsprobleme bekommen. Statt eine Genvariante hervorzubringen, die den Stärkeabbau unterstützt, gab sie den Menschen einfach mehr vom selben Gen mit. Diese Variation des Erbguts nennen Genetiker *copy number variation*, zu Deutsch: Kopienzahlvariation. Interessanterweise kam es dazu um dieselbe Zeit, als der Mensch anfing, Landwirtschaft zu betreiben und sesshaft zu werden. Der höhere Stärkegehalt in der Ernährung führt dazu, dass die Menschen mehr Amylase-Gene erhielten – und mehr noch: Die Menschen, die mehr Amylase produzierten, waren gesünder und konnten mehr Kinder zeugen. In gewisser Weise könnte man also den Übergang zu stärkehaltigen Nahrungsmitteln als einen Schritt hin zur Selbstdomestizierung des Menschen ansehen.[240]

In einer interessanten Studie, die Wölfe und Haushunde verglich, fand man heraus, dass bei Letzteren drei Gene (AMY2B, MGAM und SGLT1) in einem Zeitraum von vor etwa 10 000 bis 3000 Jahren aktiviert wurden – zur gleichen Zeit also, als die ersten Hunde domestiziert wurden. Dank dieser Anpassungen vertrugen die frühen Vorfahren des modernen Haushunds eine stärkehaltigere Nahrung als Wölfe, die als Fleischfresser Stärke nicht verdauen können. Die Autoren dieser Studie schlussfolgerten, dies sei ein »beeindruckendes Beispiel einer parallelen Entwicklung« in der Ära der frühen Landwirtschaft, in der Hunde und Menschen gleichzeitig Gene entwickelten, die ihnen eine stärkehaltige Ernährung ermöglichten.[241] Damit wurde der Hund nicht nur zum besten, sondern auch zum kulinarischen Freund des Menschen.

Heute gehört Stärke wahrscheinlich zu den Nahrungsmitteln, die besonders gründlich missverstanden werden. Viele neuere Diäten verfechten wie ein Mantra den Grundsatz »Kohlenhydrate sind schlecht«, aber ist es wirklich so einfach? Stärke ist ein komplexes Kohlenhydrat, das aus einfachen und komplexen Zuckermolekülen besteht. Alle Einfachzucker (Monosaccharide) wie Glukose oder Fruktose haben dieselbe Summenformel: $C_6H_{12}O_6$. Glukose ist der Energielieferant für die Zellatmung. Fruktose ist der süßeste von allen Einfachzuckern und wird auch »Fruchtzucker« genannt, weil sie in Früchten und Honig enthalten ist. Von diesen Einfachzuckern unterscheidet sich jedoch die Stärke als langkettiges Kohlenhydrat (Vielfachzucker oder Polysaccharid). Man teilt Stärke danach ein, wie schnell und wie stark sie den Blutzuckerspiegel nach oben treibt. Man nennt diesen Wert auch »glykämischer Index« (GI). Eine schöne Erklärung dafür liefert die New Zealand Nutrition Foundation:

Der GI eines Nahrungsmittels zeigt an, wie schnell seine Kohlenhydrate in Glukose gespalten werden und über den Darm ins Blut gelangen. Bei Lebensmitteln mit hohem GI erfolgt dies schnell, was dazu führt, dass der Blutglukose- (Zucker-)spiegel rapide ansteigt.

Bei Lebensmitteln mit niedrigem GI werden die Kohlenhydrate langsam verdaut, wodurch der Glukosespiegel langsamer ansteigt.[242]

Aus diesem Grund sind Lebensmittel mit einem niedrigen GI zu bevorzugen. Natürlich hat auch die Zubereitung Auswirkungen auf den GI. In dieser Beziehung glänzt die mediterrane Küche. In Großbritannien werden Kartoffeln zu Brei zerstampft, in Italien macht man daraus Gnocchi, wobei die Kartoffeln gekocht, mit Mehl zu einem Teig verarbeitet und dann nochmals gekocht werden. Eine Studie zeigt, dass dadurch der glykämische Index enorm reduziert wird.[243] Kartoffelbrei hat einen hohen GI, bei Gnocchi hingegen ist die Stärke nicht so schnell verfügbar. Es handelt sich um sogenannte »resistente Stärke«. Kartoffeln sind also nicht durchweg schlecht. Es kommt sehr darauf an, wie sie zubereitet werden. So heißt es in einem Artikel des *Sydney Morning Herald* mit dem Titel »Zur Verteidigung der Kartoffel«: »Während Instant-Kartoffelbrei einen GI von 86 hat, geschälte und gebackene Pontiac-Kartoffeln es gar auf 93 bringen und die gekochte, geschälte Kartoffelsorte Desiree auf sage und schreibe 101, bleibt die ungeschälte Carisma bei niedrigen 55, wenn Sie sie richtig zubereiten: in 1 Zentimeter breite Scheiben geschnitten und bissfest oder al dente gekocht.«[244]

Stärke enthält im Wesentlichen Amylose (etwa 20–30 Prozent) und Amylopektin (70–80 Prozent). Amylose ist wasserlöslich, wohingegen Reis, der viel Amylopektin enthält, klebrig wird, wenn man ihn kocht. Der Klebreis, der in der asiatischen Küche häufig Verwendung findet, weist den höchsten Amylopektingehalt überhaupt auf und schmeckt deshalb süßer als anderer Reis. Je niedriger also der Anteil der Amylose, desto höher der GI. Oder wie Professor Janette Brand-Miller zusammenfasst: »Das einzige ganzkörnige (intakte) Getreide mit einem hohen GI ist Reis, der wenig Amylose enthält, wie zum Beispiel der Calrose-Reis. […] Einige Reissorten (Basmati, der langkörnige Duftreis) hingegen haben einen mittleren GI, weil sie mehr Amylose enthalten als normaler Reis.«[245] Reiskleie hat im Vergleich dazu einen sehr niedrigen glykämischen Index. Wenn es um Reis geht, dann gilt: Je höher der Amylosegehalt, desto niedriger der GI. Bei Kartoffeln hingegen hängt der GI vom Polyphenolgehalt ab – je höher der Polyphenolgehalt, desto niedriger der GI. Polyphenole sind Stoffe, die ausgeprägte antioxidative Eigenschaften besitzen. Die Faustregel lautet hier: Je farbenfroher Obst oder Gemüse ist, desto höher ist sein Polyphenolgehalt. So kann man die antioxidative Aktivität von roten oder violetten Kartoffelsorten ohne Weiteres mit der von Rosenkohl oder Spinat vergleichen, solange man die Schale mitverzehrt, und sie ist doppelt so hoch wie bei hellen Kartoffeln.

»Resistente Stärke« ist ebenfalls ein neuerer Begriff im Vokabular der Ernährungswissenschaften. Letztlich handelt es sich dabei um Stärke, die nicht vollständig abgebaut und absorbiert, sondern von Darmbakterien in kurzkettige Fettsäuren umgewandelt wird. Amylose, die wir soeben kennengelernt haben, hat den weiteren Vorteil, dass sie, chemisch gesprochen, dicht gepackt ist und schon deshalb nicht so leicht verdaut werden kann. Daher ist Amylose nicht nur eine gute Ballaststoffquelle, sondern auch ein Präbiotikum. Präbiotika sind Kohlenhydrate, die der Körper ohne die Hilfe von Bakterien oder Probiotika nicht abbauen kann. Präbiotika werden zu Nährstoffen für Probiotika und fördern so die Entwicklung dieser guten Darmbakterien, die wir wiederum brauchen, um resistente Stärke zu verdauen. Vollkornreis ist reich an resistenter Stärke und konnte in klinischen Versuchen den Blutzucker ebenso senken wie die Triglyzeride. Resistente Stärke (RS) ist ein neues Schlagwort in Verbraucherzeitschriften und in der Konsumforschung, wo es häufig im Zusammenhang mit dem GI behandelt wird. Auf den RS-Gehalt kann sich aber auch auswirken, wie man ein stärkehaltiges Lebensmittel zubereitet. Als man beispielsweise den Maniok untersuchte, eine Wurzel, die in Brasilien einen Großteil des Stärkeanteils der Ernährung liefert, stellte man fest, dass Sago – das daraus hergestellte Dessert – sehr viel mehr RS enthielt als das Maniokmehl.[246] Unten finden Sie den GI einiger häufiger Stärkeprodukte.

Glykämischer Index von Reis, Nudeln und Kartoffeln[247]

Quelle	Ungefährer GI (Glukose = 100)
Weißer Reis	83
Vollkornreis	66
Reiskleie	19
Weißmehlnudeln (Weizen)	58
Nudeln aus Vollkornreismehl	92
Haferflocken	58
Graupen	66
Weißbrot	71
Instant-Kartoffelbrei	87
Rote Kartoffeln, heiß, gekocht	89
Pommes frites	63

Einige Hersteller wie zum Beispiel Uncle Ben's »konvertieren« Reis: Sie produzieren weißen Reis aus braunem Reis, indem sie Reiskörner einweichen, mit heißem Dampf unter Druck behandeln, trocknen und erst anschließend schälen und polieren. Konvertierter (oder parboiled) Reis hat deshalb einen sehr niedrigen GI von 38.[248]

Der glykämische Index wird auch vom Säuregrad des Produkts beeinflusst. Daher haben Sauerteigbrote, wie man sie in Deutschland und Israel isst, einen niedrigeren GI, wie auch lösliche Ballaststoffe ihn haben. Ganze Körner wie Gerste, Quinoa, Vollkornreis und Buchweizen senken daher das Diabetes-Risiko, auch dies ist ein genetisches Merkmal, das auf unsere Vergangenheit hinweist. In einer Studie an US-amerikanischen Frauen stellte man fest, dass das TCF7L2-Gen Aussagen über das Diabetes-Typ-2-Risiko zulässt. Wer eine der Hochrisiko-Varianten GT oder TT dieses Gens besitzt, besitzt ein höheres Risiko, Diabetes vom Typ 2 zu entwickeln, und sollte deshalb lieber mehr Vollkorn essen.[249]

AMY1 ist das Gen, das die Amylase codiert. Dieses Enzym hilft uns, Stärke zu verdauen. Wenn Ihre Vorfahren mehr Stärke verzehrten, haben Sie mit höherer Wahrscheinlichkeit die AT- oder TT-Variation dieses Gens, wohingegen Menschen, deren Vorfahren vergleichsweise weniger Kohlenhydrate (Stärke) aßen, nicht selten die AA-Variante geerbt haben und deshalb Stärke schwerer verdauen können.[250] Haben Sie Probleme mit Penne oder reagieren Sie sensibel auf Spaghetti? Möglicherweise müssen Sie die Ursache in Ihren Genen suchen.

Allergien und Intoleranzen

Man könnte fast meinen, die Welt werde immer intoleranter – nicht nur in Bezug auf die Ernährung, obwohl inzwischen jeder gegen irgendetwas allergisch zu sein scheint. Wissenschaftliche Untersuchungen belegen, dass im Vergleich der Alters- und Geschlechtsgruppen kleine Jungen und ältere Frauen für Allergien am anfälligsten sind. Zwei Drittel aller Nahrungsmittelallergien werden bei Jungen diagnostiziert. Unter den Erwachsenen sind es hingegen Frauen, die häufiger von Lebensmittel-Intoleranzen betroffen sind (65 Prozent).[251]

Im Januar 2016 war ich Gast beim Jaipur Literary Festival, dem größten Literaturfest der Welt, mit mehr als 300 000 Besuchern. Wohin man auch schaute, überall fiel der Blick auf literarische Superstars wie Margaret Atwood, Stephen Fry, Colm Tóibín und Alexander McCall Smith. In der Buchhandlung des Festivals stöberte ich nach indischen Autoren, die bei kleineren, unbekannteren Verlagen veröffentlichen – und stieß auf eine Werbeanzeige mit einem Zitat aus einem Buch: »Liebe geht durch den Magen. Und sie ist ein Zeichen von Mut. Wenn ich beides habe, nehme ich es mit der ganzen Welt auf. Wenn nicht, kämpfe ich gegen mich selbst.«[252] Unser Körper, der gegen bestimmte Nahrungsmittel kämpft, die wir lieben – so könnte man, zusammengefasst, die Nahrungsmittelallergie definieren.

Intoleranzen – ob nun gegen Gluten, Laktose, Kaffee oder sonst etwas – bestimmen zunehmend unser Selbstbild. Heute bieten die meisten Cafés Sojamilch-Lattes und glutenfreien Kuchen an, Zeitschriften und Zeitungen bringen Artikel über unsere gastrische Persönlichkeit. Doch, und wenn ja, in welchem Ausmaß, sind diese Verdauungsstörungen tatsächlich körperliche Erkrankungen – oder Kopfgeburten? Vielleicht kann unser genetisches Erbe hier Aufschluss geben.

Gluten

Um meinen Eltern auf dem Gebiet der Heilkunde nachzufolgen, fing ich nach meinem Schulabschluss an, an der Universität Madras Medizin zu studieren. In Madras, das heute Chennai heißt, lebte mein Onkel Dr. Thambiah, ein legendärer Dermatologe. Einmal konsultierte ihn ein Missionar aus Wales wegen eines starken Ausschlags, der wie Herpes Zoster (Gürtelrose) aussah und sich einfach nicht bessern wollte. Da mein Onkel einige Zeit in Großbritannien verbracht und dort viele Patienten mit weißer Haut – die im damaligen Südindien noch etwas Außergewöhnliches war – behandelt hatte, war er dem Mann empfohlen worden. Mein Onkel warf nur einen Blick auf den Missionar und riet ihm dann, keinen Weizen mehr zu essen: »Finger weg von den Chappatis und Rotis. Sie können stattdessen Idlis und Dosas essen, die werden aus Reis gemacht.« Ein Blick, ein Ernährungstipp, keine Tropfen, keine Salbe – ich bin mir nicht mal sicher, ob er dem Mann eine Diagnose nannte.

Eine durch Glutensensitivität verursachte Hauterkrankung wurde zum ersten Mal 1884 von Dr. Louis Duhring von der Universität Pennsylvania beschrieben und *Dermatitis herpetiformis* genannt, da der Ausschlag den Bläschen glich, die das Herpesvirus verursacht.[253]

Laut Diana Gitig im *Scientific American* ist »Gluten die hauptsächliche Proteinkomponente im Weizen – sie verleiht Brot seine köstliche Konsistenz.«[254] Die Glutenintoleranz wurde schon vor fast 2000 Jahren, im 2. Jahrhundert n. Chr., von dem berühmten griechischen Arzt Aretaios von Kappadokien beschrieben.

Als Arzt verkörpert Aretaios beinahe alles, was auch mich zur Medizin brachte: Neugier, kritisches Denken, ein mitfühlendes Herz und klinische Genauigkeit. In der modernen Medizin, in der das Geschäft die medizinische Praxis bestimmt, ist all dies häufig nicht mehr zu finden. Wenn Sie sich näher mit Aretaios beschäftigen, werden Sie feststellen, dass er als Erster die Symptome der bipolaren Störung beschrieb, aber auch von Asthma, Diabetes und tatsächlich der Glutenintoleranz.[255] Als Aretaios' Werk 1652 ins Lateinische übersetzt wurde, transkribierte man das von ihm verwendete griechische Wort *koiliakós* (»an der Verdauung leidend«) als *coeliacus*. Daraus entstand der heutige Fachbegriff »Zöliakie« für eine schwere Form der Glutenunverträglichkeit. 1950 bemerkte der niederländische Kinderarzt Willem Dicke, dass sich bei betroffenen Kindern Durchfallsymptome besserten, wenn man aus ihrer Ernährung Weizen, Roggen und Hafer strich. Diese Entdeckung führte dazu, dass man die Erkrankung besser verstand.[256]

Für mich ist die Kunst der medizinischen Diagnose gleichbedeutend mit der Kunst der genauen Beobachtung: Man muss den Störenfried in einem ansonsten einwandfrei funktionierenden Körper finden. Dabei geht es in der Regel nicht um das, was unerfahrene Studenten sehen – sondern um unsichtbare Störvariablen. Aretaios war ein unglaublich guter Beobachter, der in seinen Aufzeichnungen bereits zwischen einer leichten Glutenintoleranz und dem typischen Krankheitsbild der Autoimmunkrankheit Zöliakie unterschied:

Der Magen als Verdauungsorgan leidet an einer Verstimmung, wenn der Durchfall den Patienten überfällt. Kommt dieser Durchfall nicht von einer leichten Ursache und vergeht nach ein bis zwei Tagen, und ist zudem noch das allgemeine System des Patienten durch körperlichen Abbau geschwächt, hat sich eine Zöliakie chronischer Natur ausgebildet.[257]

Die Zöliakie ist eine dauerhafte Unverträglichkeit von Gluten und verwandten Proteinen in der Nahrung, die zu einer immunologisch verursachten Schädigung der – der Nahrung ausgesetzten – Schleimhaut im Dünndarm führt. Menschen mit Zöliakie haben alle möglichen Haut- und Gelenkleiden, Osteoporose, Anämie und natürlich massive Darmbeschwerden. Etwa einer von 133 US-Amerikanern leidet unter Zöliakie. In Asien bzw. Indien ist die Krankheit hingegen sehr selten, weil dort die Ernährung im großen Maß auf Reis basiert. Viele Betroffene leiden jedoch an einer milderen Form der Glutenunverträglichkeit als der voll ausgebildeten Autoimmunerkrankung.

Gluten ist, wie es scheint, fast überall in unserer Nahrung zu finden. Gitig schreibt dazu:

Das einzig bekannte Mittel gegen Zöliakie ist der vollkommene Verzicht auf Gluten in der Nahrung – also keine Pizza, Bagels, Nudeln, Pfannkuchen, Waffeln, Donuts, Kekse, Sojasauce (enthält Weizen), Lakritz (dito) ... Sie verstehen, was ich meine. Selbst Hostien sind verboten ... Das liegt am Gluten, aber auch am Hordein und Secalin, den homologen Proteinkomponenten von Gerste und Roggen. Das heißt: auch kein Bier und kein Malzessig für Zöliakie-Betroffene.[258]

Da diese Nahrungsmittel sehr verbreitet, sind, macht sie nicht essen zu können Sie letztlich zu einem kulinarischen Dissidenten. Doch wenn Sie tatsächlich unter Glutenunverträglichkeit leiden, dann ist der einzige Weg zu einem symptomfreien Leben der ausnahmslose Verzicht auf alles, was Gluten enthält. Denn sonst kann der Verzehr von Gluten zu heftigen Reaktionen Ihres Immunsystem und diese wiederum zu einer Multisystem-erkrankung führen.

Menschen mit Zöliakie haben fast immer das humane Leukozyten-Antigen (HLA) Klasse HLA-DQ2. Wie ich bereits erwähnt habe, ist diese Genvariante in Südindien (wo Reis das Grundnahrungsmittel ist) sehr selten – anders als in Nordindien, wo viel Weizen gegessen wird – und noch seltener in China und Japan. Menschen mit dieser Genvariante haben in 99 Prozent der Fälle Zöliakie. An dieser Stelle möchte ich ausdrücklich unterstreichen, dass nur ein Prozent der Menschen, die an sich eine

Glutenintoleranz bemerken, tatsächlich Zöliakie haben. Allerdings wird die sogenannte nicht-zöliakische Glutensensitivität (Nicht-Zöliakie-nicht-Weizenallergie-Weizensensitivität) medizinisch häufig nicht endgültig anerkannt. Viele Ärzte sind skeptisch gegenüber Patienten, die nicht das voll ausgeprägte Autoimmunsyndrom ausgebildet haben, und tun deren mögliche Intoleranz vielleicht sogar als Hirngespinst ab – selbst wenn die Betroffenen erzählen, dass sie sich besser fühlen, wenn sie auf Weizen verzichten.

Doch langsam wird das Ganze auch von der medizinischen Fachwelt zur Kenntnis genommen. So bestätigte vor Kurzem eine Studie, dass die beiden Gluten-assoziierten Störungen – Glutensensitivität und Zöliakie – tatsächlich verschiedene Krankheiten darstellen.[259] Bei der Glutensensitivität aktiviert das Gluten die angeborene (unspezifische) Immunabwehr und verursacht abdominale (den Bauch betreffende) Symptome. Bei der Zöliakie werden Reaktionen der adaptiven (spezifischen) Immunabwehr aktiviert, die T- und B-Zellen – spezialisierte Abwehrzellen im Lymphsystem – stimuliert und eine vollständige Immunantwort in Gang gebracht.

Mittlerweile sind Gentests auf dem Markt, die so gut sind, dass Sie mit ihrer Hilfe erfahren können, welche Erkrankung auf Sie zutrifft. Ich wende mich gewöhnlich an meinen Freund Ahmed El-Sohemy von Nutrigenomix, wenn ich bei meinen Patienten Tests durchführen möchte. Das kanadische Unternehmen hat sich auf ernährungsbezogene Gentests spezialisiert. Kurz gefasst kann man sagen, dass etwa 99 Prozent der Zöliakie-Betroffenen und 60 Prozent der Menschen mit Glutensensitivität die DQ2- oder DQ8-Risikovariante des HLA aufweisen, die ansonsten nur bei circa 30 Prozent der Bevölkerung auftritt. El-Sohemys Team testet auf insgesamt sechs Variationen in bestimmten HLA-Genen und hat einen auf Genvarianten basierten

Algorithmus entwickelt, durch den das Risiko einer Glutensensitivität des einzelnen Menschen als niedrig, mittel oder hoch bestimmt werden kann.

In Ländern wie Japan, in denen die Ernährung traditionell auf Reis beruht, war diese Krankheit bis vor Kurzem so gut wie unbekannt – die Globalisierung lässt grüßen. Da der Weizenanbau erst vor ungefähr 10 000 Jahren begann und damit eine relativ junge Entwicklung ist, dachte die Evolution vielleicht, Weizen zu essen sei sicher nur eine flüchtige Modeerscheinung, und reagierte auf die ihr einzig mögliche Weise – indem sie Genvarianten hervorbrachte, durch die sich eine neue Krankheit (und die zugehörige Industrie) entwickelte. Gluten ist heute der Pate der Getreidemafia. Im Brot ist es für die köstliche Konsistenz verantwortlich, eine glutenfreie Pizza schmeckt dagegen wie Gips oder Pappe. Aber für ein paar Unglückliche unter uns hat die Wissenschaft mittlerweile nachgewiesen, dass ihr Leiden real ist und nicht nur hypochondrisches Getue. Tennis-Superstar Novak Djokovic schreibt über seine Glutenunverträglichkeit in seinem Buch *Siegernahrung:* »Ich hatte gelernt, auf meinen Körper zu hören ... und alles wurde anders. Mein Kopf war klar, ich fühlte die Energie in meinen Muskeln knistern.«[260]

Für all jene, die unter Glutenunverträglichkeit leiden, fasst die Tabelle unten ein paar Hochrisiko-Lebensmittel zusammen.

Lebensmittel, die Gluten enthalten[261]

Bekannte Glutenquellen	Verborgene Glutenquellen
Brot	Salatdressing
Nudeln	Pudding
Frühstücksflocken	Surimi

Bekannte Glutenquellen	Verborgene Glutenquellen
Haferflocken*	veganer Fleischersatz
Backwaren	Kartoffelchips
Malz	Pommes frites
Sojasauce	Brühe
Bratensauce	Schokolade und Süßigkeiten
Gerste	verarbeitete Fleischwaren
Essig	Dosensuppen
Weizen, Roggen, Dinkel	Kochbeutel-Reis
Bier – aus Gerste oder Weizen gebraut	Eiscreme

* Reiner Hafer enthält kein Gluten, aber nur, wenn er speziell angebaut und verarbeitet wird, um Verunreinigungen mit anderen Getreiden zu vermeiden. Haferprodukte können zum Beispiel durch Weizenrückstände aus der Mühle kontaminiert sein.

Laktose

Ich habe vor ein paar Jahren aufgehört, Milch zu trinken, deren wichtigste Zuckerart die Laktose ist. Ich hatte Schmerzen, die ein wenig an ein Magengeschwür denken ließen, und verzichtete fortan auf Milch. Und das scheint der richtige Schritt gewesen zu sein, denn seitdem hatte ich keinerlei Schmerzen mehr. Ich scherze oft, dass Milch für einen Erwachsenen ein unnatürliches Nahrungsmittel ist. Bei welcher anderen Spezies trinken ausgewachsene Individuen noch Milch von der Mutter, geschweige denn die Milch von anderen Müttern? Meine kanadische Freundin Colleen hat ebenfalls aufgehört, Milch zu trinken, und ihr Hautbild hat sich in der Folge dramatisch verbessert. »Du bist doch für Haut zuständig. Wieso habt ihr, du und mein

Dermatologe, mich nie darauf hingewiesen, dass ich aufhören soll, Milch zu trinken?«, wollte sie wissen. Das war vor gut zehn Jahren, als der Zusammenhang zwischen Milch und Akne bei Erwachsenen noch nicht so bekannt war. 2005 wurden im Rahmen einer Retrospektivstudie 47 355 erwachsene Frauen nach ihren Ernährungsgewohnheiten während der Highschool-Zeit befragt. Bei den Teilnehmerinnen, die wegen Akne einen Arzt aufgesucht hatten, konnte gezeigt werden, dass das Auftreten von Akne positiv mit der Menge der konsumierten Milch korrelierte – unabhängig davon, welchen Fettgehalt die Milch hatte.[262]

Unnatürlich oder nicht, Menschen trinken schon seit langer Zeit Milch und verarbeiten sie zu Milchprodukten wie Quark oder Käse. In den 1970er-Jahren fand ein Archäologenteam unter der Leitung von Peter Bogucki bei Ausgrabungen an einer jungsteinzeitlichen Siedlung in Polen eine 7000 Jahre alte Topfscherbe mit lauter kleinen Löchern. Anfangs war nicht klar, ob die Löcher Abnutzungserscheinungen waren oder vom Töpfer beabsichtigt. Bogucki, Professor für Anthropologie an der Universität Princeton, erinnerten sie an die Siebe, die einer seiner Freunde benutzte, wenn er seinen hausgemachten Käse herstellte. Er hatte den Fund schon fast vergessen, bis Mélanie Roffet-Salque von der Universität Bristol 2011 die im Ton erhaltenen Lipid-Rückstände analysierte und als Milchfett identifizierte. Das Gefäß war also tatsächlich ein jungsteinzeitliches Käsesieb.

Genanalysen von menschlichen Überresten legen nahe, dass während der Eiszeit der Großteil der Menschen wohl keine Milch verdauen konnte. Milch wäre also zu jener Zeit als giftig betrachtet worden.[263] Das liegt daran, dass Erwachsene damals – anders als Kinder – das Enzym Laktase nicht produzieren konnten, das man braucht, um den Milchzucker, die Laktose aufzuspalten. Als die Menschen anfingen, Vieh zu halten und mit

Milch als Nahrungsmittel zu experimentieren, musste die Evolution also einen Weg finden, die Milch besser verdaulich zu machen. Die frühen Bauern fanden bald heraus, dass sie zu Joghurt oder Käse fermentierte Milch besser vertrugen. Wissenschaftlich erklärt, verringert die Fermentation den Laktosegehalt. Zuerst wurde Milch vor rund 11 000 Jahren im Nahen Osten fermentiert, später wurde das Verfahren in Europa übernommen. Das tönerne Käsesieb ist ein Relikt aus dieser Zeit. Wenige Tausend Jahre später verbreitete sich dann in Europa eine genetische Mutation, die die Menschen befähigte, auch als Erwachsener Laktase zu produzieren und Milch zu trinken. Warum kam es dazu? Und welchen evolutionären Vorteil brachte es mit sich?

DNA-Untersuchungen zeigen, dass die Jäger und Sammler vor circa 7500 bis 7000 Jahren mehr und mehr zu Bauern wurden, genau zu jener Zeit, in der Boguckis Käsesieb in Polen hergestellt wurde. Die Menschen hielten Rinder und Schafe vor allem wegen ihres Fleisches, Käse und Joghurt galten nur als Nebenerzeugnisse der Viehzucht. Die Bakterien, die bei der Fermentierung eingesetzt werden, zum Beispiel der Lactobacillus, sind Mikroben, die normalerweise auch in unserem Darm leben und Laktose verstoffwechseln – außer man hat eine Laktoseintoleranz. Im Alter allerdings entwickeln wir alle eine unterschiedlich stark ausgeprägte Form dieser Nahrungsmittelunverträglichkeit, weil unser Laktasespiegel sinkt und deshalb die Laktose aus der Milch unverdaut in den Dickdarm reist. Dort wird der Milchzucker von Bakterien vergoren, wobei sich vermehrt Gase und Flüssigkeit bilden. Daher kommen die Symptome der Laktoseintoleranz, wie Blähungen und weicher Stuhl.

Die Natur wacht über uns, indem sie uns zur Anpassung befähigt. So wie die verschiedenen Hautfarben der Menschen sich aufgrund ihrer Wanderbewegungen herausbildeten, so prägte die Ernährung unserer Vorfahren auch unsere Gene. Es ist weithin anerkannt und biologisch logisch, dass die für die Laktase-Persistenz, die Fähigkeit zur Verstoffwechselung von Laktose auch im Erwachsenenalter, zuständige Genmutation erfolgte, als die Menschen Bauern wurden und stetig Milch zur Verfügung stand.

Jared Diamond, der mit seinen Büchern über die Schicksale menschlicher Gesellschaften (siehe *Arm und Reich*) unter anderem den Pulitzerpreis gewonnen hat, bezeichnet die Landwirtschaft als »größten Fehler in der Geschichte der menschlichen Art«.[264] Zugegeben, den Bauern stand damit im Vergleich zu Jägern und Sammlern mit weniger Aufwand mehr Nahrung zur Verfügung. Doch laut Diamond hatten die Jäger und Sammler »viel freie Zeit, schliefen viel und arbeiteten weniger hart als ihre bäuerlichen Nachbarn«.[265] Ich musste neulich an diese Bemerkung denken, als in Neuseeland, das überwiegend ein Agrarstaat ist, eine Debatte aufbrandete, weil die Milchfarmen nicht mehr genügend einheimisches Personal finden.

Diamond mag zwar recht haben, was die bäuerliche Lebensweise angeht, doch irgendetwas muss vor Tausenden von Jahren in Europa passiert sein, was den Siegeszug der Milch als Nahrungsmittel einläutete. Europa litt damals unter einer Hungersnot, und die kranken und schlecht ernährten Menschen griffen in ihrer Verzweiflung zu Milch. Wer Laktose nicht verdauen konnte, überlebte dies nicht. Die wenigen Menschen aber, die das konnten, blieben am Leben und gaben in der Folge ihre Gene weiter. Dies sicherte nicht nur das Überleben der Mutation für die Laktase-Persistenz, sondern auch, dass diese Gene an folgende Generationen weitervererbt wurden. Loren Cordain von der Colorado State University, eine Autorität auf dem Gebiet früher Ernährungsgewohnheiten, zählt weitere Pluspunkte der Milch auf: Sie verlieh den Menschen einen gesundheitlichen

Vorteil gegen die Malaria in Afrika und im südlichen Europa sowie gegen Rachitis im nördlichen Europa. Brian Gilmore Maegraith, Malariaforscher in Oxford und später Leiter des Instituts für Tropenmedizin in Liverpool, fand 1952 heraus, dass Milch bei Ratten, die mit dem Malaria-Erreger *Plasmodium berghei* infiziert waren, die Infektion unterdrückte. Milch wirkte also möglicherweise wie ein Malariamittel.[266] Malaria ist weltweit ein gewaltiges Problem, und alles, was zur Malaria-Resistenz beiträgt, ist von enormer evolutionärer Bedeutung.

Die Landwirtschaft kam mit Einwanderern aus der Türkei und dem Nahen Osten nach Europa. Diese Menschen besaßen eine dunklere Haut, die nicht ausreichend Vitamin D bilden konnte, und deshalb erkrankten viele von ihnen an Rachitis, was zu Knochenleiden und Unfruchtbarkeit führen kann. Milch enthält viel Calcium und kleine Mengen Vitamin D. Da Vitamin D den Calciumstoffwechsel reguliert, hätte die Milch also auch die Fruchtbarkeit gesteigert. Schutz vor Malaria und Rachitis waren also gute Gründe, dass sich Gene für die Milchverdauung bei Erwachsenen entwickelten.

Heute spielt Milch in unserem Alltag und in der Agrar- und Lebensmittelindustrie eine überragende Rolle. Sie ist ein Musterbeispiel dafür, wie Kultur auf unsere Gene zurückwirkt. Als ich nach Neuseeland zog, war ich erstaunt, wie viel Milch in diesem »Land, wo Milch und Honig fließen«, getrunken wird. Hier ist es sogar üblich, dass man Kindern zum Einschlafen ein Milchfläschchen gibt – das perfekte Rezept für dicke Babys und schlechte Zähne.

Zur zunehmenden Laktoseintoleranz im Laufe des Lebens kommt es, weil das in Säuglingen aktive LCT-Gen allmählich immer weniger exprimiert wird (aktiv ist). Dies wird von einer DNA-Sequenz geregelt, die am benachbarten Genort für das MCM6-Gen lokalisiert ist. Wenn wir Laktose aufspalten, wird sie zu Glukose und Galaktose (ein anderer Zucker, der dieselbe Summenformel aufweist wie Glukose und Fruktose: $C_6H_{12}O_6$). Manchmal entwickeln wir auch eine vorübergehende Laktoseintoleranz, wenn wir krank sind und unsere Verdauung nicht richtig funktioniert. Mittlerweile kennen wir die Risikovarianten des MCM6-Gens, die zu Laktoseintoleranz führen: die Allelkonstellationen CC und CT. Wenn Sie dagegen die TT-Variante besitzen, haben Sie ein geringes oder gar kein Risiko, eine Laktoseintoleranz zu entwickeln.[267]

Da Milch in bestimmten Regionen in der Ernährung eine jahrtausendealte Tradition hat, ist heute die Laktoseintoleranz geografisch sehr unterschiedlich verteilt. Weltweit am seltensten tritt sie in Amerika und weiten Teilen Westeuropas auf (das gilt auch für die Nachkommen von Menschen, die von dort stammen), wo Milchprodukte ein ganz wesentlicher Part der Ernährung waren und sind – und am häufigsten in Ostasien.[268] Die ersten Menschen, die durch Afrika streiften, waren nomadische Jäger und Sammler. Die Landwirtschaft entstand erst viel später im Nahen Osten und breitete sich von dort nach Europa aus. Dementsprechend zeigen nur drei von zehn Europäern bzw. Amerikanern europäischen Ursprungs eine Laktoseintoleranz. Im Gegensatz dazu besitzen acht von zehn Afrikanern und neun von zehn Asiaten diese Unverträglichkeit. Meine Laktoseintoleranz liegt also in der Herkunft meiner Familie aus Asien begründet, obwohl ich selbst in England zur Welt kam. Wenn es um unseren Darm geht, lässt sich scheinbar alles entweder durch die Gene oder die Geografie erklären.

Die Europäische Behörde für Lebensmittelsicherheit untersuchte die Schwellenwerte für Laktose, also den Punkt, ab dem Laktose nicht mehr verdaulich ist.[269] Dabei stellte sich heraus, dass bei manchen Menschen bereits Symptome auftraten, wenn sie weniger als sechs Gramm Laktose zu sich nahmen, während andere mehr als das Doppelte vertrugen. Der folgenden Tabelle können Sie entnehmen, wie viel Laktose durchschnittlich in einzelnen Lebensmitteln enthalten ist.

Laktosegehalt einzelner Lebensmittel[270]

Lebensmittel	Laktosegehalt (g)
Ziegenmilch (250 ml)	10,5
Kuhmilch (250 ml)	12
Schokomilch (250 ml)	10,5
Buttermilch (250 ml)	10
Eiscreme (2 Kugeln à 65 g)	8
Hüttenkäse (1 Becher = 200 g)	6,6
Sauerrahm (1 Becher = 200 g)	7
Parmesan (50 g)	unter 1 g

Die Landwirtschaft brachte die Milchrevolution mit sich und diese die Laktose(in)toleranz. Milch mit Kaffee aufzupeppen mag als kulinarisches Experiment begonnen haben, doch auch dies führte zu neuen Genexpressionen. Selbstverständlich ist für Menschen wie Godot, den Detektiv der japanischen Videospielserie *Ace Attorney,* Milch im Kaffee ein Sakrileg: »Ein einziger Tropfen Milch reicht schon aus, um die schwarze Magie in der Tasse zunichte zu machen.«[271] Kaffee ist heute in den meisten Ländern der Welt das nach Wasser meistkonsumierte Getränk, weshalb es sich lohnt, an dieser Stelle auch unsere Kaffeeverträglichkeits-Gene einmal genauer anzusehen.

Kaffee

Schätzungen zufolge werden heute täglich 1,6 Milliarden Tassen Kaffee getrunken.[272] In Down Under, also in Australien und Neuseeland, gibt es an jeder Straßenecke ein Café, und jeder hält sich für einen großen Kaffee-Connaisseur. Man kann fast kein ernsthaftes Gespräch über Kaffee führen, ohne sich in erregte Diskussionen über Single Origin und Anbaugebiete, Espressomaschinen oder Röstmethoden zu verwickeln.

Angeblich begann die Karriere des Kaffees als Energy-Snack: Um etwa 800 n. Chr. rollten Nomaden in Äthiopien Tierfett und zerdrückte Kaffeebohnen zu Bällchen, die ihnen als schnell wirkende Energielieferanten auf langen Wanderungen und im Krieg dienten.[273] Schon im Jahr 1699 erklärte ein Buch mit dem vielsagenden Titel *Englands Happiness Improved* (Das höhere Glück der Engländer) die Vorzüge der neuen Droge Kaffee: »In Maßen genossen lichtet der Kaffee die Nebel im Gehirn, die von Dünsten des Weins oder anderen starken Getränken stammen. Er lindert den Kopfschmerz, verhindert das saure Aufstoßen und fördert den Appetit.«[274]

Der Grund für diese stimulierende Wirkung des Kaffees, die für seine weltweite Verbreitung sorgte, ist sein Koffeingehalt. Vielleicht entstand ja aus diesem Wissen die Flut moderner, industriell hergestellter koffeinhaltiger Getränke wie Coca-Cola und Red Bull. Anders als Milch war Kaffee nie ein Grundnahrungsmittel, deshalb beruhen die meisten seiner körperlichen Wirkungen schlicht auf der Verstoffwechselung des Koffeins und sind nicht entwicklungsgeschichtlich bedingt, wenngleich sie dennoch auch mit unseren Genen in Verbindung stehen.

Koffein hat die chemische Formel $C_8H_{10}N_4O_2$, sein chemischer Name lautet Trimethylxanthin. Dabei handelt es sich um ein pflanzliches Alkaloid, das natürlich in Kaffee, Tee, Guarana und

Kolanüssen vorkommt. Es gilt als die weltweit am häufigsten konsumierte psychoaktive Substanz und wirkt sich vielfältig auf verschiedene Körpersysteme aus:

Koffein und Atemorgane: Die chemische Struktur des Koffeins gleicht der des Theophyllins, das die Bronchien weitet. Daher verwendet man Koffein bei Asthmabehandlungen, in Hustenmedikamenten und zur Verhinderung von Atemstillstand bei Frühgeborenen. Ein maßgebender Review der Cochrane Collaboration, eine systematische Übersicht über medizinische Forschungsergebnisse, zeigt, dass selbst kleine Mengen Koffein die Lungenfunktion bis zu vier Stunden steigern.[275]

Koffein und Verdauungssystem: Kaffeekonsum reduziert nachweislich die Häufigkeit von Lebererkrankungen, doch war anfangs nicht klar, ob für diesen Effekt das Koffein oder ein anderer der vielen Inhaltsstoffe des Kaffees verantwortlich ist. In einer Studie an Patienten mit Hepatitis C zeigte sich jedoch, dass Koffein die Sterblichkeit senkte und in gewissem Maß dazu beitrug, dass sich Infektionskrankheiten nicht verschlimmerten. Kaffee kurbelt außerdem den Glukosestoffwechsel an und verbessert die Insulinsensitivität der Muskeln. Studien konnten nachweisen, dass erhöhter Kaffeekonsum das Auftreten von Neuerkrankungen an Diabetes Typ 2 reduzierte. Darüber hinaus hatten Menschen, die Kaffee tranken, einen niedrigeren Peptid-C-Spiegel (der Peptid-C-Spiegel steigt, wenn mehr Insulin ausgeschüttet wird) – allerdings spielte es dabei keine Rolle, ob der Kaffee koffeinhaltig oder koffeinfrei war. Einige der positiven Wirkungen des Kaffees treten also offensichtlich unabhängig von der Koffeindosis ein.

Koffein und Muskel-Skelett-System: In der Biologie bezeichnet der Begriff *Autophagie* eine Art Selbstkannibalismus (vom griechischen Wort *auto* = selbst und *phagein* = fressen, verzehren) bei Pflanzen und Tieren. Dabei wird verbrauchtes oder beschädigtes Material des Zellplasmas zu bestimmten Zellorganellen, den Lysosomen und Vakuolen, gebracht, die den »Müll« in sich aufnehmen, verdauen und recyceln. Dieser ständige Wartungsprozess fördert die Gesundheit, Regeneration und die Langlebigkeit von Zellen. Er ist besonders in den Muskelzellen von Bedeutung. Die Skelettmuskulatur gehört zu den Gewebetypen mit der höchsten Autophagierate. Diese wiederum steigt an, wenn ein Muskel durch Bewegung und Sport belastet wird. Koffein hat eine positive Wirkung auf die Skelettmuskulatur, weil es die Autophagie unterstützt und sich in der Folge die Muskeln nach Belastung oder Verletzung schneller erholen. Daher überwacht die WADA (Welt-Anti-Doping-Agentur) auch den Koffeinspiegel von Sportlern.

Koffein und Nervensystem: Die Auswirkungen von Koffein wurden unter anderem an einer großen Gruppe von Parkinson-Erkrankten erforscht. Dabei stellte sich heraus, dass Koffein das Parkinson-Risiko senkte, bei Frauen jedoch stärker wirkte, wenn sie sich nie einer Hormonersatztherapie unterzogen hatten. Da man die Studien sowohl mit koffeinhaltigem als auch mit entkoffeiniertem Kaffee durchführte, konnte klar belegt werden, dass der Effekt auf das Koffein zurückging. Koffeinreduzierter Kaffee zeigte keinerlei Wirkung. Eine andere Forschergruppe entdeckte, dass Kaffee selbst das Suizidrisiko senken konnte: Der Untersuchung zufolge sank es mit jeder pro Tag mehr genossenen Tasse Kaffee um 13 Prozent.[276] Drei große Kohortenstudien an mehr als 200 000 US-Amerikanern ergaben, dass das relative Selbsttötungsrisiko bei Menschen, die zwei bis drei Tassen Kaffee täglich tranken, um etwa 45 Prozent reduziert war, nachdem man Variablen wie Rauchen herausgerechnet hatte. Entkoffeinierter Kaffee konnte diesen Effekt nicht erzielen, was den Schluss nahelegt, dass die Wirkung wieder einmal auf das Koffein zurückzuführen ist.[277]

Dass Kaffee stimmungsaufhellend wirkt, ist insofern nicht weiter überraschend, denn als Stimulans steigert er die Ausschüttung von Dopamin.

Schon nach diesem kurzen Einblick in die Welt des Kaffees erschien er in meinen Augen wie eine Art Wunderdroge. Eine weitere Metastudie der Cochrane Collaboration ergab, dass eine kleine Dosis Koffein in Schmerzmitteln wie Ibuprofen oder Aspirin deren Wirksamkeit erhöhte, vor allem bei Migräne, postoperativen Schmerzen und nach der Entbindung.[278]

Aber Kaffee hat doch gewiss auch Nachteile? Man weiß doch, dass er bei manchen Menschen Bauchbeschwerden oder Reflux-Symptome wie Sodbrennen oder saures Aufstoßen verursacht. Natürlich kann Kaffee, weil er stimulierend wirkt, auch Schlaf- oder Ruhelosigkeit verursachen. Hinsichtlich Diabetes sind all seine schädigenden Auswirkungen allerdings nicht auf das Koffein zurückzuführen, sondern auf die Sahne, den Zucker und andere Beigaben, mit denen er getrunken wird.

Koffein ähnelt in seiner Struktur dem Adenosin, das die Milchsäurebildung in den Keimzellen anregt. In sehr hohen Dosen (über 200 mg/kg Körpergewicht) beeinträchtigt es die Samenleiter in den Hoden und kann zu männlicher Unfruchtbarkeit führen. Bei normalen Dosen konnte dieser Effekt nicht nachgewiesen werden. Die strukturelle Ähnlichkeit von Koffein und Adenosin ist verantwortlich für die Kaffeesucht – immerhin ist Kaffee ein psychoaktives Genussmittel, und mittlerweile werden die Symptome des Koffeinentzugs im *Diagnostic and Statistical Manual of Mental Disorders* (Diagnostisches und Statistisches Handbuch mentaler Störungen), einem Leitfaden für Psychiater, als Krankheit aufgeführt. Aufgrund ihrer Ähnlichkeit konkurrieren Koffeinmoleküle im Gehirn mit dem Adenosin um die Adenosin-Rezeptoren und besetzen diese.[279]

Das Adenosin kann deshalb nicht an seinen Rezeptoren andocken und in der Folge auch nicht die Dopaminausschüttung blockieren, weshalb der Dopaminspiegel steigt (auf diese Weise hilft das Koffein bei Parkinson-Erkrankungen). Und während es ungebunden im Gehirn flottiert, bringt es die Nebennieren dazu, Adrenalin auszuschütten, ein weiteres Stimulans. Aus diesem Grund fühlen wir uns so munter, wenn wir eine Tasse starken Kaffees getrunken haben.

Doch Kaffeetrinker entwickeln mit der Zeit eine Koffeintoleranz: Nur 100 Milligramm täglich – und schon braucht es mehr und mehr Koffein, um ausreichend viele Adenosin-Rezeptoren zu blockieren, damit es zum üblichen Kick kommt. Als würde ein Gehirn, das sich an eine künstlich erhöhte Zahl von Adenosinmolekülen gewöhnt hat, ohne seine Droge (Koffein) nicht mehr funktionieren. Dann treten Entzugssymptome auf wie Kopfschmerzen, Müdigkeit und Stimmungsschwankungen. Doch anders als bei anderen Drogen hält dieser Effekt nicht lange an. Wenn gewünscht, können Sie also auf kalten Entzug gehen und mit dem Kaffeetrinken von einem Tag auf den anderen aufhören. Wenn Sie sieben bis zwölf Tage ohne Kaffee bleiben, pendelt sich das Nervensystem wieder auf »normal« ein, und Schluss ist mit der Sucht.

Alles in allem sind die vielen und vielfältigen positiven Effekte maßvoller Koffeindosen nicht von der Hand zu weisen. In meiner Praxis behandele ich vor allem Menschen mit Hautkrebs, und bei vielen Weichteiltumoren und Lymphomen hat sich sogar gezeigt, dass Koffein die Wirkung von verschiedenen Chemotherapie-Medikamenten verstärkt, was heute bei der Behandlung berücksichtigt wird.

Trotzdem gibt es Menschen, die Kaffee einfach nicht vertragen. Sie leiden nach Kaffeegenuss unter Herzklopfen, Übelkeit und Schwindelgefühlen. Das liegt an den Entgiftungsmechanismen für Koffein, die unser Körper entwickelt hat. Viele frühe Arzneimittel waren pflanzlicher Natur, und der Körper brauchte die Expression des CYP1A2-Gens, um sie wieder abzubauen. CYP1A2 ist ein noch junges Gen. Studien über die Wanderungsbewegungen früher Menschen zeigen, dass es sich im Zusammenspiel mit bestimmten Ernährungsweisen wie zum Beispiel dem Kaffeetrinken entwickelte.

Menschen und Mäuse besitzen eine Familie von Proteinen vom Cytochrom-P450-Typ (CYP), zu der über hundert proteincodierende Gene gehören. Diese Cytochrom-P450-Proteine katalysieren viele Reaktionen, die mit dem Abbau von Medikamenten und Drogen zu tun haben. Außerdem sind sie an der Herstellung von Steroidhormonen, Cholesterin und anderen Lipiden beteiligt. Die CYP1A1- und CYP1A2-Gene sind die wichtigsten CYPs. Ersteres scheint ein altes Gen zu sein, das unsere Lebensfunktionen aufrechterhält, indem es Giftstoffe aus unserem Stoffwechsel abtransportiert. Mit der Verstoffwechselung von pflanzlichen Arzneimitteln und Koffein hat es nichts zu tun. Dafür ist CYP1A2 zuständig.

Menschen, die Koffein langsam verstoffwechseln, haben ein erhöhtes Herzinfarktrisiko, wenn sie mehr als zwei Tassen Kaffee täglich trinken. Wer es jedoch schnell abbaut, der hat ein reduziertes Herzinfarktrisiko, wenn er mindestens eine Tasse Kaffee am Tag zu sich nimmt. Wir haben bereits gesehen, dass Kaffee die Suizid-Risikorate signifikant senken kann. Eine Studie in Finnland allerdings belegte, dass Männer in mittleren Jahren eher an Herzkrankheiten sterben, wenn sie viel Kaffee trinken.[280] Wenn es um das CYP1A2-Gen geht, ist es also wichtig, seine genetische Ausstattung zu kennen, denn in diesem Zusammenhang gibt es Interessantes zu vermelden: Menschen mit der AA-Variante dieses Gens sind schnelle, solche mit AC- oder CC-Variation dagegen langsame Koffein-Verstoffwechsler.

Vor einem Jahrzehnt stellte das Team um meinen Freund Ahmed El-Sohemy seine Resultate im renommierten *Journal of the American Medical Association (JAMA)* vor: Daraus ging hervor, dass eine CYP1A2-Genvariante das Herzerkrankungsrisiko eines Menschen bestimmten kann.[281]

Wie bereits gesagt, ich liebe meine tägliche Dosis Kaffee. Doch diese ganze Gen-Sache machte mich dann doch nervös. Nach einer Tasse starken Kaffees schlägt mein Herz schon mal schneller als sonst – vielleicht hatte ich ja dieses hinterhältige Kaffee-Gen. Also kontaktierte ich El-Sohemy, um herauszufinden, ob mein Kaffee-Gentyp auf ein erhöhtes Risiko für Herzkrankheiten schließen lässt. Ahmed kam mir in Jeans und weißem T-Shirt entgegen. Er ist ein jugendlich wirkender Wissenschaftler, dessen Firma sich auf Ernährungs-Genomik spezialisiert hat. Er meinte, ich solle auch meine Tochter testen lassen. Gesagt, getan. Während wir auf die Ergebnisse warteten, neckte Natasha mich. Bestimmt sei ich es, der das schlechte Kaffee-Gen habe, und ich müsse künftig ganz auf Kaffee verzichten oder würde einen Herzanfall riskieren. Ich weiß noch heute nicht recht, welche Alternative mir schrecklicher erschien.

Doch mein genetisches Profil zeigte, dass mein Risiko nicht erhöht war, aber man sagte mir, ich solle meine Koffeinzufuhr auf maximal 300 bis 400 mg täglich beschränken. Puh! Mein Töchterchen hingegen hatte die Variante, die Koffein langsam verstoffwechselt, was heißt: Wenn sie ihre Koffeinzufuhr nicht auf 200 mg täglich beschränkt, könnte sie möglicherweise eine Herzkrankheit bekommen. Unmittelbar nach dem Test gingen wir natürlich ins Café – meine Tochter trank einen Fruchtsmoothie und ich zur Feier des Tages einen köstlichen Kaffee.

Im Handel erhältlicher Kaffee stammt normalerweise von zwei *Coffea*-Arten: *Coffea arabica* und *Coffea canephora* bzw. *Coffea robusta*. Wir nennen sie allgemein einfach Arabica- oder

Robusta-Bohnen. Ein Vergleich zeigt, dass Arabica-Bohnen ungefähr 0,8 bis 1,4 Prozent Koffein enthalten, während es die Robusta-Bohne auf 1,7 bis 4 Prozent bringt.[282] Auch die Röstmethode hat übrigens Einfluss auf den Koffeingehalt. Dunkel geröstete Bohnen enthalten weniger Koffein als hellere, denn der Röstvorgang reduziert den Koffeingehalt.[283]

Durchschnittlicher Koffeingehalt verschiedener Kaffee-Zubereitungen[284]

Zubereitungsart	Koffeingehalt (mg)
Normaler koffeinhaltiger Kaffee	
French Press (150 ml)	55
Filterkaffee (150 ml)	80
Instantkaffee (150 ml)	58,5
Türkischer Kaffee (50 ml)	bis 130
Espresso (25 ml)	8,5
Cappuccino (150 ml)	25–30
Entkoffeinierter Kaffee	
Espresso (25 ml)	2
Starbucks (450 ml)	8,6
Jakobs koffeinfrei (150 ml)	2
Sonstige koffeinhaltige Getränke	
Coca-Cola (1 Dose à 330 ml)	33
Cola Zero (1 Dose à 330 ml)	39,6
Pepsi Light (1 Dose à 330 ml)	33
Red Bull (1 Dose à 250 ml)	80

Kaffee hat antioxidative Eigenschaften, weil er viele phenolische Antioxidantien enthält. Allerdings wird ein Großteil davon beim Rösten zerstört – was sich jedoch wieder bis zu einem gewissen Grad ausgleicht. Denn die Phenylindane und andere Polyphenolderivate, die während des Röstens entstehen, besitzen ebenfalls antioxidative Eigenschaften. Kaffee aus der vietnamesischen Robusta-Sorte Cherry enthält fast doppelt so viele Antioxidantien wie Arabica-Kaffee.

Wie viel Koffein enthält nun eine Tasse Kaffee? Das können Sie der Tabelle links entnehmen.

Vitamine und Mineralstoffe

Vitamine sind organische Verbindungen – Stoffe, die wir aus der Nahrung beziehen müssen, weil wir sie selbst nicht herstellen können. Deshalb ist das Vitamin D, wie bereits erwähnt, eigentlich ein Hochstapler und kein echtes Vitamin, denn unser Körper kann es selbst produzieren. Metalle im Körper nennen wir gewöhnlich Spurenelemente, weil er sie nur in winzigen Mengen (Spuren) braucht. Auch Spurenelemente können wir nicht selbst herstellen. Metalle wie Eisen sind in der Regel ein fester Bestandteil von einem oder mehreren Enzymen, die an zahlreichen Stoffwechsel-, Abwehr- und biochemischen Prozessen beteiligt sind. Da der Mangel an bestimmten Vitaminen bzw. Spurenelementen – vor allem die Vitamine C, A und Eisen – zehrende Krankheiten auslösen kann, sollten wir einen kurzen Blick auf die entwicklungsgeschichtlichen biologischen und gesundheitlichen Aspekte dieser Stoffe werfen.

Vitamin C
Ein Vitamin-C-Mangel hat ernsthafte Folgen. Man schätzt, dass in früheren Jahrhunderten ungefähr zwei Millionen Seeleute an

Skorbut gestorben sind, der durch anhaltendes Fehlen von Vitamin C verursacht wird. Berühmte Weltumsegler kannten zwar die Krankheit, jedoch nicht ihre Ursache. Vasco da Gama, der 1497 gen Indien in See stach, vermerkte nach dem Verlust von 100 seiner insgesamt 160 Matrosen in seinem Logbuch: »Viele unserer Männer sind krank geworden. Ihre Füße und Hände schwollen an, ihr Zahnfleisch überwucherte die Zähne, sodass sie nichts mehr essen konnten.«[285] Später schrieb der englische Seemann Richard Hawkins: »In den zwanzig Jahren, die ich nun zur See fahre, kann ich nur sagen, dass ich gut zehntausend Männer an Skorbut habe sterben sehen. […] Ich wünschte, ein gelehrter Mann würde sich des Themas annehmen, denn der Skorbut ist die Pest der Meere und das Verderben der Seeleute.«[286]

1747 beschrieb der schottische Arzt James Lind einen der ersten Doppelblind-Versuche in der Medizin. An Bord der *HMS Salisbury* wählte er zwölf Männer aus, die an Skorbut litten. Ihre Fälle seien, so schrieb er, »so ähnlich, wie ich sie nur finden konnte«. Der einen Hälfte der Männer gab er täglich zwei Orangen und eine Zitrone, die andere Hälfte erhielt Essig und Meerwasser.[287] Lind zog folgenden Schluss aus seinem Experiment: »Die unmittelbarste und offenkundigste positive Wirkung ergab sich beim Gebrauch von Orangen und Zitronen. Einer der Männer, die diese bekommen hatten, war nach sechs Tagen schon wieder fähig zum Dienst.«[288]

In Darwins Theorie der natürlichen Auslese gibt es ein Diktum, das da lautet: Gebrauchen oder verlieren! Wenn ein Tier aufhörte, ein bestimmtes Organ zu gebrauchen, bildete sich dieses im Verlauf der Evolution zurück. Beispielsweise haben Lebewesen, die in vollkommener Dunkelheit leben, keine Augen. Manchmal aber zeitigt dieses Prinzip unbeabsichtigte Folgen. Die meisten einfachen Lebewesen können ihr Vitamin C selbst herstellen, indem sie Glukose umwandeln. Menschen, Fledermäuse und Meerschweinchen aber können das nicht. Ungeborene im Mutterleib sind dazu noch in der Lage, doch das hierfür nötige Gen L-Gulonolactonoxidase (GULO) wird später deaktiviert. Da alle Arten, die die Fähigkeit zur Vitamin-C-Synthese verloren haben, in ihrem natürlichen Lebensumfeld eine an Vitamin C reiche Ernährung vorfinden, geht man davon aus, dass sie diese Fähigkeit aus eben diesem Grund verloren haben. In anderen Worten: Als Menschen und Affen anfingen, Vitamin-C-haltiges Obst zu essen, verloren sie die Fähigkeit, das Vitamin selbst im Körper herzustellen. Vitamin C ist daher möglicherweise ein gutes Beispiel dafür, wie unsere Ernährung das Erbgut bestimmt.

Heute wissen wir, dass ein niedriger Vitamin-C-Spiegel nicht nur für Skorbut verantwortlich ist, sondern auch das Risiko für Diabetes, Krebs und Herz-Kreislauf-Erkrankungen steigert. Vitamin C ist ein Antioxidans, das beim »Ausputzen« der freien Radikale mithilft. Mit oxidativem Stress haben wir uns ja bereits beschäftigt. Offensichtlich gleicht Vitamin C den erhöhten oxidativen Stress aus, der zu Herz-Kreislauf-Erkrankungen führt, sowie gestörte Stoffwechselprozesse bei Diabetes. Eine Studie, die Vitamin C als Ergänzungsmittel bei Diabetikern erforschte, kam zu folgendem Schluss: »Die zusätzliche Gabe von Ascorbinsäure an Diabetiker könnte ein einfaches Mittel sein, eventuellen Komplikationen bei Diabetes vorzubeugen und sie zu lindern.«[289]

Der durchschnittliche tägliche Vitamin-C-Bedarf unseres Körpers liegt bei 75 Milligramm. Die US-amerikanische Mayo Clinic empfiehlt ihren Patienten folgende Tageswerte:[290]

Männer über 18 Jahren:	90 mg
Frauen über 18 Jahren:	75 mg

Schwangere Frauen über 18 Jahren:	85 mg
Stillende Frauen:	120 mg
Kinder zwischen 1 und 3 Jahren:	15 mg
Kinder zwischen 4 und 8 Jahren:	25 mg
Kinder zwischen 9 und 13 Jahren:	45 mg
Jugendliche zwischen 14 und 17 Jahren:	50–60 mg

Da wir die positive Wirkung von Vitamin C nun kennen, bleibt nur noch die Frage, welche Quellen es dafür in unserer Ernährung gibt. Denn im natürlichen Verbund wirkt jedes Vitamin besser als in Pillenform. Daher finden Sie in der unten stehenden Tabelle einige gute Vitamin-C-Lieferanten.

Manche Menschen allerdings können das Vitamin nicht richtig verwerten. Wissenschaftliche Untersuchungen zeigen, dass bestimmte Varianten des GSTT1-Gens dafür verantwortlich sind. Ihr Risiko für einen genetisch bedingten Vitamin-C-Mangel hängt davon ab, ob an diesem Gen eine Mutation durch Einbau zusätzlicher Nukleotide (Ins-Variante) oder durch Fehlen einzelner Nukleotide (Del-Variante) vorliegt.[291] Menschen mit der Del-Variante haben einen um mindestens 20 Prozent niedrigeren Vitamin-C-Spiegel im Blut als Menschen mit der Normalvariante. Sie sollten daher die doppelte der täglich empfohlenen Vitamin-C-Menge über ihre Ernährung aufnehmen.

Vitamin-C-Gehalt einzelner Lebensmittel[292]

Lebensmittel	Menge	Vitamin C (mg)
Paprikaschoten, roh	100 g	140
Rosenkohl, geputzt und roh	100 g	112
Brokkoli, geputzt und roh	100 g	115

Lebensmittel	Menge	Vitamin C (mg)
Schwarze Johannisbeeren	100 g	189
Kiwi	1 Stück	84
Mandarine	1 Stück	22
Orange (mittelgroß)	1 Stück	59–83
Fleisch bzw. Milch	1 Portion	0

Im Rahmen meiner Experimente mit Vitamin C entwickelte ich Hautseren, die ich an meinen Patienten testete. Mit fluoreszenzspektroskopischen Aufnahmen der Haut konnten wir Verbesserungen im Hautbild nach Auftragen von Vitamin-C-Hautseren nachweisen, die zur Verminderung der Pigmentierung beitrugen. Wir konnten zudem eine positive Wirkung verzeichnen, wenn Vitamin-C-reiches Obst gegessen wurde. Da viele Dermatologen hoch dosiertes synthetisches Vitamin C verschreiben, habe ich auch dieses getestet – allerdings ohne Ergebnis: keine positive Veränderung der Haut. Anfangs machte ich hierfür einen möglichen Gerätefehler oder einen Irrtum in meinen Analysen dafür verantwortlich. Mittlerweile wissen wir, dass dieses Phänomen als »xenobiotischer Metabolismus« gut bekannt ist. Der Körper erkennt die synthetische Substanz als einen Fremdstoff. Vitamin-C-Tabletten mögen bei anderen Organen wirken, an der Hautoberfläche haben sie jedoch keine sichtbaren Effekte. Vitamin C wirkt sich nur dann positiv auf die Haut aus, wenn man es in seiner natürlichen Form mit einem Serum aufträgt oder über die Nahrung aufnimmt. Daher gilt wie bei allen anderen Lebensmitteln: Je weniger verarbeitet, umso besser.

Vitamin A

Vitamin A macht längst nicht so viele Schlagzeilen wie die Vitamine C und D. Doch es ist ein sehr altes Vitamin und hat mit dem Sonnenlicht und unseren Augen zu tun.

Vitamin A aus tierischen Quellen wird Retinol genannt, die Vorstufe von Vitamin A in pflanzlichen Quellen sind hingegen die Carotinoide, zum Beispiel das Beta-Carotin. Vitamin A aus tierischen Quellen ist schneller biologisch verfügbar – der Körper kann es verwenden, ohne es umbauen zu müssen. Im Wesentlichen gibt es drei Formen von tierischen Vitamin-A-Derivaten: Retinol (die Alkoholform), Retinal (die Aldehydform, daher auch Retinaldehyd genannt) und die Retinsäure (die Säureform). Retinal ist der Vorläufer der anderen Vitamin-A-Formen und kann in Retinol umgewandelt werden und umgekehrt. Die Retinsäure wird häufig als Faltenmittel in der Kosmetik verwendet, sie hilft, Vitamin A für das Zellwachstum zu verwerten. Heute verwendet man aber auch immer öfter Retinaldehyd für Akne-Behandlungen.

Vitamin A ist wichtig für ein gutes Sehvermögen. Das sichtbare Licht hat eine Wellenlänge von 400 bis 700 Nanometer (nm) und deckt ein Farbspektrum von Violett bis Rot ab. Das für das Dämmerungssehen zuständige Sehpigment Rhodopsin (Sehpurpur) in der Netzhaut absorbiert maximal bei 500 Nanometer. Das liegt daran, dass auch das Maximum der Strahlung des Sonnenlichts auf der Erdoberfläche bei etwa 500 Nanometer liegt. Da Mondlicht reflektiertes Sonnenlicht ist, gilt dafür dasselbe. Lebewesen wie manche Fische, die sowohl unter Wasser als auch über der Wasseroberfläche sehen müssen, haben sehr viel mehr Opsine (die Proteine der Sehpigmente, die für Vitamin A empfänglich sind) als wir Menschen.

In primitiven Bakterien, die es auch heute noch gibt, sind die Opsine nicht nur Tore für das Licht (primitive Formen des

Sehens), sie wirken förmlich als Lichtpumpen (sozusagen die ursprüngliche Form der Solarzelle). Bei höheren Tierarten und dem Menschen fungieren die Opsine hingegen nur als Fotorezeptoren für das Licht. Der Mensch besitzt Rhodopsin in den Stäbchenzellen (Dämmerungs-, Hell-Dunkel-Sehen) und Photopsin in den Zapfen (Farbsehen).

Was aber hat nun Vitamin A mit unserem Bemühen zu tun, uns Gentyp-gerecht zu ernähren? Wie wir bereits wissen, müssen pflanzliche Carotinoide im Darm in aktives Vitamin A umgewandelt werden. Im Wesentlichen gibt es Vitamin A in zwei Formen: als vorgebildetes (sofort verfügbares) Retinol aus tierischen Quellen wie Leber, Lebertran, Milch und Eiern oder als Pro-Vitamin A, das heißt den Carotinoiden aus pflanzlichen Quellen: Beta-Carotin, Alpha-Carotin, Beta-Cryptoxanthin, Lycopin, Lutein und Zeaxanthin. Diese können im Körper in die aktive Form von Vitamin A umgewandelt werden. Retinol ist daher zwölfmal so »stark« wie die Carotinoide, weshalb man die Aktivität der verschiedenen Vitamin-A-Formen in Retinoläquivalenten (RÄ) ausdrückt. 1 Mikrogramm (µg) RÄ entspricht der Aktivität von 1 Mikrogramm Retinol und von 12 Mikrogramm Beta-Carotin. So lässt sich der tatsächliche Vitamin-A-Spiegel besser angeben, da es ja einen enormen Unterschied zwischen pflanzlichem und tierischem Vitamin A gibt.

Wir wissen mittlerweile, dass es genetische Unterschiede in der Art gibt, wie der Organismus pflanzliches Vitamin A umwandelt. Eine Schlüsselrolle bei der Umwandlung von Beta-Carotin in die aktive Form von Vitamin A spielt das Enzym Beta-Carotin-Monooxygenase 1 (BCMO1). Das codierende Gen hat verschiedene Varianten: AA, AG und GG. Die GG-Version bewirkt, dass ihr Träger Beta-Carotin nur schlecht umwandeln kann. Die Betroffenen müssen dafür sorgen, dass sie genügend fertiges Vitamin A aus tierischen Quellen zu sich nehmen.

Im wohlhabenden Westen ist die Vitamin-A-Versorgung gewöhnlich mehr als gesichert. In Südasien und Afrika leiden jedoch fast 50 Prozent der Kinder aufgrund der schlechten Ernährungslage an Nachtblindheit durch Vitamin-A-Mangel – in diesen Weltregionen weisen erschreckenderweise rund 250 Millionen Kinder im Vorschulalter einen Vitamin-A-Mangel auf.[293] In westlichen Gesellschaften kommt es dagegen sehr selten zu Vitamin-A-Mangelerscheinungen – außer zum Beispiel bei Alkoholkranken und Menschen mit Anorexia nervosa, der Magersucht.

Die Tabelle unten listet einige gute Quellen für Vitamin A mit ihrem RÄ-Wert auf. Der tägliche Vitamin-A-Bedarf für Erwachsene beträgt 0,8 Milligramm (= 800 µg) RÄ für Frauen und 1,0 Milligramm (= 1000 µg) RÄ für Männer.

Gute Vitamin-A-Quellen[294]

Verzehrfertiges Lebensmittel (je 100 g)	Vitamin-A-Gehalt (mg RÄ)
Kalbsleber	28
Thunfisch	0,5
Butter	0,6
Crème fraîche, Schlagsahne 40 %	0,4
Parmesan, Cheddar, Greyerzer	0,3
Karotten	1,3
Grünkohl	0,8
Spinat	0,8
Süßkartoffeln	0,6
Kürbis	0,4–0,55
Rote Paprika	0,45

Verzehrfertiges Lebensmittel (je 100 g)	Vitamin-A-Gehalt (mg RÄ)
Tomaten	0,2
Honigmelone	0,8
Aprikosen, getrocknete	0,6

Ich war sehr erstaunt über den Vitamin-A-Gehalt von Süßkartoffeln und Kürbis im Vergleich mit dem von tierischen Nahrungsmitteln wie beispielsweise Käse. Thanksgiving in Amerika ist ohne Kürbiskuchen kaum vorstellbar, und mir wurde erzählt, dass man ihn am besten in einer gusseisernen Form backt. Die Gewürze, mit denen er in den USA zubereitet wird, sind zwar in vielen Familien ein wohlgehütetes Rezept, doch die meisten haben einen hohen Eisengehalt: 0,98 Milligramm Eisen auf 5 Gramm Pumpkin-Pie-Gewürz, das unserem Lebkuchengewürz ähnelt.[295] Da Eisen sowohl in der Industrie als auch in der Medizin bedeutsam ist, sollten wir uns daher im Folgenden auch die Genetik des Eisenstoffwechsels ansehen.

Eisen

In den *Canterbury Tales* von Geoffrey Chaucer heißt es in einer Spitze gegen den Klerus: »Wenn Gold rostet, was würde Eisen tun?«[296] Viel, denn für Lebewesen, sowohl für Mikroben als auch für Menschen, ist Eisen wertvoller als Gold. Aus evolutionärer oder genetischer Sicht gilt nämlich: Je mehr Eisen ein Lebewesen aufnehmen kann, desto besser.

In Shakespeares *König Lear* wird Eiweiß auf offene Wunden gegeben, um deren Heilung zu unterstützen. Als Arthur Schade und Leona Caroline 1944 nach einem Impfstoff gegen Bakterienruhr suchten, fanden sie heraus, dass Eiklar die verursachenden Shigella-Bakterien stoppen konnte.[297] Doch sosehr sie sich auch mühten, sie konnten die Mikroben nicht nachzüchten – bis sie eine eisenbindende Verbindung einbrachten. Entfernt man das Eisen aus dem Ei, breiten sich die Bakterien hemmungslos aus. Erst an diesem Punkt wurde klar, welch wichtige Rolle das Eisen bei unserer Immunabwehr spielt. Als Hautarzt untersuche ich häufig Blutproben junger Patienten mit Akne, deren Aufflammen oft mit einem Eisenmangel in Verbindung steht.

Eugene Weinberg meinte, dass der Körper den mikrobiellen Krankheitserregern Eisen vorenthalte, sei eine Form der Verteidigung. Er nannte dies »ernährungstechnische Immunität«.[298] Was aber macht Eisen so effektiv, wenn es um die Verteidigung unserer biologischen Festung geht? Zunächst einmal ist Eisen für Mikroben, genau wie für ihre Wirte, ein essenzielles Spurenelement, insbesondere weil es zwischen zwei verschiedenen oxidativen Zuständen wechseln kann: zweiwertiges Eisen (Fe-II) und dreiwertiges Eisen (Fe-III). Es kann sich deshalb sowohl als Antioxidans nützlich machen als auch zum Elektronentransport dienen. Vor Weinberg war bereits George Cartwright und seinen Kollegen die »Anämie bei chronischer Infektion« aufgefallen. Dies führte zu der Idee, dass Patienten mit einer langdauernden Infektion mit der Zeit Anämie (Blutarmut) entwickeln.[299]

In Lewis Carrolls *Alice hinter den Spiegeln* sagt die Schwarze Königin zu Alice: »Hierzulande musst du so schnell rennen, wie du kannst, wenn du am gleichen Fleck bleiben willst.«[300] Genauso ist auch mit der Evolution – jedes Geschöpf konkurriert um Ressourcen und strebt nach dem Überleben der Art. Das gilt vor allem für die Eisenbeschaffung. Bakterien brauchen es und wir ebenso. Doch die Evolutionsbiologie verbietet es, dass ein chemischer Stoff exklusiv von einer einzigen Art genutzt wird. Niemand hat hier das Recht zu sagen: »Dieser chemische Stoff bzw. dieses Gen gehört nur mir allein.«

Der Eisenmangel entwickelte sich deshalb vermutlich, als ein

Großteil der Menschheit unter Malaria litt. Menschen, die wenig Eisen im Blut haben, verweigern den von Moskitos verbreiteten Parasiten das dringend benötigte Eisen. Als man in Malariaregionen mit schlechter Ernährungslage Kindern mit Malaria, die unter Eisenmangel litten, Eisen gab, stieg die Zahl der schweren Malaria- und der Todesfälle, weil sich die Parasiten einen Teil des Eisens schnappten und sich damit stärkten.[301] Mit der Entwicklung der Anämie schuf die Evolution also einen hervorragenden Verteidigungsmechanismus, indem sie die Munition aus der Waffenkammer entfernte, damit sie nicht von mikroskopisch kleinen Plünderern gestohlen werden konnte.

Wir haben bereits gesehen, wie die Gene je nach Expression unterschiedliche Effekte hervorrufen können. Aber können Menschen auch einen Gendefekt haben, der zu einem Eisenüberschuss führt? Tatsächlich gibt es solch eine Erkrankung, die Hämochromatose. Diese wird in den meisten Fällen von einer einzigen Mutation im C282Y-Gen verursacht, was darauf hindeutet, dass die Erkrankung letztlich von nur einem Individuum ausging. Was wissen wir nun über diese Person? Es handelt sich hierbei um einen »Gründereffekt«, eine relativ junge Genmutation, die nach der Hauptwanderung aus Afrika erfolgte, eher bei Menschen keltischer oder wikingischer Abstammung auftritt und in Afrika selten ist. Deshalb nannte man sie ursprünglich den »keltischen Fluch«.

Eine Theorie führt die Entstehung auf das Aufkommen der Landwirtschaft zurück, als die Menschen zunehmend weniger jagten, auf eine Getreide-basierte, eisenarme Ernährung umstiegen und dieses Gen dazu diente, mehr Eisen im Körper zu halten. Wir haben ja schon erfahren, dass getreidereiche Ernährungsweisen wenig Vitamin D liefern und daher evolutionär zu hellerer Haut führten – auch so ein »keltischer Fluch« oder »keltischer Segen«, je nach Sichtweise.

Doch als die Menschen dann anfingen, Tierzucht zu betreiben, aßen sie wieder mehr Fleisch, was zu einem erhöhten Eisenspiegel führte. Der kanadische Wissenschaftler Sharon Moalem hat eine andere Theorie entwickelt: Er geht davon aus, dass die Hämochromatose sich zur Verteidigung gegen den Pesterreger entwickelte, so ähnlich wie der Eisenmangel half, der Malaria Herr zu werden. Das Gen verhindert nämlich, dass der Pesterreger *Yersinia pestis* sich im Inneren menschlicher Immunzellen vermehrt. Der zweite Ausbruch der Pest im 14. Jahrhundert in Europa, Asien und Afrika raffte ein Drittel der gesamten Menschheit dahin. Und wir denken, wir würden in gefährlichen Zeiten leben! Diese extrem hohe Sterblichkeit erforderte verzweifelte Maßnahmen. Die Evolution reagierte auf die ihr bestmögliche bekannte Weise: Sie löste eine genetische Mutation aus. Diese Theorie ist zwar plausibel, wurde aber noch nicht bestätigt. Wie Bradley Wertheim in *The Atlantic* schreibt:

Vielleicht ist C282Y einfach nur ein Trittbrettfahrer, ein Groupie, das einem künftigen Gitarrengott des menschlichen Genoms folgt: einem Allel mit noch unentdeckter Virtuosität, das augenblicklich in Mamas Garage versteckt seine Solos klimpert [...] Doch während die Talentsuche weitergeht, können wir uns nur wundern.[302]

So wie selbst in unserem Körper verschiedene Organismen um Spurenelemente wie Eisen konkurrieren, konkurrieren verschiedene Organe um Nährstoffe. Und man weiß beispielsweise auch, dass Eisen und Mangan im Körper konkurrieren: Wenn jemand wenig Eisen hat, hat er dafür umso mehr Mangan und umgekehrt. Wenn Menschen daher einen hohen Manganspiegel haben, ähneln die Symptome denen der Anämie: Müdigkeit, Haarausfall und schlechte Wundheilung.

Tierische und pflanzliche Quellen liefern uns Häm-Eisen und Nicht-Häm-Eisen. Die Bezeichnung leitet sich ab vom Blutfarbstoff Hämoglobin. Nicht-Häm-Eisen findet sich in Pflanzen, kann aber vom Körper nicht so gut verwertet werden wie Häm-Eisen. Dieser Verwertungsgrad lässt sich steigern, indem man Vitamin C zum Eisen packt.

Wir wissen mittlerweile, dass es im Wesentlichen drei Gene sind, die unser Risiko, Eisenmangel zu entwickeln, beeinflussen: TMPRSS6 (codiert das Protein Matriptase-2, das den Eisenspiegel im Blut reguliert), TFR2 (das dem Eisen hilft, in die Zelle zu gelangen) und TF (welches das Protein Transferrin codiert, das – wie der Name sagt – Eisen durch den Körper transportiert).[303] Wenn Sie von diesen drei Genen bestimmte Varianten besitzen, haben Sie ein erhöhtes Risiko für Eisenmangel und sollten mehr Hühnerleber, gekochten Spinat und solche Dinge essen. Wenn Sie Eisen in pflanzlicher Form zu sich nehmen, sollten Sie mehr Vitamin C verzehren, zum Beispiel in Form von Orangen.

Ebenso ist bekannt, dass bestimmte Variationen des HFE- und des SLC17A1-Gens bei 95 Prozent der Hämochromatose-Patienten auftreten. Haben Sie eine dieser Varianten, sollten Sie tatsächlich aufhören, stark eisenhaltige Lebensmittel zu sich zu nehmen, damit Sie keine Hämochromatose ausbilden, die Ihre Leber schädigen und Ihnen Gelenkschmerzen, Diabetes und Augenleiden bescheren kann. Es ist also durchaus sinnvoll, herauszufinden, ob Sie in dieser Hinsicht genetisch vorbelastet sind. Ein normaler Mensch verwertet etwa zehn Prozent des mit der Nahrung zugeführten Eisens. Bei Menschen, die unter Hämochromatose leiden, ist dieser Wert dreimal so hoch.

In der Tabelle auf Seite 304 finden Sie häufige Eisenquellen in unserer Ernährung. Das Ministerium für Landwirtschaft und Ernährung in den USA empfiehlt für Männer ab 19 Jahren eine tägliche Eisenaufnahme von acht Milligramm, für Frauen zwischen 19 und 50 Jahren 18 Milligramm und für Frauen ab 51 Jahren acht Milligramm.[304] Bei schwangeren Frauen hingegen liegt die empfohlene Tagesdosis bei 27 Milligramm, da das Kind im Bauch ja auch Eisen braucht.

Im Allgemeinen enthält eine ausgewogene Ernährung für die meisten Menschen alle Vitamine und Spurenelemente, die der Körper braucht. Die Genomforschung hat auf brillante und verblüffende Weise einige unserer fundamentalen Vorstellungen verändert: Heute wissen wir, dass manche Menschen aufgrund ihrer Gene einen Mangel oder einen Überschuss an bestimmten Vitaminen und Mineralstoffen aufweisen und dass viele dieser genetischen Merkmale nützliche Veränderungen sind, mit denen die Natur auf Erfahrungen im Lauf der Evolution reagierte.

Eisenhaltige Lebensmittel[305]

Lebensmittel (100 g)	Eisengehalt (mg)
Häm-Eisen (tierisch)	
Hühnerleber	7,4
Hühnerfleisch	0,7
Rindfleisch	2,1
Nicht-Häm-Eisen (pflanzlich)	
Spinat, roh	4,1
Kichererbsen, roh	6,9
Tofu	5,4
Hirse	9
Mandeln	3,7
Weiße Bohnen, roh	6

Fazit

Letztlich hängt das Schicksal unseres Körpers von unseren Genen und unserer Ernährung ab – bestimmte Genvariationen haben nicht immer gleich lebensbedrohliche Auswirkungen, doch auf der langen Reise unseres Lebens ist es vernünftig, sich nach den Wegweisern unseres Genoms zu richten. Die meisten unserer Gene stammen aus einer anderen Zeit, als das Schicksal der Menschen davon abhing, dass sie in kargen Zeiten alle nur erdenklichen Nahrungsquellen auftreiben konnten, und in der durch Mikroben verursachte Erkrankungen in der Regel tödlich waren. Im Vergleich dazu leben wir heute in Sicherheit und im Überfluss. Doch weil unsere Ernährung immer vielseitiger wird und Krankheiten des Verdauungssystems auf dem Vormarsch sind, ist es gut zu wissen, wie wir unsere Ernährung auf unseren individuellen Gentyp abstellen können, ohne dabei allzu pedantisch zu werden.

Das immer wiederkehrende Thema dieses Buches ist die Interaktion zwischen Umwelt und Genen. Unsere Nahrung kommt aus der äußeren Umwelt, unsere Verdauungsprozesse und unser Stoffwechsel aber schaffen eine innere Umwelt, mit der der Körper zurechtkommen muss. In *Aladin und die Wunderlampe* aus den *Märchen aus Tausendundeiner Nacht* muss der Zauberer den Sternen folgen, um den Jungen zu finden, der die Lampe holen kann. Unsere Gene sind die uns führenden Sterne aus den Songlines unserer Ahnen und unsere Eingeweide wahre Aladin-Lampen, die unseren Alltag im helleren Licht erstrahlen lassen und uns ein immenses Wohlbehagen bereiten können. Doch jede Lampe muss gepflegt werden. Der Docht muss sauber sein, das Öl ebenso. Wir sollten also daran denken, dass wir aus unserem Körper nicht ausbrechen können – geben wir also gut auf ihn acht.

Aus der Praxis: Das Ernährungstagebuch

Wenn Sie glauben, dass Sie unter einer Nahrungsmittelunverträglichkeit leiden, dann sollten Sie Ihre Gene testen lassen, um Gewissheit zu erhalten. Bis Sie das Ergebnis bekommen, können Sie ein Ernährungstagebuch führen, um festzustellen, auf welche Nahrungsmittel Ihr Körper kritisch mit Blähungen und Unwohlsein reagiert. Schreiben Sie alles genau auf, dann werden Sie dahinter bald ein Muster erkennen. Auch bei einer ausgemachten Allergie ist ein Ernährungstagebuch ein sinnvolles Hilfsmittel für die Diagnose. Hier ein Beispiel:

Was Sie essen und trinken	Menge	Uhrzeit	Symptome/ Bemerkungen

Kerngedanken

1. Genetische Variationen spielen eine große Rolle bei unserer Reaktion auf Lebensmittel.
2. Wir wissen, dass Salz den Blutdruck erhöht, doch wie stark, hängt von der Variante des ACE-Gens ab. Die GA- oder AA-Varianten deuten auf ein hohes Risiko hin. Die GG-Variante

hingegen erhöht das Risiko, durch Salzkonsum einen höheren Blutdruck zu entwickeln, nicht.
3. Unsere Abstammung von Jäger- oder Hirtenahnen bestimmt unsere Fähigkeit, Stärke zu verdauen.
4. Glukose ist lebenswichtig für unsere Zellen, muss aber nicht extra mit der Ernährung aufgenommen werden. Wenn man eine stark zuckerhaltige Ernährung auf zuckerarm bzw. -frei umstellt, kommt es zu Symptomen, die denen eines Opiat-Entzugs gleichen.
5. Glutenunverträglichkeit kann in zwei Formen auftreten: als milde Glutensensitivität mit abdominalen Symptomen oder als Zöliakie, eine schwere Erkrankung, bei der das Immunsystem beteiligt ist und eine Vielzahl von Symptomen hervorruft.
6. Laktoseintoleranz ist mit dem MCM6-Gen verbunden, vor allem mit den CC- oder CT-Varianten. Haben Sie hingegen die TT-Variante, haben Sie ein geringes oder kein Risiko für eine Laktoseintoleranz. Die Ursprünge der Laktosetoleranz liegen in einer Hungersnot in Europa, als die verzweifelten Menschen anfingen, Kuhmilch zu trinken, die bis dahin für sie unverdaulich war. Hungersnöte überlebten daher vor allem jene, die Milch vertrugen. Sie vererbten ihre Milchverträglichkeits-Gene weiter, die in der Folge bis heute von Generation zu Generation weitergegeben werden.
7. In Bezug auf Vitamin A spielt das Enzym BCMO1 eine Schlüsselrolle bei der Umwandlung von Beta-Carotin in die aktive Form von Vitamin A. Das Gen für dieses Enzym kennt drei Variationen: AA, AG und GG. Menschen mit der GG-Variante gelingt die Umwandlung von Beta-Carotin nur schlecht, daher sollten Betroffene sicherstellen, dass sie ausreichend fertig gebildetes Vitamin A aus tierischen Quellen bekommen.

8. Eisenmangel war ursprünglich wohl ein Mechanismus zum Schutz vor Malaria. Wir wissen, dass ein normaler Mensch etwa zehn Prozent des mit der Nahrung zugeführten Eisens im Körper verwertet. Wer jedoch an Hämochromatose leidet, nimmt das Dreifache auf.
9. Das Schicksal unseres Körpers hängt von unseren Genen, unserer Ernährung und unserer Umwelt ab. Gene erweisen sich keineswegs immer als todbringend, doch seinem Gentyp gerecht zu essen kann das Wohlbefinden steigern.

Zu guter Letzt

Eat, move, live

Die Wurzel aller Gesundheit liegt im Gehirn,
ihr Stamm in den Gefühlen.
Ihre Zweige und Blätter sind der Körper.
Der Baum der Gesundheit erblüht,
wenn alle Teile zusammenarbeiten.
Kurdisches Sprichwort

In gewisser Weise ist dieses Buch eine kuratierte Ausstellung über das Wohlbefinden – eine Retrospektive über das Verdauungssystem, die Gene, die Geografie und deren Auswirkungen auf unsere Gesundheit –, eine kurze Geschichte der menschlichen Evolution, der rastlosen Gene und der Macht des positiven Denkens.

Die westliche Medizin hat Waffen entwickelt, mit denen wir Tumore torpedieren und gegen Viren impfen können. Die östliche Medizin setzt auf die Energie des Glaubens und nutzt unser Bewusstsein für unsere körperliche Gesundheit. Vor vielen Jahren war ich im Himalaja unterwegs. Mein zweiter Roman *To Kill a Snow Dragonfly* spielt in Tibet. Das tibetische Konzept des rLung, was man mit »Wind« oder »Atem« übersetzen kann, gleicht in seiner Philosophie auf erstaunliche Weise dem altgriechischen *pneuma,* dem chinesischen *qi* oder dem ayurvedischen *prana*: Lebenskraft oder Vitalenergie, die alle Lebensformen erfüllt und verbindet. Die Tibeter benutzen eine elegante Baummetapher, um Gesundheit erklären: An diesem Baum der Gesundheit verweisen nur zwei Arten von Früchten und Blüten auf einen gute Prognose: Die beiden Blüten sind Freisein von Krankheit und Langlebigkeit, die Früchte spirituelles Wohlbefinden und materielles Wohlergehen. Mit anderen Worten: Ohne Gesundheit gibt es kein Glück und keine Freude an materiellen Dingen.

Die westliche Medizin hingegen setzt auf eine gewisse klinische Distanz. Für sie ist es eine Voraussetzung für objektive Wissenschaft, dass keine Gefühle mit im Spiel sind. Man berührt den Kranken nur, um ihn zu untersuchen. In der östlichen Medizin sieht man Berührungen nicht notwendigerweise als Grenzüberschreitungen an, sondern als ein natürliches menschliches Prinzip.

Schließlich ist der Tastsinn der einzige unentbehrliche Sinn des Lebens. Alle anderen Sinne – Sehen, Hören, Schmecken und Riechen – dienen dem Wohlergehen, sind aber nicht unverzichtbar für das Überleben. Berührung aber ist für alle Lebensformen unabdingbar. Selbst bei Bakterien funktioniert die Zellkontakthemmung über eine Art Berührung von Zelle zu Zelle. Und bei einer wissenschaftlichen Studie über den Fadenwurm *Caenorhabditis elegans* stellte man fest, dass die körperliche Interaktion mit anderen Fadenwürmern Wachstum und Entwicklung förderte.

1986 führten die Entwicklungspsychologin Tiffany Field und ihr Team eine Studie mit 20 Frühgeborenen durch: Eine Gruppe erfuhr dreimal täglich 15 Minuten lang Körperkontakt, die andere Gruppe von Kindern wurde nicht berührt – was der damaligen Lehrmeinung entsprach, um Infektionen zu vermeiden.[306] Die Studie zeigte, dass die Kinder, die täglich Streicheleinheiten bekamen, doppelt so viel an Gewicht zulegten und viel früher aus dem Krankenhaus entlassen werden konnten.

Der kanadische Psychologe Sidney Jourard hat schon vor Jahrzehnten die Bedeutung der Berührung erforscht und war ein Verfechter der Berührungstherapie. Nach seinem Tod fand seine Arbeit große Beachtung, und Berührungs- und Energietherapien wurden überall angeboten – allerdings konnte ihre Wirkung in kontrollierten klinischen Doppelblindstudien nicht bestätigt werden. Die jüngste Forscherin, die je als Ko-Autorin einen Artikel im renommierten *Journal of the American Medical Association (JAMA)* veröffentlichte, ist die elfjährige Emily Rosa. Sie testete 21 Energieheiler und fand in mehr als 280 Versuchen heraus, dass nicht einmal die Hälfte von ihnen die An- bzw. Abwesenheit eines anderen Menschen in unmittelbarer Nähe fühlen konnte. Die Heiler mussten dabei ihre Hände durch einen Vorhang stecken und angeben, ob sie die Hand des Mädchens neben der ihren spüren konnten.[307] In der Folge verlor der Therapeutic Touch jegliches Ansehen bei den Schulmedizinern. Aber müssen Heilverfahren, die nicht auf der Verabreichung von Medikamenten bzw. auf chirurgischen Eingriffen basieren, denn überhaupt solche Tests bestehen? Oder ist dies einfach nur eine Frage des Glaubens? Schließlich glaubt ein ganz wesentlicher Teil der Menschheit auch an einen Schöpfergott, den sie nie gesehen hat. Wo Glaube ist, da ist auch Hoffnung. Der Glaube ist von ganz entscheidender Bedeutung, denn die Menschheit braucht Hoffnung. Letztendlich dreht es sich nicht um Ost oder West, sondern um unsere individuelle Verantwortung und ob wir einen Sinn im Leben sehen. So wie Recht und Gerechtigkeit sind auch Medizin und Gesundheit bisweilen zwei Paar Stiefel. Glaube und Hoffnung sind Samen, aus denen die entscheidende Veränderung erwachsen kann.

Ted Kaptchuk von der medizinischen Fakultät der Universität Harvard jedenfalls erforscht den Einfluss des Glaubens auf die Gesundheit in klinischen Studien. Ich habe schon von Teds Untersuchungen zur Migräne erzählt. Schmerz ist ein ausgezeichnetes Alarmsignal, und Placebos sind nützlich als evolutionäre Spiegel bei der Behandlung von Phantomschmerz.

Wir wissen heute, dass Placebos Tumore nicht zum Schrumpfen bringen und Viren nicht abtöten können. Doch sie können ganz reale physiologische Reaktionen auslösen. Das reicht von Veränderungen der Herzfrequenz und des Blutdrucks bis zu Veränderungen der chemischen Aktivität im Gehirn, die zur Linderung von Schmerzen, Depression, Angstzuständen, Erschöpfung und Parkinson-Symptomen beitragen. Aus diesem Grund ist die Kraft des Geistes so wichtig und die Stressantwort so überwältigend. Stress kann keinen Tumor verursachen, aber er kann die Prognose verschlechtern, wenn wir tatsächlich einen entwickeln – was ich bei meinen Patienten immer wieder gesehen habe. Stress ist eine mächtige Droge, die wir nutzen können, wenn es uns gelingt, ihn rechtzeitig wieder abzustellen.

Aus eben diesem Grund sicherten unsere Stress-Gene, die die Evolution überdauert haben, das Überleben unserer Art – wie wir im Kapitel über Stress gesehen haben. Was also soll falsch daran sein, wenn wir unsere fein abgestimmten psychischen Selbstüberredungskräfte für physische und physiologische Zwecke einspannen? Glaube, Hoffnung und liebevolle Berührung lassen sich in wahrnehmbare, authentische und existenzielle Lebenskraft übersetzen.

Als Darwin die verschiedenen Hautfarben der Menschen auf den verschiedenen Kontinenten bemerkte, erkannte er nicht, dass diese etwas mit unserer Ernährung zu tun haben. Anders als die Tiere veränderte der Mensch seine Ernährung infolge von Klima, Umwelt und kontinentalen Wanderbewegungen. Aufgrund der jeweiligen Ernährung wurde die Haut der Inuit dunkel und die der Menschen im Baltikum hell, weil sie sonst nicht genug Vitamin D abbekommen hätten. Wir haben gesehen, dass der Verzehr gesättigter Fette sich nur sehr wenig auf den Cholesterinspiegel auswirkt, wenn die Ernährung ansonsten vergleichsweise gleich bleibt und aus verschiedenen Nahrungsmittelgruppen vielfältig zusammengesetzt ist. Industriell verarbeitete Lebensmittel hingegen mit ihrem hohen Gehalt an Transfettsäuren und Fruktose haben sozusagen eine neue Spezies hervorgebracht. Nun von der Medizin und der Chirurgie zu erwarten, dass sie die Gewichtsprobleme lösen, mit denen heute so viele zu kämpfen haben, ist ebenso unrealistisch wie unsinnig. Wer ungesund isst, kann im Gegenzug nicht Wohlbefinden erwarten.

Essen ist Nahrung, und Schuldgefühle sind hier fehl am Platz. Wir müssen einfach nur begreifen, dass wir werden, was wir essen. Wir sind, was wir essen. Wir haben gesehen, dass ein dicker Bauch zu einem dünnen Gehirn führt. Wir sind schlau genug zu verstehen, dass wir unserem Planeten schaden, und haben doch nicht genug Verstand, um das zu ändern. Wir halten uns für den Gipfel der Evolution, doch selbst der Wille der Natur, jedes Geschöpf wachsen und gedeihen zu sehen, kann durch einen Fortschritt durchkreuzt werden, für den wir bei unseren Entscheidungsfindungen die Umwelt außer Acht lassen. Und am Ende ist jede Spezies entbehrlich, die Beweislage spricht für sich: Dinosaurier, Säbelzahntiger, Wollmammuts …

»Aha«, werden Sie jetzt sagen. »Um gut und das Richtige für meinen Körper zu essen, muss ich mich also nur an ein bestimmtes wissenschaftliches Schema halten. Diäten sind für mich gestorben, jawohl. Mir sind Diät-Wettkämpfe und Schönheitschirurgen schnuppe. Ich muss nur mein Gehirn einschalten.« Aber die Evolution ist ein ausgekochtes Schlitzohr. »Halt! Lass mich mal dein Genom überprüfen, um zu sehen, welches Gen für dich zutrifft«, sagt sie – und schlägt quasi in ihrem biologischen Strafgesetzbuch nach, welche wissenschaftliche Vorschrift für einen gilt oder welchen Verbrechens man sich schuldig gemacht hat. Denn die Natur erlaubt sich den Luxus, Arten aus lauter unterschiedlichen Individuen zu schaffen, und dafür codiert sie heimlich unser ernährungsspezifisches Schicksal in unseren Genen.

Gene sind weder barmherzig noch grausam. Sie existieren nur einfach im Körper von bestimmten Lebewesen, und sie haben auch kein Problem damit, ihre Träger verschwinden zu lassen. So wie die Gene die Umwelt prägen, prägt auch die Umwelt unsere Gene. Der Mensch hat sämtliche Kontinente übervölkert und deren Ressourcen geplündert, weil er in seiner Schlichtheit denkt, wenn er aufhört, der Umwelt zu schaden, dann wird die Natur wieder so, wie sie mal war – das Gletscherwasser wird wieder gefrieren, die Korallenriffe werden sich erholen und ausgerottete Arten werden wieder zum Leben erwachen. Doch ob uns das jetzt gefällt oder nicht: Auf uns wartet eine Zukunft, in der das Natürliche nicht mehr natürlich sein wird, und mit ihren austauschbaren Teilen sind dann vielleicht auch die Menschen nicht mehr ganz menschlich. Wir können uns also schlicht nicht erlauben, unsere Wurzeln zu vergessen. Ein indisches Sprichwort sagt, dass selbst eine Lotosblüte mit den Wurzeln im Schlamm steckt. Wir können dem evolutionären Treibsand nicht entfliehen, und um zu überleben, müssen wir uns weiterhin bewegen, müssen wir denken, schenken und intelligent essen und auf diese Weise unseren Genen ermöglichen, dass sie sich frei exprimieren.

Big Data, Gentechnik, Biometrik – die Zukunft hat längst begonnen. Bald werden wir unsere Gesundheitsvorsorge an unsere individuellen Bedürfnisse anpassen. Auf uns wartet eine Welt, in der der Mensch versuchen wird, gegen die Herrschaft der

Evolution zu rebellieren. In unserem häuslichen Umfeld verfügen wir über eine Menge Technologie, doch die ausgefeilte Maschinerie in unseren Zellen entzieht sich unserem Zugriff. Unsere Zellen kommunizieren miteinander, haben exzellente Übertragungswege geschaffen und sich immer besser an die Natur angepasst. Möglicherweise liegt darin ja eine Botschaft für die ganze Menschheit.

In den Kapiteln über Stress, Bewegungsfaulheit und Übergewicht stand jeweils am Ende eine Botschaft. Und diese Botschaften überschneiden sich: Bewegung ist gut. Großzügigkeit hilft. Stress ist schlecht. Zucker, vor allem Fruktose, ist schädlich. Mäßigung ist immer gut, wenn wir unserem Körper etwas zuführen, denn unsere Zellen und Gene müssen verdauen und entgiften, was wir zu uns nehmen. Überfluss ist dagegen gut, wenn wir leben wollen. In meiner langjährigen Praxis als Arzt hatte ich immer wieder mit Hautkrebs zu tun. Melanome treffen Alt und Jung, doch ich habe nie jemanden kennengelernt, der es am Ende seines Lebens bedauert hätte, nicht noch ein Auto gekauft oder noch einen Partner geheiratet zu haben. Was ich aus den Gesprächen mit todgeweihten Patienten gelernt habe, ist, dass es im Leben letztlich darum geht, was wir geben, nicht, was wir nehmen; um das, was wir schaffen, nicht um das, was wir kaputt machen (auch Beziehungen). Das Leben ist eine biologische Schöpfung. Also nehmen wir die unvoreingenommene Schönheit der Wissenschaft an und genießen das Leben in vollen Zügen.

Bald wird es für die Ärzte Routine sein, ihren Patienten auf ihre Gene abgestimmte Medikamente zu verschreiben. Damit führen wir eine neue Strategie im Kampf gegen Krankheiten, die wir noch nie zuvor ausprobiert haben – und wir sollten uns dabei wie Sportler verhalten, die sich auf die Olympischen Spiele vorbereiten. Ich hatte vor den Olympischen Spielen in Rio Gelegenheit, Spitzensportler dabei zu beobachten, wie sie sich mit individuell auf sie zugeschnittenen Spezialtrainings auf die Wettkämpfe vorbereiteten. Bei so herausragenden Veranstaltungen wie den Olympischen Spielen, die eine so immense historische Bedeutung haben, genügt es nicht, einfach nur hart zu trainieren, um Erfolg zu haben. Persönliche Bestzeiten und Leistungsprofile können höchstens Tendenzen signalisieren. Man braucht exakte Aufzeichnungen darüber, was bei einem selbst und bei anderen funktioniert hat und was nicht, muss seinen Körper und dessen Stoffwechsel ganz genau kennen. Dann können entsprechend der Körperdaten ein Trainingsprogramm und speziell zugeschnittene Geräte entworfen werden. Nur das führt am Ende zu noch besseren Leistungen und dem Erfolg in der Zukunft. Und genau darum geht es in die *Wunderwelt der Gene*.

Wissenschaftler haben inzwischen die gesamte menschliche DNA kartiert und sogar Methoden entwickelt, mit denen sie unsere Gene verändern oder editieren können. In meinen Augen ist die Veränderung der Genexpression durch eigenes Handeln ein natürlicher Vorgang – Genom-Editierung jedoch nicht. Ersteres erfordert Nachdenken und Handeln, Letzteres geht mit einer gewissen Abkehr vom großen Plan der Evolution her, was sich als unklug erweisen könnte. Wir Heutigen zeichnen die Zukunft der Menschheit vor, mit dem Pinsel des Glaubens und dem Stift unserer wissenschaftlichen Vorstellungskraft. Die Evolution ist ein selbstprogrammierendes System, das die wunderbarsten Geschöpfe hervorbringt. Genom-Editierung – das Ersetzen von defekten Genen – macht Menschen zu Laborratten, die nur zwei Dinge kennen: füttern und gefüttert werden. Wahre Wissenschaft aber beruht nicht nur auf einem forschenden Geist, sondern sie kennt auch unseren Platz im Universum. Das hat mich diese Reise gelehrt.

Auf meinem eigenen Walkabout habe ich zugesehen, wie der Zug der Evolution immer weitertuckert, wie die Stressreaktion als schemenhafter Schaffner souverän und präzise ihre Arbeit verrichtet und dabei sicherstellt, dass sie mit allen Passagieren kommuniziert. Der Zug ist automatisiert und pünktlich. Keiner der Passagiere hat Kontrolle über die Fahrt oder das Ziel. Das Essen an Bord ist süß, reichlich, industriell verarbeitet und köstlich. Jeder hat seinen ihm zugewiesenen Platz, und man kann sich kaum bewegen, weil der Zug so überfüllt ist. Die Menschen wirken aufrichtig und herzlich, doch es scheint auch, als ob sie keine andere Wahl hätten, als ihren finanziellen Meistern zu gehorchen. Und allgemein herrscht ein Gefühl, entmündigt zu sein.

Ich praktiziere evidenzbasierte Medizin, doch wenn einer meiner Patienten alternative oder komplementäre Behandlungsmethoden ausprobieren möchte, lehne ich das nicht ab. Nur weil man selbst etwas nicht versteht oder es nicht wissenschaftlich belegt ist, muss man es nicht von vorneherein verwerfen. Wenn Menschen bzw. Patienten sich nicht ernst genommen fühlen, dann ist man für sie nicht glaubwürdig, kein Lehrer oder Führer. Schließlich kommt der Begriff »Doktor« von lateinisch *docere*, was »lehren« bedeutet. Wir müssen die Kraft unseres Geistes anerkennen und uns ihrer Macht bewusst sein. Alles ist möglich, wenn wir glauben und hoffen. Daher ist es nie zu spät, eine positive Einstellung zu entwickeln und gesund zu werden. Nelson Mandela war 27 Jahre im Gefängnis eingesperrt, viele Jahre davon in Einzelhaft. Er war fast so lange im Gefängnis, wie ich Arzt bin. Und doch schreibt er in seiner Autobiografie: »Ich bin grundsätzlich Optimist. Ob das nun angeboren ist oder eine Frage der Erziehung – wer weiß? Ein Optimist jedenfalls reckt immer das Gesicht der Sonne entgegen und geht stets vorwärts.«[308] Das ist ein wirklich kluger Rat für ein gesundes, erfülltes Leben.

Letztes Jahr habe ich den Ko Awatea International Excellence Award für führende gesundheitliche Verbesserungen globalen

Ausmaßes verliehen bekommen. Das geschah auf dem Asia Pacific Forum (APAC), dem größten medizinischen Forum in diesem Teil der Welt. Die Laudatio ließ mich zutiefst demütig werden, hieß es doch, dass ich den Preis für meine Ausübung einer »am Patienten orientierten Medizin« auf globaler Ebene erhielte, denn den größten Teil meiner Arbeit verrichte ich in Gemeinden auf den unteren Stufen der sozioökonomischen Leiter, und jegliche »Führerschaft« meinerseits war reiner Zufall. Nach der Preisverleihung befragten mich viele Journalisten und Kollegen über meine tägliche Lebensführung, Ernährung und Methoden zur Stressbewältigung. Jeder meint, ich sei schrecklich beschäftigt, sähe jünger aus, als ich bin, und wirke immer positiv. Ich bin mir nicht sicher, ob ich irgendeine Zauberformel weiß, aber meiner Ansicht nach sind folgende vier Dinge wichtig: arbeiten, lernen, sich bewegen und anderen etwas geben.

»Ohne Gesundheit ist das Leben kein Leben, lebt man kein Leben«, schrieb François Rabelais. »Ohne Gesundheit ist das Leben nur ein Dahinvegetieren und ein Abbild des Todes.«[309] Für mich lassen sich alle Menschen entsprechend ihres Glaubens in drei Kategorien einteilen: Juden, Christen und Muslime, die an Himmel und Hölle glauben; Anhänger östlicher Religionen, Hindus und Buddhisten, die an die Wiedergeburt glauben; und Öko-Atheisten, für die es kein Leben nach dem Tod gibt, weil sie von Regenwürmern recycelt werden. Aber jeder *Körper* hat auf dieser Erde nun mal nur diesen einen, einzigen Wurf. Worauf es in diesem uns gegebenen Leben auf der Erde wirklich ankommt, ist unser Tun und Handeln. Sorgen wir also dafür, dass unsere Taten zählen.

In meiner Vorstellung sind Geburt und Tod die Türen des großen Saals des Lebens. Dieser ist möbliert mit schönen Erinnerungen, drapiert mit der Liebe von Angehörigen und Freunden, ausgelegt mit Teppichen, die von unseren vielen

Wegen ganz abgetreten sind. Unser Leben ist der große Ballsaal, unser Körper aber ist das Zimmer, das wir nicht verlassen können und um das wir uns kümmern müssen.

Unsere Körper sind im Grunde einfach nur Träger von Genen. Daher treten viele Krankheiten wie Krebs oder Demenz erst auf, wenn wir den Zenit unserer Reproduktionsfähigkeit bereits überschritten haben. Gene sind unser Bauplan, und in den Proteinen, die sie schaffen, besteht unsere Verantwortung für die Zukunft – für uns und für andere. Auch wenn wir zwei Drittel unserer Gene mit einem kleinen Wurm gemein haben, so hat uns die Natur doch einen gewissen genetischen Spielraum gegeben. Mit unserem Handeln und unserer Ernährung können wir unsere Genexpression maßgeblich beeinflussen, wie ich in diesem Buch zu erklären versucht habe. Gene sind wie winzige Meisterköche, die sich zwar grundsätzlich der Einfachheit verpflichtet sehen, dem Gast jedoch jede Menge Wahlmöglichkeiten lassen. So sind denn nicht unsere genetischen »Zutaten« heilig, sondern das, was wir daraus schaffen können, wenn wir sie nutzen. Das Leben ist letztlich ein bunt gemischtes Menü – und wir sollten es angenehm gesättigt, aber nicht unangenehm übersättigt verlassen.

In diesem Buch geht es um die wissenschaftliche Seite der Gesundheit, darum, wie man gut lebt. Die Medizin ist eine vielschichtige Erzählung über menschlichen Fleiß und wissenschaftlichen Eifer in einer Welt voller – echter und eingebildeter – Krankheiten. Als man das Genom kartierte, dachte jeder, dass Menschsein auf einen binären Code reduziert werden würde und wir alle zu digitalen Menschen, die ein imaginäres Leben führen. Doch die Gene, so hat es sich herausgestellt, diese winzigen, egoistischen Groupies, sind die mikroskopisch kleinen Kartografen unserer Geschichte. Wir müssen die Vorgeschichte und das Erbe der Menschheit akzeptieren, auch wenn wir es nicht ändern können. Die Evolution mag kompliziert und chaotisch sein, doch wir können ihr nicht einfach den Rücken zukehren. Gute Gesundheit erfordert eine gute Portion Kreativität und Entschlossenheit, kombiniert mit dem Wissen über unsere genetische Geschichte, um unserem Erbgut die Möglichkeit zu geben, unsere Gesundheit und unser Glück zu gestalten.

> **Aus der Praxis: Lassen Sie Ihre Gene testen!**
> Um unseren Bauplan besser zu verstehen, habe ich das RxEvolution 21-Gene Testing Program® entwickelt. Es kann Ihren genetischen Code (aus einer Speichelprobe) analysieren und bestimmen, wie Ihre Gene Ihr Stresslevel, Ihren Nahrungs- oder Mineralienstoffwechsel und Ihre sportlichen Vorlieben beeinflussen können. Aber vor allen Dingen – und wie wichtig das ist, habe ich in diesem Buch erörtert – können Sie dadurch erfahren, wie Sie sich Gentyp-gerecht ernähren können. Informationen zur Bestellung des Tests und seiner Auswertung (in englischer Sprache) finden Sie auf der Website dieses Buchs: www.geneticsofhealth.com

Danksagung

Für Autoren ist das Schreiben wie ein Gespräch, das wir sozusagen mit uns selbst führen. Was der Leser danach in Händen hält, ist nicht das Ergebnis der Vorstellungskraft, sondern eine Kopie. Uns ist nichts heilig – Freunde, Angehörige und Patienten, sie alle finden sich, bisweilen bis zur Unkenntlichkeit verändert, auf den Seiten zwischen zwei Buchdeckeln wieder. Wenn wir die Menschen aus unserem Umfeld nicht als Stoff verwerten dürften, müssten wir in Isolationshaft leben. Also nehmen wir stillschweigend und leidenschaftlich Anleihen bei Freunden und Angehörigen, muss man ja ohnehin noch Stunden über Stunden mit Neufassungen, Überarbeitungen, Ärgern und Verwerfen durchleiden, bis man das Privileg erhält, veröffentlicht zu werden. Und außerdem hat noch nie jemand nach meinen Nächten gefragt, in denen ich mich über die Tastatur beugte und mit zwei Fingern in die Tasten haute.

Wir leben in einer Ära, in der Dr. Google der weltweit bekannteste Diagnostiker ist. In Zeiten vor dem Internet war die Medizin ein Fall von interessantem wissenschaftstheoretischen Chaos und epidemiologischem Irrsinn. Heute diagnostizieren wir keine Krankheiten mehr – unser Gehirn lädt die Diagnose einfach aus den von uns zusammengetragenen Daten herunter.

Wenn wir die Medizin als eine hoch spezialisierte Beschäftigung auffassen, dann zahlen wir dafür einen Preis. Ärzte sind heute keine Philosophen und Denker mehr, und manchmal nicht einmal Wissenschaftler.

Doch es gibt einige Menschen, denen ich zu Dank verpflichtet bin. Natürlich sind es eigentlich viel mehr, aber das würde den Rahmen dieses Buches sprengen. Daher möchte ich allen Menschen, die mich in den letzten Jahren unterstützt haben, ein schüchternes und kollektives Dankeschön widmen.

Meine Eltern Samadhanam und Lily – euch verdanke ich alles. Besonders dankbar bin ich, dass ihr mich gelehrt habt, dass der wichtigste Teil des Arztberufs die Menschlichkeit ist. Meine liebe Tochter Natasha, die mir erlaubt, so zu tun, als wäre ich erwachsen und klug. Sunita, weil sie die Geschichten geriatrischer Patienten so spannend klingen lässt. Wendy und Lanzy, weil sie meine Praxis so großartig schmeißen. Die »Walking Group« – ihr wisst, wer gemeint ist. Meine Patienten, die mir täglich etwas beibringen und mich immer besser werden lassen. Mein Verlagsteam bei *Beyond Words* – weil es einige meiner »Lieblingsideen« zum Wohle dieses literarischen Abenteuers geopfert hat. Die Familie Merrin, vor allem Mama Lee. Bill G., mein Agent in Amerika, und die Publizistin Barbara T. Ein tief empfundenes Danke an euch alle. Und schließlich an Zack, weil er mich nicht vergessen lässt, wie bedingungslos Hunde lieben können. Ich verzeihe dir, dass du einige Seiten des Manuskripts gefressen hast.

Anmerkungen

1 David Wroth, »Star-Dreaming – Seven Sisters«, in: *Aboriginal Art Stories*, hrsg. von Japingka Gallery, abgerufen am 1. Juni 2016/1. Juli 2018 unter: http://www.japingka.com.au/articles/star-dreaming-seven-sisters/
2 Bryan Sykes, *Die sieben Töchter Evas*, Bergisch-Gladbach 2001, S. 304ff.
3 James Vance Marshall, *Walkabout*, London 1979, S. 57.
4 Oprah Winfrey, in: *AZ Quotes*, abgerufen am 25. August 2016, siehe: http://www.azquotes.com/quote/318161
5 Juha Huhtakangas et al., »Effect of Increased Warfarin Use on Warfarin-Related Cerebral Hemorrhage: A Longitudinal Population-Based Study«, in: *Stroke* 42, Nr. 9 (September 2011), S. 2431–2435, abrufbar unter: http://stroke.ahajournals.org/content/42/9/2431
6 Siehe: Richard Dawkins, *Das egoistische Gen*, Heidelberg 2007.
7 Richard Dawkins, *Der erweiterte Phänotyp*, Heidelberg 2010, S. 264.
8 Richard Dawkins, *Das egoistische Gen*, Heidelberg 2007, S. 38.
9 Jenni Santi, »The Science Behind the Power of Giving«, in: *LiveScience* vom 1. Dezember 2015, https://www.livescience.com/52936-need-to-give-boosted-by-brain-science-and-evolution.html
10 Charles Darwin, *Die Abstammung des Menschen und die geschlechtliche Zuchtwahl,* Stuttgart 1875, S. 127 und 142.
11 Daniel Stimson, »Inner Workings of the Magnanimous Mind«, in: *National Institutes of Neurological Disorders and Stroke* vom 4. April 2007, abrufbar unter: https://www.sciencedaily.com/releases/2007/05/070528162351.htm
12 Hilary Davidson, Christian Smith, *The Paradox of Generosity: Giving We Receive, Grasping We Lose*, Oxford 2014.
13 Peter Kokkinos, *Physical Activity and Cardiovascular Disease Prevention*, Boston 2010, S. 311.
14 »alpha$^+$-Thalassemia and Protection from Malaria«, in: *Public Library of Science, PLoS Medicine* 3, Nr. 5 (Mai 2006), S. e221, siehe: http://www.ncbi.nlm.nih.gov/pmc/articles/PMC1435782

15 Dean Ornish, »Changing Lifestyle Changes Gene Expression: A Talk with Dean Ornish«, in: *Edge* vom 3. Dezember 2008, abrufbar unter: https://www.edge.org/conversation/dean_ornish-changing-lifestyle-changes-gene-expression
16 David Derbyshire, »Why Acupuncture Is Giving Sceptics the Needle«, in: *The Guardian* vom 26. Juli 2013, abrufbar unter: https://www.theguardian.com/science/2013/jul/26/acupuncture-sceptics-proof-effective-nhs
17 Ebd.
18 Charlotte Paterson et al., »Acupuncture for ›Frequent Attenders‹ with Medically Unexplained Symptoms«, in: *The British Journal of General Practice* 61, Nr. 587 (Juni 2011), S. 295–305, abrufbar unter: https://www.ncbi.nlm.nih.gov/pmc/articles/PMC3103692
19 Tia Ghose, »Placebo's Effect May Depend on Your Genes«, Blogbeitrag auf *LiveScience.com* vom 23. Oktober 2012, abrufbar unter: http://www.livescience.com/24222-placebo-effect-genes.html
20 Wer mehr zu diesem Thema lesen möchte, dem sei ein Aufsatz der nepalesischen Wissenschaftler Regmi und Barathi empfohlen: eine hervorragende Zusammenstellung von Genvariationen und den Medikamenten, die sie beeinflussen: Laxman Bharati und Balmukunda Regmi, »Genetic Variation in Drug Disposition«, in: *Readings in Advanced Pharmakokinetics – Theory, Methods and Applications*, hrsg. von Dr. Ayman Noreddin, Rijeka 2012, S. 101–110.
21 M. Rottensteiner et al., »Physical Activity, Fitness, Glucose Homeostasis, and Brain Morphology in Twins«, in: *Medicine and Science in Sports and Exercise* 47, Nr. 3 (März 2015), S. 509–518.
22 Kevin Loria, »Scientists Discovered What Happens When One Twin Exercises and the Other Does Not«, in: *Business Insider* vom 11. März 2015, abrufbar unter: http://www.businessinsider. com/twin-study-shows-exercise-effects-on-brain-and-body-2015-3
23 Rachel Brown, »Couch Potato Gene Found in Mice, Says Study«, in: *BioNews* 743 vom 24. Februar 2014, abrufbar unter https://www.bionews.org.uk/page_94491
24 Fred H. Previc, *The Dopaminergic Mind in Human Evolution and History*, Cambridge 2011.
25 Emiliana Borrelli et al., »Epigenetic Reprogramming of Cortical Neu-

rons through Alteration of Dopaminergic Circuits«, in: *Molecular Psychiatry* 19, Nr. 11 (2014), S. 1193–1200.
26 Haruki Murakami, *1Q84*, Köln 2010, S. 55.
27 Sharad Paul, »The Myth of Race«, in: *TEDx-Konferenz in Auckland*, YouTube, abgerufen am 6. Juli 2016 unter: https://www.youtube.com/watch?v=d6ru05esR1U
28 Daniel Wolpert, »The Real Reason for Brains«, in: TEDGlobal vom Juli 2011, abrufbar unter: https://www.ted.com/talks/daniel_wolpert_the_real_reason_for_brains?language=en
29 Dennis M. Bramble, Daniel E. Lieberman, »Endurance Running and the Evolution of Homo«, in: *Nature* 432, Nr. 7015 (2004), S. 345–352.
30 David A. Raichlen, J. D. Polk, »Linking Brains and Brawn: Exercise and the Evolution of Human Neurobiology«, in: *Proceedings of the Royal Society of London B: Biological Sciences* 280, Nr. 1750 (2013), abrufbar unter: doi: 10.1098/rspb.2012.2250
31 Vera Nazarian, *The Perpetual Calendar of Inspiration: Old Wisdom for a New World*, Highgate 2010.
32 Alexander G. Liu, »Haootia quadriformis n. gen., n. sp., Interpreted as Muscular Cnidarian Impression from the Late Ediacaran Period (approx. 560 Ma)«, in: *Proceedings of the Royal Society B* vom 27. August 2014, abrufbar unter: doi: 10.1098/rspb.2014.1202
33 Evan Eichler et al., »Evolution of Human-Specific Neural SRGAP2 Genes by Incomplete Segmental Duplication«, in: *Cell* 149, Nr. 4 (2012), S. 912–922.
34 David Carrier, »The Advantage of Standing Up to Fight and the Evolution of Habitual Bipedalism in Hominins«, in: *PLoS ONE* 6 vom 18. Mai 2014, Ort: e19630.
35 Sir Francis Bacon, »Of Studies«, in: *The Works of Francis Bacon, Lord Chancellor of England*, hrsg. von Basil Montagu, Philadelphia 1848, S. 55.
36 Mark Twain, *The Quote Garden*, abgerufen am 21. August 2016 unter www.quotegarden.com/exercise.html
37 J. B. S. Haldane, »Possible Worlds and Other Essays«, zitiert nach: Mick O'Hare, *Wie dick muss ich werden, um kugelsicher zu sein – 101 Antworten auf Fragen, die uns alle beschäftigen*, Frankfurt a. M. 2006, S. 105.

38 Konfuzius, zitiert nach: *Short Sayings of Great Men*, hrsg. von Samuel Arthur Bent, Boston 1882, S. 159.
39 Gregory Steinberg, »From Athlete to Couch Potato: What 2 Missing Genes May Mean«, in: Jennifer Welsh, *LiveScience*, Blog vom 5. September 2011, abrufbar unter: http://www.livescience.com/15905-lazy-active-genes.html
40 Katarzyna Bozek, Yuning Wei et al., »Exceptional Evolutionary Divergence of Human Muscle and Brain Metabolomes Parallels Human Cognitive and Physical Uniqueness«, in: *PloS Biol* 12, Nr. 5 vom 27. Mai 2014, Ort: e1001871.
41 Ebd.
42 Siehe: Friedrich Nietzsche, *Also sprach Zarathustra*, Stuttgart 2008, S. 9.
43 Isabell Petrinic, »Study's Findings Are Music to the Ears of Dancers«, in: *The Daily Telegraph* vom 23. März 2016, abrufbar unter: http://www.dailytelegraph.com.au/newslocal/west/studys-findings-are-music-to-the-ears-of-dancers/news-story/213c5423e5fc78eaf1da04b466581a42
44 G. R. Nalcakan, »The Effects of Sprint Interval vs. Continuous Endurance Training on Physiological and Metabolic Adaptations in Young Healthy Adults«, in: *Journal of Human Kinetics* 44 (2014), S. 97–109, abrufbar unter: https://www.ncbi.nlm.nih.gov/pmc/articles/PMC4327385/
45 Dan Buettner, »The Island Where People Forget to Die«, in: *The New York Times Magazine* vom 24. Oktober 2012, abrufbar unter: http://www.nytimes.com/2012/10/28/magazine/the-island-where-people-forget-to-die.html?_r=0
46 Dan Buettner, *The Blue Zones Solution: Eating and Living Like the World's Healthiest People*, New York 2015.
47 D. Craig Willcox et al., »Genetic Determinants of Exceptional Human Longevity: Insights from the Okinawa Centenarian Study«, in: *Age* 20, Nr. 4 (Dezember 2006), S. 313–332, abrufbar unter: https://www.ncbi.nlm.nih.gov/pmc/articles/PMC3259160
48 Richard P. Ebstein et al., »AVPR1a and SLC6A4 Gene Polymorphisms Are Associated with Creative Dance Performance«, in: *Public Library of Science Genetics 1*, Nr. 3 (2005), Ort: e42.

49 Joe Verghese et al., »Leisure Activities and the Risk of Dementia in the Elderly«, in: *New England Journal of Medicine* 348 (2003), S. 2508–2516.
50 University of Strathclyde and Caledonian University, »Medical Proof of SCD Being Good for Health«, in: *RSCDS Members' Magazine* vom Oktober 2010, S. 12, abrufbar unter: http://web.rscdsfalkirk.org.uk/about/health/Proof_SCD_is_Good_for_You.html
51 Oliver Sacks, *Awakenings – Zeit des Erwachens*, Reinbek bei Hamburg 1991, S. 44f.
52 Madeleine Hackney et al., »Health-Related Quality of Life and Alternative Forms of Exercise in Parkinson Disease«, in: *Parkinsonism & Related Disorders* 15, Nr. 9 (2009), S. 644–648.
53 Amy Packham, »Fascinating 4D Scan Video Shows Babies Reacting to Music in Womb in ›First Study‹ of Its Kind«, in: *The Huffington Post* vom 10. August 2015, abrufbar unter: http://www.huffingtonpost.co.uk/2015/10/08/babies-reacting-music-in-womb-singing-n_8261782.html
54 Gammon M. Earhart, »Dance as Therapy for Individuals with Parkinson Disease«, in: *European Journal of Physical and Rehabilitation Medicine* 45, Nr. 2 (2009), S. 231–238.
55 Carol V. Ward, »Interpreting the Posture and Locomotion of Australopithecus afarensis: Where Do We Stand?«, in: *American Journal of Physical Anthropology* 19, Nr. 35 (2002), S. 195–215.
56 Lawrence M. Parsons, »The Neural Basis of Human Dance«, in: *Cerebral Cortex* 16, Nr. 8 (2006), S. 1157–1167.
57 Patrick Q. Page, »Phantom at the Opera«, Staffel 1, Episode 20 unter Regie von Jan Eliasberg, ausgestrahlt am 19. April 1997 auf CBS.
58 Terry Pratchett, »Sir Terry Pratchett—Dementia Blog, What's the Point of It All?«, in: *Alzheimer's Research UK Blog*, 17. September 2013, abrufbar unter: http://www.dementiablog.org/terry-pratchett-on-dementia/
59 Mei Chen et al., »Cadherin-11 Regulates Fibroblast Inflammation«, in: *Proceedings of the National Academy of Sciences* 108, Nr. 20 (2011), S. 8402–8407.
60 Koichi Ando et al., »Analysis of N-cadherin Interacting Proteins in Alzheimer's Disease«, in: *Alzheimer's & Dementia* 6, Nr. 4 (2010), S. S403.
61 Ian Sample, »Neanderthals Were Not Less Intelligent than Modern Humans, Scientists Find«, in: *The Guardian* vom 30. April 2014, abruf-

bar unter: https://www.theguardian.com/science/2014/apr/30/neanderthals-not-less-intelligent-humans-scientists
62 Calvin Newport, »The Procrastinating Caveman: What Human Evolution Teaches Us about Why We Put Off Work and How to Stop«, in: *Cal Newport* vom 10. Juli 2011, abrufbar unter: http://calnewport.com/blog/2011/07/10/the-procrastinating-caveman-what-human-evolution-teaches-us-about-why-we-put-off-work-and-how-to-stop
63 Ebd.
64 Ebd.
65 Yan Wu, »Individual Differences in Resting-State Functional Connectivity Predict Procrastination«, in: *Personality and Individual Differences* 95 (2016), S. 62–67.
66 Cedric Ginestet, »The Unbearable Lightness of Procrastination«, in: *Psychologist* 18, Nr. 8 (2005), S. 480.
67 Daniel Gustavson et al., »Genetic Relations among Procrastination, Impulsivity, and Goal-Management Ability: Implications for the Evolutionary Origin of Procrastination«, in: *Psychological Science* 25, Nr. 6 (2014), S. 1178–1188.
68 Piers Steel, *Der Zauderberg – Warum wir immer alles auf morgen verschieben und wie wir damit aufhören*, Köln 2011, S. 76.
69 Sir Francis Galton, *Inquiries into Human Faculty and Its Development*, London 1883, S. 155–173.
70 Association for Psychological Science, »Procrastination and Impulsivity Genetically Linked: Exploring the Genetics of ›I'll do It Tomorrow‹«, in: *ScienceDaily Webseite*, abgerufen am 7. April 2014 unter: www.sciencedaily.com/releases/2014/04/140407101718.htm
71 Rodolphe Töpffer, *Essai de Physiognomie*, Genf 1845.
72 George Bernard Shaw, zitiert nach: Quotes.net, abgerufen am 21. August 2016 unter: http://www.quotes.net/quote/420
73 Elizabeth Kostova, *Der Historiker*, »Ein Hinweis an den Leser«, Berlin 2005, S. 7.
74 Melissa Hogenboom, »The Lucy Fossil Rewrote the Story of Humanity«, in: *Earth,* eine Sendung der BBC vom 27. November 2014, abrufbar unter: http://www.bbc.com/earth/story/20141127-lucy-fossil-revealed-our-origins

75 William Blake, »Der Tiger«, aus: ders., *Zwischen Feuer und Feuer. Poetische Werke*, München 2007, S. 95.
76 Randolph Nesse, *Warum wir krank werden*, München 2000.
77 Darwin, *Die Entstehung der Arten*, Hamburg 2008, S. 335.
78 Randolph Nesse, in: *Useful Fictions: Evolution, Anxiety and the Origins of Literature*, Lincoln 2010.
79 Das NUTS-Konzept (Novelty, Unpredictability, Threat to the ego, and/or diminished Sense of Control) wurde vorgestellt von: Robert-Paul Juster and Marie-France Marin in: »Genetics and Stress: Is There a Link?«, *Mammoth Magazine* 9 vom Januar 2011, S. 1–2, abrufbar unter: http://www.humanstress.ca/documents/pdf/Mammouth%20Magazine/Mammoth_vol9_EN.pdf
80 Michael Meaney et al., »Environmental Programming of Stress Responses through DNA Methylation: Life at the Interface between a Dynamic Environment and a Fixed Genome«, in: *Dialogues in Clinical Neuroscience* 7, Nr. 2 (2005), S. 103–123.
81 K. S. Kendler et al., »Childhood Parental Loss and Adult Psychopathology in Women. A Twin Study Perspective«, in: *Archives of General Psychiatry* 49, Nr. 2 (1992), S. 109–116.
82 Joohyung Lee et al., »The Male Fight-Flight Response: A Result of SRY Regulation of Catecholamines?«, in: *Bioessays* 34, Nr. 6 (2012), S. 454–457.
83 Robert-Paul Juster, Marie-France Marin, »Genetics and Stress: Is There a Link?«, in: *Mammoth Magazine* 9 vom Januar 2011, S. 1–2.
84 Nassim Nicholas Taleb, »Stretch of the Imagination«, in: *New Statesman* vom 2. Dezember 2010, abrufbar unter: http://www.newstatesman.com/ideas/2010/11/box-procrustes-call-bed-taleb
85 Daniel Defoe, *Robinson Crusoe*, Köln 2011, S. 124f.
86 David Kohn, *The Darwinian Heritage*, Princeton 2014, S. 588.
87 Ralph Colp, *To Be an Invalid: The Illness of Charles Darwin*, Chicago 1977, S. 228.
88 Stephen King, *Das Leben und das Schreiben*, Berlin 2000, S. 44.
89 Stephen King, *Das Leben und das Schreiben*, a.a.O., S. 172.
90 T. J. Barloon et al., »Charles Darwin and Panic Disorder«, in: *Journal of the American Medical Association* 277, Nr. 2 (1997), S. 138–141.
91 Walter B. Cannon, *The Wisdom of the Body*, New York 1932.

92 Cassandra Clare, *City of Lost Souls*, New York 2012, S. 423.
93 Martin Maripuu et al., »Relative Hypo- and Hypercortisolism Are Both Associated with Depression and Lower Quality of Life in Bipolar Disorder: A Cross-Sectional Study«, in: *PLoS ONE* 9, Nr. 6 (2014), Ort: e98682.
94 Dieferson da Costa Estrela et al., »Predictive Behaviors for Anxiety and Depression in Female Wistar Rats Subjected to Cafeteria Diet and Stress«, in: *Physiology & Behavior* 151 (2015), S. 252–263.
95 Harriet Grove, *Anne Grey: A Novel*, Paris 1834, S. 48.
96 Siehe zum Beispiel: Spyridon Koulouris et al., »Takotsubo Cardiomyopathy: The ›Broken Heart‹ Syndrome«, in: *Hellenic Journal of Cardiology* 51 (2010), S. 451–457.
97 Janet Torpy et al., »Chronic Stress and the Heart«, in: *Journal of the American Medical Association* 298, Nr. 14 (2007), S. 1722.
98 Charles Dickens, *Barnaby Rudge,* London 1998, S. 174.
99 P. Schuck, »Glycated Hemoglobin as a Physiological Measure of Stress and Its Relation to Some Psychological Stress Indicators«, in: *Behavioral Medicine* 24, Nr. 2 (1998), S. 89–94.
100 George Orwell, *The Collected Essays, Journalism and Letters of George Orwell: In Front of Your Nose, 1945–1950*, Bd. 4, New York 1968, S. 515.
101 Joachim Fuchsberger, *Altwerden ist nichts für Feiglinge*, München 2014.
102 Anne Marie Lykkegaard, »Metabolism Works Differently Than We Thought«, in: *Science Nordic* vom 18. März 2014, abgerufen unter: http://sciencenordic.com/metabolism-works-differently-we-thought
103 Antoine Lavoisier, »Alterations qu'éprouve l'air respiré: Recueil des memoires de Lavoisier«, 1785, gelesen vor der Société de Médicine und nachgedruckt als Teil der »Mémoires sur la respiration et la transpiration des animaux«, in: *Les maîtres de la pensée scientifique,* Paris 1920.
104 Howard Murad, *Conquering Cultural Stress: The Ultimate Guide to Anti-Aging and Happiness,* Los Angeles 2015, S. 16.
105 Kristian Sjögren, »Your Face Reveals Risk of Heart Attack«, in: *ScienceNordic* vom 6. Dezember 2012, abrufbar unter: http://sciencenordic.com/your-face-reveals-risk-heart-attack
106 W. T. Blows, »Neurotransmitters of the Brain: Serotonin, Noradrena-

line (Norepinephrine), and Dopamine«, in: *Journal of Neuroscience Nursing* 32, Nr. 4 (2000), S. 234–238.
107 M. Hajos et al., »Reduced Responsiveness of Locus Coeruleus Neurons to Cutaneous Thermal Stimuli in Capsaicin-Treated Rats«, in: *Neuroscience Letters* 70, Nr. 3 (1986), S. 382–387.
108 Jean Francois Fernel, *De Naturali Parte Medicinae Libri Septem*, Bd. 1, Paris 1542.
109 Anthony Kenny, *Descartes: A Study of His Philosophy*, New York 1968, S. 64.
110 C. L. Moraes et al., »Interplay between Glutamate and Serotonin within the Dorsal Periaqueductal Gray Modulates Anxiety-Related Behavior of Rats Exposed to the Elevated Plus-Maze«, in: *Behavioral Brain Research* 194, Nr. 2 (2008), S. 181–186.
111 Umami Information Center, »Report on the Umami Symposium at the European Sensory Network Seminar in Porto, Portugal, vom 9. Mai 2007«, abgerufen am 1. März 2016 unter: http://www.umamiinfo.com/2007/06/the-appliance-of-science-1.php
112 Alexandra Sifferlin, »Is the Link between Depression and Serotonin a Myth?«, in: *TIME Magazine* vom 21. April 2015, abrufbar unter: http://time.com/3829565/is-the-link-between-depression-and-serotonin-a-myth/
113 Jonathan Leo, Jeffrey Lacasse, »Serotonin and Depression: A Disconnect between the Advertisements and the Scientific Literature«, in: *PLoS Medicine* 2, Nr. 12 (2005), Ort: e392.
114 Susannah E. Murphy et al., »Tryptophan Supplementation Induces a Positive Bias in the Processing of Emotional Material in Healthy Female Volunteers«, in: *Psychopharmacology* 187, Nr. 1 (2006), S. 121–130.
115 B. H. Lerner, »Can Stress Cause Disease? Revisiting the Tuberculosis Research of Thomas Holmes, 1949–1961«, in: *Annals of Internal Medicine* 124, Nr. 7 vom 1. April 1996, S. 673–680.
116 Suzanne C. Segerstrom, G. E. Miller, »Psychological Stress and the Human Immune System: A Meta-Analytic Study of 30 Years of Inquiry«, in: *Psychological Bulletin* 130, Nr. 4 (2004), S. 601–630.
117 World Health Organization, *Globaler Tuberkulose Bericht*, Genf 2012, S. 1, abrufbar unter: http://www.who.int/tb/publications/global_report/gtbr12_main.pdf

118 Ronald Glaser et al., »Stress-Induced Immunomodulation: Implications for Tumorigenesis«, in: *Brain, Behavior, and Immunity* 17, Nr. 1 (2003), S. 37–40.
119 Glaser, M. Ronald PhD, »The Ohio State University: Cancer Biology and Genetics«, http://medicine.osu.edu/mvimg/directory/molecular-virology/glaser-m-ronald-phd/Pages/index.aspx. Siehe die weiteren Forschungsarbeiten von Dr. M. Ronald Glaser auf PubMed, abrufbar unter: http://me-pedia.org/wiki/Ronald_Glaser
120 Arthur C. Clarke, »Nine Billion Names of God«, in: *Star Science Fiction Stories Nr. 1 Anthology*, hrsg. von Frederick Pohl, New York 1953, S. 1.
121 John Hoey, »Of Genes and Stars«, in: *Canadian Medical Association Journal* 163, Nr. 4 (2000), S. 381.
122 John Green, *Das Schicksal ist ein mieser Verräter*, München 2013, S. 25.
123 Charles Letourneau, *Physiologie des Passions*, Paris 1878, S. 79.
124 Thierry Steimer, »The Biology of Fear- and Anxiety-Related Behaviors«, in: *Dialogues in Clinical Neuroscience* 4, Nr. 3 (2002), S. 231–249.
125 Steve Ramirez et al., »Activating Positive Memory Engrams Suppresses Depression-Like Behaviour«, in: *Nature* 522, Nr. 7556 (2015), S. 335–339.
126 Martin Seligman, *Pessimisten küsst man nicht,* München 1993, S. 258.
127 Peter Schulman, »Applying Learned Optimism to Increase Sales Productivity«, in: *Journal of Personal Selling & Sales Management* XIX, Nr. 1 vom Winter 1999, S. 31–37.
128 Suzanne C. Segerstrom, »Optimism and Immunity: Do Positive Thoughts Always Lead to Positive Effects?«, in: *Brain, Behavior, and Immunity* 19, Nr. 3 (2005), S. 195–200.
129 Deepak Chopra, *Das Buch der Geheimnisse*, München 2005, S. 143.
130 Dalai Lama, in »11 Quotes from the Dalai Lama That'll Make You a Better Person«, in: *Wordables.com*, abgerufen am 25. August 2016 unter: http://wordables.com/quotes-from-the-dalai-lama/
131 Ivan Pavlov, *Oeuvres Choisies,* Moskau 1954, S. 250–251.
132 Aniko Korosi, T. Z. Baram, »The Pathways from Mother's Love to Baby's Future«, in: *Frontiers in Behavioral Neuroscience* 3, Nr. 27 (2009), S. 1–8.
133 Aparna Suvrathan et al., »Stress Enhances Fear by Forming New Syn-

apses with Greater Capacity for Long-Term Potentiation in the Amygdala«, in: *Philosophical Transactions of the Royal Society, B: Biological Sciences* 369 (2013), S. 1633.

134 Shannon Harvey, »How to Change Your Brain's Stress Response«, in: *The Connection* vom 19. February 2015, abrufbar unter: https://theconnection.tv/change-brains-stress-response/

135 Contzen Pereira, »Music Enhances Cognitive-Related Behaviour in Snails«, in: *Journal of Entomology and Zoology Studies* 3, Nr. 5 (2015), S. 379–386.

136 Wendy Koreyva, »Learn to Meditate in 6 Easy Steps«, Publikation des Chopra Centers, abgerufen am 25. August 2016 unter: http://www.chopra.com/ccl/learn-to-meditate-in-6-easy-steps

137 Allen Mullen, *An Anatomical Account of the Elephant Accidentally Burnt in Dublin on Fryday, June 17, in the Year 1681*, London 1682, S. 37–41.

138 M. L. Fine et al., »Acanthonus armatus, a Deep-Sea Teleost Fish with a Minute Brain and Large Ears«, in: *Proceedings of the Royal Society B* 230, Nr. 1259 (1987), S. 257–265.

139 Michael A. Ward et al., »The Effect of Body Mass Index on Global Brain Volume in Middle-Aged Adults: A Cross Sectional Study«, in: *BioMed Central Neurology* 5 (2005), S. 23.

140 Majid Fotuhi, Brooke Lubinski, »The Effects of Obesity on Brain Structure and Size«, in: *Practical Neurology* 12, (Juli/August 2013), S. 20, abrufbar unter: http://practicalneurology.com/2013/08/the-effects-of-obesity-on-brain-structure-and-size

141 T. M. Frayling et al., »A Common Variant in the FTO Gene Is Associated with Body Mass Index and Predisposes to Childhood and Adult Obesity«, in: *Science* 316, Nr. 5826 (2007), S. 889–894.

142 April J. Ho et al., »A Commonly Carried Allele of the Obesity-Related FTO Gene Is Associated with Reduced Brain Volume in the Healthy Elderly«, in: *Proceedings of the National Academy of Sciences of the United States of America* 107.18 (2010), S. 8404–8409.

143 Ana Navarette et al., »Energetics and the Evolution of Human Brain Size«, in: *Nature* 480, Nr. 7375 (Dezember 2011), S. 91–93.

144 Krister Svahn, »Newly-Discovered Human Fat Cell Opens Up New Opportunities for Future Treatment of Obesity«, in: *ScienceDaily* vom

2. Mai 2013, abrufbar unter: www.sciencedaily.com/releases/2013/05/130502081745.htm

145 M. P. Jedrychowski et al., »Detection and Quantitation of Circulating Human Irisin by Tandem Mass Spectrometry«, in: *Cell Metabolism* vom 6. Oktober 2015, 22(4), S. 734–740.

146 Marlene Zuk, *Paleofantasy: What Evolution Really Tells Us about Sex, Diet, and How We Live*, New York 2013, S. 270.

147 S. Boyd Eaton, »Evolution and Cholesterol«, in: *A Balanced Omega-6/Omega-3 Fatty Acid Ratio, Cholesterol and Coronary Heart Disease*, hrsg. von A. Simopoulos und F. De Meester, Basel 2009, S. 47.

148 Lorna T. Corr et al., »Probing Dietary Change of the Kwäd̢ąy Dän Ts'ìnchį Individual, an Ancient Glacier Body from British Columbia: I. Complementary Use of Marine Lipid Biomarker and Carbon Isotope Signatures as Novel Indicators of a Marine Diet«, in: *Journal of Archaeological Science* 35, Nr. 8 (August 2008), S. 2102–2110.

149 Artemis P. Simopoulos, Leslie G. Cleland (Hrsg.), »Omega-6/Omega-3 Essential Fatty Acid Ratio: The Scientific Evidence World«, in: *Review of Nutrition and Dietetics*, ISSN 0084–2230, Bd. 92, S. Karger AG Publications (2003), Kapitel 4009.

150 James Gallagher, »Processed Meats Do Cause Cancer—WHO«, in: *BBC Health* vom 26. Oktober 2015, abrufbar unter: http://www.bbc.com/news/health-34615621

151 Stephen C. Cunnane, *Survival of the Fattest: The Key to Human Brain Evolution*, Hackensack 2005.

152 Mark Bricklin, *The Diabetes Rescue Diet: Conquer Diabetes Naturally While Eating and Drinking What You Love—Even Chocolate and Wine!*, Emmaus 2013, S. 52.

153 United States Department of Agriculture in Zusammenarbeit mit dem United States Department of Health and Human Services, *Dietary Guidelines for Americans*, Washington 2010, S. 25.

154 United States Department of Agriculture, Agricultural Research Service, Nutrient State Laboratory, »USDA National Nutrient Database for Standard Reference«, Release 16 von 2003, abgerufen am 13. Oktober 2016 unter: http://www.ars.usda.gov/main/site_main.htm?modecode=80-40-05-25

155 Henry J. Thompson, Mark A. Brick, »Perspective: Closing the Dietary

Fiber Gap: An Ancient Solution for a 21st Century Problem«, in: *Advances in Nutrition* 7 (2016), S. 623–626; abrufbar unter: doi:10.3945/an.115.009696

156 Zoe Harcombe et al., »Evidence from Randomised Controlled Trials Did Not Support the Introduction of Dietary Fat Guidelines in 1977 and 1983: A Systematic Review and Meta-Analysis« in: *Open Heart* 2, Nr. 1 (2015).

157 Ebd.

158 L. M. Nackers et al., »The Association between Rate of Initial Weight Loss and Long-Term Success in Obesity Treatment: Does Slow and Steady Win the Race?«, in: *International Journal of Behavioral Medicine* 17, Nr. 3 (2010), S. 161–167.

159 George Eliot, *Middlemarch*, Köln 2010, S. 133.

160 David Wismer, »Gov. Chris Christie: ›I'm Basically the Healthiest Fat Guy You've Ever Seen‹ (And Other Quotes of the Week)«, in: *Forbes* vom 10. Februar 2013, abrufbar unter: http://www.forbes.com/sites/davidwismer/2013/02/10/gov-chris-christie-im-basically-the-healthiest-fat-guy-youve-ever-seen-and-other-quotes-of-the-week/#5a3a32032be6

161 Kirsty Spalding et al., »Dynamics of Fat Cell Turnover in Humans«, in: *Nature* 453 (2008), S. 783–787.

162 Krushnapriya Sahoo et al., »Childhood Obesity: Causes and Consequences«, in: *Journal of Family Medicine and Primary Care* 4.2 (2015), S. 187–192.

163 Christopher Kuzawa, »Adipose Tissue in Human Infancy and Childhood: An Evolutionary Perspective«, in: *Yearbook of Physical Anthropology* 41 (1998), S. 181.

164 Stephen S. Hall, »Our Closest Relative among Model Organisms: Discovering the Obesity Genes«, in: *The Genes We Share*, Howard Hughes Medical Institute, 2008, abgerufen am 1. Juli 2016 unter: http://web-projects.oit.ncsu.edu/project/bio181de/Black/endocrine2/endocrine2_reading/d130.html

165 Rebecca Perl, »How Leptin Rewires the Brain«, in: *The Rockefeller University Scientist* vom 14. Mai 2004, abgerufen unter: http://www.rockefeller.edu/pubinfo/news_notes/rus_051404_c.php

166 Robert H. Lustig, *Die bittere Wahrheit über Zucker: Wie Übergewicht,*

Diabetes und andere chronische Krankheiten entstehen und wie wir sie besiegen können, München 2016.
167 John A. Matochik et al., »Effect of Leptin Replacement on Brain Structure in Genetically Leptin-Deficient Adults«, in: *Journal of Clinical Endocrinology and Metabolism* 90, Nr. 5 (2005), S. 2851–2854.
168 M. K. Serdula et al., »Do Obese Children Become Obese Adults? A Review of the Literature«, in: *Preventative Medicine* 22, Nr. 2 (1993), S. 167–177.
169 »Good vs. Bad Cholesterol,« hrsg. von der American Heart Association, auf den neuesten Stand gebracht am 23. März 2016, abrufbar unter: http://www.heart.org/HEARTORG/Conditions/Cholesterol/About Cholesterol/Good-vs-Bad-Cholesterol_UCM_305561_Article.jsp#.Vi2pHXhuaEl
170 P. Lindström et al., »The Physiology of Obese-Hyperglycemic Mice [ob/ob mice]«, in: *The Scientific World Journal* 7 (2007), S. 666–685.
171 Ernest Becker, *The Denial of Death*, New York 1973, S. 12.
172 Daniel Steinberg, *The Cholesterol Wars: The Skeptics vs. the Preponderance of Evidence*, Amsterdam 2007, S. 17.
173 Daniel Steinberg, »In Celebration of the 100th Anniversary of the Lipid Hypothesis of Atherosclerosis«, in: *Journal of Lipid Research* 54.11 (2013), S. 2946–2949.
174 Truswell A. Stewart, »De Langen in Dutch East Indies 1916–1922«, in: *Cholesterol and Beyond: The Research on Diet and Coronary Heart Disease 1900–2000*, New York 2010, S. 39.
175 J. Groen et al., »Influence of Nutrition, Individual, and Some Other Factors, Including Various Forms of Stress, on Serum Cholesterol; Experiment of Nine Months' Duration in 60 Normal Human Volunteers«, in: *Voeding* 13 (1952), S. 556–587.
176 Ancel Keys, »Effects of Diet on Blood Lipids in Man: Particularly Cholesterol and Lipoproteins«, in: *Clinical Chemistry* 1, Nr. 1 (1955), S. 34–52.
177 Daniel Steinberg, »In Celebration of the 100th Anniversary of the Lipid Hypothesis of Atherosclerosis«, in: *The Journal of Lipid Research* 54, Nr. 11 (2013), S. 2946–2949.
178 M. F. Muldoon, »Acute Cholesterol Responses to Mental Stress and Change in Posture«, in: *Archives of Internal Medicine* 152, Nr. 4 (1992), S. 775–780.

179 P. Mani, A. Rohatgi, »Niacin Therapy, HDL Cholesterol, and Cardiovascular Disease: Is the HDL Hypothesis Defunct?«, in: *Current Atherosclerosis Reports* 17, Nr. 8 (2015), S. 43.

180 Michael O'Riordan, »New Cholesterol Guidelines Abandon LDL Targets«, in: *Medscape* vom 12. November 2013, abgerufen unter: http://www.medscape.com/viewarticle/814152

181 American College of Cardiology der American Heart Association Task Force on Practice Guidelines, »2013 ACC/AHA Guideline on the Treatment of Blood Cholesterol to Reduce Atherosclerotic Cardiovascular Risk in Adults«, in: *American College of Cardiology* 129 (2014), S. S1–S45, abrufbar unter: https://doi.org/10.1161/01.cir.0000437738.63853.7a circulation

182 Francisco Lopez-Jimenez, M.D., »Eggs: Are They Good or Bad for My Cholesterol«, Publikation der Mayo Clinic, abgerufen am 1. August 2016 unter: http://www.mayoclinic.org/diseases-conditions/high-blood-cholesterol/expert-answers/cholesterol/faq-20058468

183 Ebd.

184 Ancel Keys, »Letter to the Editor: Normal Plasma Cholesterol in a Man Who Eats 25 Eggs a Day«, in: *New England Journal of Medicine* 325 vom 22. August 1991, S. 584, abrufbar unter: http://www.nejm.org/doi/full/10.1056/NEJM199108223250813#t=article

185 L. J. Whalley et al., »Plasma Vitamin C, Cholesterol and Homocysteine Are Associated with Gray Matter Volume Determined by MRI in Non-Demented Old People«, in: *Neuroscience Letters* 341, Nr. 3 (2003), S. 173–176.

186 Joseph Friedman et al., »Brain Imaging Changes Associated with Risk Factors for Cardiovascular and Cerebrovascular Disease in Asymptomatic Patients«, in: *Journal of the American College of Cardiovascular Imaging* 7, Nr. 10 (2014), S. 1039–1053.

187 Mireille Guiliano, *Warum französische Frauen nicht dick werden*, Berlin 2005.

188 D. Corella et al., »APOA2, Dietary Fat, and Body Mass Index: Replication of a Gene-Diet Interaction in 3 Independent Populations«, in: *Archives of Internal Medicine* 169, Nr. 20 (2009), S. 1897–1906.

189 Moyra Mortby et al., »High ›Normal‹ Blood Glucose Is Associated with Decreased Brain Volume and Cognitive Performance in the 60s:

The PATH through Life Study«, in: *PLoS ONE* 8, Nr. 9 (2013), Ort: e73697.

190 T. Kazumi et al., »Effects of Dietary Fructose or Glucose on Triglyceride Production and Lipogenic Enzyme Activities in the Liver of Wistar Fatty Rats, an Animal Model of NIDDM«, in: *Endocrinology Journal* 44, Nr. 2 (1997), S. 239–245.

191 Arline Kaplan, »Statins, Cholesterol Depletion – and Mood Disorders: What's the Link«, in: *Psychiatric Times* vom 30. November 2010, abrufbar unter: http://www.psychiatrictimes.com/mood-disorders/statins-cholesterol-depletion—and-mood-disorders-what's-link

192 Beatrice A. Golomb et al., »Statin Effects on Aggression: Results from the UCSD Statin Study, a Randomized Control Trial«, in: *PLoS ONE* vom 1. Juli 2015, abrufbar unter: http://journals.plos.org/plosone/article?id=10.1371/journal.pone.0124451

193 John Naish, »Why Your Pills May Be Making You Angry: As Statins Are Linked to Aggression in Women, the Mood-Altering Side-Effects of Everyday Medicines«, in: *Daily Mail* vom 13. Juli 2015, abrufbar unter: http://www.dailymail.co.uk/health/article-3159774/Why-pills-making-angry-statins-linked-aggression-women-mood-altering-effects-everyday-medicines.html

194 V. M. Sheth and A. G. Pandya, »Melasma: A Comprehensive Update: Part I«, in: *Journal of the American Academy of Dermatology* 65, Nr. 4 (2011), S. 689–697.

195 Charles Darwin, *Die Abstammung des Menschen und geschlechtliche Zuchtwahl*, Stuttgart 1875, S. 624.

196 Samuel Stanhope Smith, *An Essay on the Causes of the Variety of Complexion and Figure in the Human Species*, hrsg. von Winthrop D. Jordan, New York 1965.

197 George Sebastian Rousseau, »Le Cat and the Physiology of Negroes«, in: *Enlightenment Crossings: Pre- and Post-modern Discourses*, Manchester 1991, S. 37.

198 K. F. Heusinger, »Untersuchungen über die Anomalie der Kohlen- und Pigmentbildung in dem menschlichen Körper«, in: *System der Histologie*, Eisenach 1823.

199 Martine F. Luxwolda et al., »Traditionally Living Populations in East Africa Have a Mean Serum 25-Hydroxyvitamin D Concentration of

115 nmol/l«, in: *British Journal of Nutrition* 108, Nr. 9 (2012), S. 1557–1561.
200 Charles Darwin, *Die Abstammung des Menschen und geschlechtliche Zuchtwahl*, Stuttgart 1875, S. 252.
201 Jöns Jacob Berzelius, zitiert nach: Ida Freund, *The Study of Chemical Composition*, Cambridge 1904, S. 31.
202 Jerry Bergman, »ATP: The Perfect Energy Currency«, in: *Creation Research Society Quarterly* 36, Nr. 1 (1999), S. 3.
203 Philip Larkin, »Haut«, aus: ders., *Mich ruft nur meiner Glocke grober Klang*, Berlin 1988, S. 83.
204 Franscesco Visioli et al., »Dietary Intake of Fish vs. Formulations Leads to Higher Plasma Concentrations of n-3 Fatty Acids«, in: *Lipids* 38, Nr. 4 (2003), S. 415–418.
205 W. S. Harris et al., »Comparison of Effects of Fish and Fish-Oil Capsules on the n-3 Fatty Acid Content of Blood Cells and Plasma Phospholipids«, in: *American Journal of Clinical Nutrition* 86, Nr. 6 (2007), S. 1621–1625.
206 A. Lucas et al., »Breast Milk and Subsequent Intelligence Quotient in Children Born Preterm«, in: *The Lancet* 339, Nr. 8788 (1992), S. 261–264.
207 M. P. Judge et al., »Maternal Consumption of a Docosahexaenoic Acid-Containing Functional Food During Pregnancy: Benefit for Infant Performance on Problem-Solving, but Not on Recognition Memory Tasks at Age 9 Months«, in: *American Journal of Clinical Nutrition* 85, Nr. 6 (2007), S. 1572–1577.
208 United States Department of Agriculture in Zusammenarbeit mit dem United States Department of Health and Human Services, *Dietary Guidelines for Americans*, Washington 2010.
209 Harvard Health Publications, »Why Not Flaxseed Oil?«, in: *The Family Health Guide*, auf den neuesten Stand gebracht im November 2006, abrufbar unter: http://www.health.harvard.edu/staying-healthy/why-not-flaxseed-oil
210 S. C. Cottin et al., »The Differential Effects of EPA and DHA on Cardiovascular Risk Factors«, in: *Proceedings of the Nutrition Society* 70, Nr. 2 (2011), S. 215–231.
211 W. S. An et al., »Omega-3 Fatty Acid Supplementation Increases

1,25-Dihydroxyvitamin D and Fetuin-A Levels in Dialysis Patients«, in: *Nutrition Research* 32, Nr. 7 (2012), S. 495–502.
212 Josefina Lopez, *Unconquered Spirits: A Historical Play*, Woodstock 1997, S. 63.
213 Jose Andres Puerta, Facebook-Seite der Royal Culinary Academy of Arts, abgerufen am 25. Juli 2016 unter: https://www.facebook.com/RACAJordan/posts/10153090358616850
214 M. K. B. Bogh et al., »Vitamin D Production Depends on Ultraviolet-B Dose but Not on Dose Rate: A Randomized Controlled Trial«, in: *Experimental Dermatology* 20, Nr. 1 (2011), S. 14–18.
215 J. A. Newton-Bishop et al., »Serum 25-Hydroxyvitamin D3 Levels Are Associated with Breslow Thickness at Presentation and Survival from Melanoma«, in: *Journal of Clinical Oncology* 27, Nr. 32 (2009), S. 5439–5444.
216 Jennifer Donnelly, *Das Blut der Lilie*, München/Zürich 2012, S. 12.
217 Danielle Reed et al., »Diverse Tastes: Genetics of sweet and bitter perception«, in: *Physiology & Behavior* 88, Nr. 3 (2006), S. 215–226.
218 Qais Al-Awqati, »Evidence-Based Politics of Salt and Blood Pressure«, in: *Kidney International* 69, Nr. 10 (2006), S. 1707–1708.
219 P. A. Breslin et al., »Suppression of Bitterness by Sodium: Variation among Bitter Taste Stimuli«, in: *Chemical Senses* 20 (1995), S. 609–623.
220 Graham Macgregor et al. »Commentary: Salt, Blood Pressure and Health«, in: *International Journal of Epidemiology* 31, Nr. 2 (2002), S. 320–327.
221 N. J. Aburto et al., »Effect of Lower Sodium Intake on Health: Systematic Review and Meta-Analyses«, in: *British Medical Journal* 346 (2013), S. f1326.
222 G. K. Beauchamp and K. Engelman, »High Salt Intake. Sensory and Behavioral Factors«, in: *Hypertension* 17, Nr. 1 Suppl. (1991), S. 1176–1181; M. J. Brion et al., »Sodium Intake in Infancy and Blood Pressure at 7 Years: Findings from the Avon Longitudinal Study of Parents and Children«, in: *European Journal of Clinical Nutrition* 62, Nr. 10 (2008), S. 1162–1169.
223 Graham MacGregor, »Salt: Neptune's Poisoned Chalice«, Vortrag an der Barts and The London School of Medicine and Dentistry, nachzulesen in: *Family Practice*, Volume 16, Issue 3, 1. Juni 1999, S. 316, https://doi.org/10.1093/fampra/16.3.316

224 Ebd.
225 Ebd.
226 E. Poch et al., »Molecular Basis of Salt Sensitivity in Human Hypertension. Evaluation of Renin-Angiotensin-Aldosterone System Gene Polymorphisms«, in: *Hypertension* 38, Nr. 5 (2001), S. 1204–1209.
227 Serge Daget, *An Englishman Tastes the Sweat of an African* (1725), reproduziert in: M. J. Brown, »Hypertension and Ethnic Group«, *British Medical Journal* 332, Nr. 7545 (date): S. 833. Online abrufbar unter: http://www.pbs.org/wgbh/aia/part1/1h292.html, Copyright: Bibliothèque Nationale in Paris.
228 Flavio D. Fuchs, »Why Do Black Americans Have Higher Prevalence of Hypertension? An Enigma Still Unsolved«, in: *Hypertension* 57 (2011), S. 379–380.
229 United States Department of Agriculture, »Sodium (Salt) Content of Common Foods«, abgerufen am 1. März 2016 unter: http://www.jdabrams.com/documents/wellness/USDA-Sodium-Content.pdf
230 H. Basciano et al., »Fructose, Insulin Resistance, and Metabolic Dyslipidemia«, in: *Nutrition & Metabolism* 2, Nr. 1 (2005); A. Astrup, Finer N., »Redefining Type 2 Diabetes: ›Diabesity‹ or ›Obesity Dependent Diabetes Mellitus‹?«, in: *Obesity Review* 1, Nr. 2 (2000), S. 57–59.
231 »Evolutionary Biology: Sugar Sweetens Cell Cooperation«, in: *Nature* 476, Nr. 7360 (2011), S. 254.
232 Maude W. Baldwin et al., »Evolution of Sweet Taste Perception in Hummingbirds by Transformation of the Ancestral Umami Receptor«, in: *Science* 345, Nr. 6199 (2014), S. 929–933.
233 Justin Rhodes, »Research Shows Fructose Increases Body Fat and Decreases Physical Activity«, in: Publikation der Beckman Institute NeuroTech Group vom 1. Juni 2015, abrufbar unter: http://beckman.illinois.edu/news/2015/06/rhodes-fructose
234 Nicole M. Avena et al., »Sugar and Fat Bingeing Have Notable Differences in Addictive-Like Behavior«, in: *The Journal of Nutrition* 139, Nr. 3 (2009), S. 623–628.
235 »US and Global Obesity Levels: The Fat Chart«, Publikation von: ProCon.org, abgerufen am 1. März 2016 unter: http://obesity.procon.org/view.resource.php?resourceID=004371#8

236 Alison Hughes, »Sweet Tooth? Come to Ireland!«, Publikation der Vagabond Tours vom 27. August 2015, siehe: https://vagabondtoursofireland.com/sweet-tooth-come-to-ireland/
237 Anthony Saliba, »Sweet Taste Preference and Personality Traits Using a White Wine«, in: *Food Quality and Preference* 20, Nr. 8 (2009), S. 572–575.
238 Karen Eny et al., »Genetic Variant in the Glucose Transporter Type 2 Is Associated with Higher Intakes of Sugars in Two Distinct Populations«, in: *Physiological Genomics* 33, Nr. 3 (2008), S. 355–360.
239 Siehe: Health Canada, »Nutrient Value of Some Common Foods«, Ottawa 2008, S. 21, 47–49 und 52.
240 »Starchy Diet, Extra Genes: Humans Just Keep on Evolving«, in: *Understanding Genetics*, Online-Publikation der Universität Stanford für The Tech, abgerufen am 1. März 2016 unter: http://genetics.thetech.org/original_news/news62
241 Eric Axelsson et al., »The Genomic Signature of Dog Domestication Reveals Adaptation to a Starch-Rich Diet«, in: *Nature* 495, Nr. 7441 (2013), S. 360–364.
242 »GI-Glycaemia Index«, Publikation der NZ Nutrition Foundation 2009, abgerufen am 1. Juli 2016 unter: http://www.nutritionfoundation.org.nz/nutrition-facts/nutrition-a-z/gi-and-gl
243 G. Riccardi, »Glycemic Index of Local Foods and Diets: The Mediterranean Experience«, in: *Nutrition Review* 61, Nr. 5 (2003), S. S56–60.
244 »In Defence of Potatoes«, in: *The Sydney Morning Herald* vom 9. August 2011, abrufbar unter: http://www.smh.com.au/lifestyle/diet-and-fitness/chew-on-this/in-defence-of-potatoes-20110808-1iirt.html
245 Janette Brand-Miller et al., »Rice: A High or Low Glycemic Index Food?«, in: *The American Journal of Clinical Nutrition* 56, Nr. 6 (1992), S. 1034–1036.
246 Bruna Letícia Pereira, Magali Leonel, »Resistant Starch in Cassava Products«, in: *Food Science and Technology* (Campinas) 34, Nr. 2 (10. Juni 2014), S. 298–302.
247 Glen Fernandes et al., »Glycemic Index of Potatoes Commonly Consumed in North America«, in: *Journal of the American Dietetic Association* 105, Nr. 4 (2005), S. 557–562.

248 »Glycemic Index and Glycemic Load for 100+ Foods: Measuring Carbohydrate Effects Can Help Glucose Management«, in: *Harvard Health Publications* vom Februar 2015, abrufbar unter: http://www.health.harvard.edu/diseases-and-conditions/glycemic_index_and_glycemic_load_for_100_foods

249 M. C. Cornelis et al., »TCF7L2, Dietary Carbohydrate, and Risk of Type 2 Diabetes in US Women«, in: *American Journal of Clinical Nutrition* 89, Nr. 4 (2009), S. 1256–1262.

250 A. L. Mandel, P. A. Breslin, »High Endogenous Salivary Amylase Activity Is Associated with Improved Glycemic Homeostasis Following Starch Ingestion in Adults«, in: *Journal of Nutrition* 142, Nr. 5 (2012), S. 853–858.

251 Caleb Kelly, Venu Gangur, »Sex Disparity in Food Allergy: Evidence from the PubMed Database«, in: *Journal of Allergy* (2009), abrufbar unter: https://www.hindawi.com/journals/ja/2009/159845/

252 Heenashree Khandelwal, *Soulmates, By Chance*, Assam 2013.

253 Louis Duhring, »Dermatitis Herpetiformis«, in: *Journal of the American Medical Association* 3, Nr. 9 (1884), S. 225–229.

254 Diana Gitig, »When, and Why, Did Everyone Stop Eating Gluten?«, in: Blog des *Scientific American* vom 10. Mai 2011, abrufbar unter: http://blogs.scientificamerican.com/guest-blog/when-and-why-did-everyone-stop-eating-gluten

255 Marianna Karamanou, G. Androutsos, »Aretaeus of Cappadocia and the First Clinical Description of Asthma«, in: *American Journal of Respiratory and Critical Care Medicine* 184, Nr. 12 (2011), S. 1420–1421; F. Henschen, »On the Term Diabetes in the Works of Aretaeus and Galen«, in: *Medical History* 13, Nr. 2 (1969), S. 190–192.

256 W. K. Dicke, *Coeliac Diseas. Investigation of the Harmful Effects of Certain Types of Cereal on Patients with Coeliac Disease*, Doktorarbeit an der Universität Utrecht (Niederlande) 1950, S. 23–27.

257 Francis Adams, *The Extant Works of Aretaeus the Cappadocian*, London 1856, S. 350.

258 Gitig, »When, and Why, Did Everyone Stop Eating Gluten?«, in: Blog des *Scientific American* vom 10. Mai 2011, abrufbar unter: http://blogs.scientificamerican.com/guest-blog/when-and-why-did-everyone-stop-eating-gluten

259 Anna Sapone et al., »Divergence of gut permeability and mucosal immune gene expression in two gluten-associated conditions: celiac disease and gluten sensitivity«, in: *BMC Medicine* 9, Nr. 23 (2011).
260 Novac Djokovic, *Siegernahrung*, München 2014, S. 54 und 156.
261 »Sources of Gluten«, Publikation der Celiac Disease Foundation, abgerufen am 15. September 2016 unter: https://celiac.org/live-gluten-free/glutenfreediet/sources-of-gluten/
262 C. A. Adebamowo et al., »Milk Consumption and Acne in Adolescent Girls«, in: *Dermatology Online Journal* 12, Nr. 4 (2006), S. 1.
263 Andrew Curry, »Archaeology: The Milk Revolution«, in: *Nature 500*, Nr. 7460 (2013), S. 20–22.
264 Jared Diamond, »The Worst Mistake in the History of the Human Race«, in: *Discover Magazine* vom 1. Mai 1999, abrufbar unter: http://discovermagazine.com/1987/may/02-the-worst-mistake-in-the-history-of-the-human-race
265 Ebd.
266 B. G. Maegraith et al., »Suppression of Malaria (P. berghei) by Milk«, in: *British Medical Journal* 2, Nr. 4799 (1952), S. 1382–1384.
267 Maryam Alizadeh, A. Sadr-Nabavi, »Evaluation of a Genetic Test for Diagnose of Primary Hypolactasia in Northeast of Iran (Khorasan)«, in: *Iranian Journal of Basic Medical Sciences* 15, Nr. 6 (2012), S. 1127–1130.
268 Elie Roe, »Is Lactose Intolerance on the Rise?«, in: *Science in Our World: Certainty and Controversy* vom 19. September 2013, abrufbar unter: http://www.personal.psu.edu/afr3/blogs/siowfa13/2013/09/is-lactose-intolerance-on-the-rise.html
269 »Scientific Opinion on Lactose Thresholds in Lactose Intolerance and Galactosaemia«, in: *Europäische Behörde für Lebensmittelsicherheit*, Publikation in englischer Sprache, Journal 8, Nr. 9 (2010), S. 1777.
270 Dietitians of Canada, »Food Sources of Lactose«, Publikation kanadischer Ernährungswissenschaftler, abrufbar unter: dieticians.ca, http://www.dietitians.ca/Your-Health/Nutrition-A-Z/Lactose/Food-Sources-of-Lactose.aspx
271 Capcom, »Ace Attorney – Giant Bomb«, abgerufen am 25. Juli 2016 unter: http://www.giantbomb.com/godot/3005-2706/
272 Amie J. Dirks-Naylor, »The Benefits of Coffee on Skeletal Muscle«, in: *Life Sciences* 143 (2015), S. 182–186.

273 Nina Luttinger, Gregory Dicum, *The Coffee Book: Anatomy of an Industry from Crop to the Last Drop*, New York 2006, S. 2–3.
274 Roger Clavill, *Happiness Improved, Or, An Infallible Way to Get Riches, Encrease Plenty, and Promote Pleasure*, London 1697, Kapitel VI, S. 95.
275 E. J. Welsh et al., »Caffeine for Asthma«, in: *Cochrane Database of Systematic Reviews* Nr. 1 (2010).
276 A. L. Klatsky et al., »Coffee, Tea, and Mortality«, in: *Annals of Epidemiology* 3, Nr. 4 (1993), S. 375–381.
277 Michel Lucas et al., »Coffee, Caffeine, and Risk of Completed Suicide: Results from three Prospective Cohorts of American Adults«, in: *The World Journal of Biological Psychiatry* 15, Nr. 5 (2014), S. 382.
278 Sheena Derry et al., »Single Dose Oral Ibuprofen Plus Caffeine for Acute Postoperative Pain in Adults«, in: *The Cochrane Database of Systematic Reviews* Nr. 7 (2015).
279 Joseph Stromberg, »This Is How Your Brain Becomes Addicted to Caffeine«, Publikation der Smithsonian.com vom 9. August 2013, abgerufen unter: http://www.smithsonianmag.com/science-nature/this-is-how-your-brain-becomes-addicted-to-caffeine-26861037/?no-ist
280 Pertti Happonen et al., »Coffee Drinking Is Dose-Dependently Related to the Risk of Acute Coronary Events in Middle-Aged Men«, in: *The Journal of Nutrition* 134, Nr. 9 (2004), abrufbar unter: http://jn.nutrition.org/content/134/9/2381.full
281 Ahmed El-Sohemy et al., »Coffee, CYP1A2 Genotype, and Risk of Myocardial Infarction«, in: *The Journal of the American Medical Association* 295, Nr. 10 (8. März 2006), S. 1135–1141.
282 Ivana Hečimović et al., »Comparative Study of Polyphenols and Caffeine in Different Coffee Varieties Affected by the Degree of Roasting«, in: *Food Chemistry* 129, Nr. 3 (2011), S. 991–1000.
283 H. N. Wanyika et al., »Determination of Caffeine Content of Tea and Instant Coffee Brands Found in the Kenyan Market«, in: *African Journal of Food Science* 4, Nr. 6 (2010), S. 353–358.
284 Rachel R. McCusker et al., »Caffeine Content of Decaffeinated Coffee«, in: *Journal of Analytical Toxicology* 30, Nr. 8 (Oktober 2006), S. 611–613; Ivana Hečimović et al., »Comparative Study of Polyphenols and Caffeine in Different Coffee Varieties Affected by the Degree of Roasting«, in: *Food Chemistry* 129, Nr. 3 (Dezember 2011), S. 991–1000; Ben

Desbrow et al., »An Examination of Consumer Exposure to Caffeine from Retail Coffee Outlets«, in: *Food and Chemical Toxicology* 45, Nr. 9 (September 2007), S. 1588–1592.
285 D. I. Harvie, Limeys: *The True Story of One Man's War Against Ignorance, the Establishment and the Deadly Scurvy*, Stroud 2002, S. 12.
286 »The Observations of Sir Richard Hawkins, Knight, in His Voyage into the South Sea, Annodomini, 1593«, in: *Nutrition Reviews* 44, Nr. 11 (1986), S. 370–371.
287 C. P. Stewart, D. Gutrie (Hrsg.), *Lind's Treatise on Scurvy: A Bicentary Volume*, Edinburgh 1953, S. 440.
288 Ebd.
289 Ganesh N. Dakhale et al., »Supplementation of Vitamin C Reduces Blood Glucose and Improves Glycosylated Hemoglobin in Type 2 Diabetes Mellitus: A Randomized, Double-Blind Study«, in: *Advances in Pharmacological Sciences* (2011), abrufbar unter: https://www.hindawi.com/journals/aps/2011/195271/
290 »Drugs and Supplements, Vitamin C (Ascorbic Acid): Dosing«, Publikation der Mayo Clinic, zuletzt upgedated am 1. November 2013, abrufbar unter: http://www.mayoclinic.org/drugs-supplements/vitamin-c/dosing/hrb-20060322
291 A. Horska et al., »Vitamin C Levels in Blood Are Influenced by Polymorphisms in Glutathione S-Transferases«, in: *European Journal of Nutrition* 50, Nr. 6 (2011), S. 437–446.
292 »Food Sources of Vitamin C«, Publikation kanadischer Ernährungswissenschaftler, abgerufen am 25. Februar 2014 unter: http://www.dietitians.ca/Your-Health/Nutrition-A-Z/Vitamins/Food-Sources-of-Vitamin-C.aspx
293 »Micronutrient Deficiencies: Vitamin A Deficiency«, Publikation der World Health Organization, abgerufen am 1. März 2016 unter: http://www.who.int/nutrition/topics/vad/en/
294 »Vitamin A (Retinol): Vitamin-A-Lieferanten«, abrufbar unter: https://www.onmeda.de/naehrstoffe/vitamin_a-vitamin-a-lieferanten-2251-4.html
295 »Iron content of Pumpkin Pie Spice«, Publikation auf DailyIron.net, abgerufen am 25. August 2016 unter: http://www.dailyiron.net/pumpkin-pie-spice/

296 Geoffrey Chaucer, *The Canterbury Tales: A Reader-Friendly Version Put into Modern Spelling by Michael Murphy*, New York, Kap. 22, Vers 500, abgerufen am 9. Januar 2017 unter: http://academic.brooklyn.cuny.edu/webcore/murphy/canterbury/2genpro.pdf

297 A. L. Schade, L. Caroline, »Raw Hen Egg White and the Role of Iron in Growth Inhibition of Shigella Dysenteriae, Staphylococcus Aureus, Escherichia Coli and Saccharomyces Cerevisiae«, in: *Science* 100, Nr. 2584 (1944), S. 14–15.

298 E. D. Weinberg, »Nutritional Immunity. Host's Attempt to Withhold Iron from Microbial Invaders«, in: *Journal of the American Medical Association* 231, Nr. 1 (1975), S. 39–41.

299 George Cartwright et al., »The Anaemia of Chronic Disorders«, in: *British Journal of Haematology* 21, Nr. 2 (1971), S. 147–152, siehe auch: doi: 10.1111/j.1365-2141.1971.tb03424.x

300 Lewis Caroll, *Alice hinter den Spiegeln*, Berlin 2015, S. 39.

301 S. Sazawal et al., »Effects of Routine Prophylactic Supplementation with Iron and Folic Acid on Admission to Hospital and Mortality in Preschool Children in a High Malaria Transmission Setting: Community-Based, Randomized, Placebo-Controlled Trial«, in: *Lancet* 367, Nr. 9505 (2006), S. 133–143.

302 Bradley Wertheim, »The Iron in Our Blood that Keeps and Kills Us«, in: *The Atlantic* vom 10. Januar 2013, abrufbar unter: http://www.theatlantic.com/health/archive/2013/01/the-iron-in-our-blood-that-keeps-and-kills-us/266936/

303 K. J. Allen et al., »Iron-Overload-Related Disease in HFE Hereditary Hemochromatosis«, in: *New England Journal of Medicine* 358 (2008), S. 221–230; I. Pichler et al., »Identification of a Common Variant in the TFR2 Gene Implicated in the Physiological Regulation of Serum Iron Levels«, in: *Human Molecular Genetics* 15, Nr. 6 (2011), S. 1232–1240.

304 United States Department of Agriculture, »Dietary Reference Intakes for Vitamin A, Vitamin K, Arsenic, Boron, Chromium, Copper, Iodine, Iron, Manganese, Molybdenum, Nickel, Silicon, Vanadium, and Zinc«, Publikation des US-Landwirtschaftsministeriums, abgerufen am 1. Juli 2016 unter: https://fnic.nal.usda.gov/food-composition/vitamins-and-minerals

305 Siehe: Health Canada, »Nutrient Value of Some Common Foods«, Ottawa 2008, S. 21, 47–49 und 52.
306 Tiffany Field, *Streicheleinheiten*, München 2003. Siehe auch: Field, T. M. et al., »Tactile/kinesthetic stimulation effects on preterm neonates«, in: *Pediatrics, 77* (5), 1986, S. 654–658.
307 Linda Rosa et al., »A Close Look at Therapeutic Touch«, in: *Journal of the American Medical Association*, 279, Nr. 13 (1998), S. 1005–1010.
308 Nelson Mandela, *Meine Waffe ist das Wort*, München 2013, S. 36.
309 François Rabelais, zitiert nach: *Five Books of the Lives, Heroic Deeds and Sayings of Gargantua and His Son Pantagruel*, Vorrede des Autors zu Bd. IV, London 1904, S. 14.

Quelle der Lebensenergie: Mitochondrien

Mitochondrien sind die Mini-Kraftwerke unseres Körpers und der Ursprung der Energie, die jedem von uns zur Verfügung steht. Wer sie aus Unwissenheit schädigt – etwa durch falsche Ernährung, Schlafmangel, Stress oder Umweltgifte –, riskiert unklare Beschwerden wie z. B. Erschöpfungszustände, aber auch chronische und Autoimmunerkrankungen. Dieser praktische Ratgeber zeigt zahlreiche Möglichkeiten auf, um geschädigte Mitochondrien zu reparieren und wieder zu aktivieren.

Mehr über unsere Bücher *www.scorpio-verlag.de*

Langfristig gesund bleiben

Klappenbroschur, 208 Seiten, ISBN 978-3-95803-026-8

Nicht alle medizinischen Maßnahmen geschehen zum Wohle des Patienten. Oftmals regiert doch mehr der Kommerz. Dann schadet unsere Medizin mehr, als dass sie nutzt. Anstatt gedankenlos Medikamente einzunehmen, Screenings oder Impfungen über sich ergehen zu lassen, um gesund zu bleiben, rät Dr. med. Michael Spitzbart, sich auf die Suche nach seiner persönlichen Achillesferse zu machen: Dort findet sich der Ursprung vieler Krankheiten. Wer erkennt, wo sein individueller Mangelzustand liegt, kann diesen aktiv ausgleichen und so langfristig die eigene Gesundheit sichern.

SCORPIO